动物药理与毒理

◎陈　瑾　主编

中国农业科学技术出版社

图书在版编目（CIP）数据

动物药理与毒理 / 陈瑾主编. -- 北京 ：中国农业科学技术出版社，2024. 10. -- ISBN 978-7-5116-7117-2

Ⅰ. S859.7；R996.3

中国国家版本馆 CIP 数据核字第 20247F06J0 号

内容简介

"动物药理与毒理"是畜牧兽医专业的核心基础课程。该书作为本门课程的配套教材，分为动物药理的基础知识、神经系统药物、内脏系统药物、抗微生物药物、抗寄生虫药物、其他类型药物六个项目。

在本教材的编写过程中，采取了校企合作的方式，邀请了临床经验丰富的执业兽医师参与编写，并与其他学科相结合，确保了教材的实用性和科学性。

责任编辑 任玉晶
责任校对 马广洋
责任印制 姜义伟　王思文

出 版 者 中国农业科学技术出版社
北京市中关村南大街 12 号　　邮编：100081
电　　话 （010）82106641（编辑室）（010）82106624（发行部）
（010）82109709（读者服务部）
网　　址 https：//castp.caas.cn
经 销 者 各地新华书店
印 刷 者 中煤（北京）印务有限公司
开　　本 185 mm × 260 mm　1/16
印　　张 14.75
字　　数 364 千字
版　　次 2024 年 10 月第 1 版　2024 年 10 月第 1 次印刷
定　　价 42.00 元

编 委 会

主 编

陈　瑾（青海农牧科技职业学院）

副主编

陈　璟（青海农牧科技职业学院）
白鹏霞（青海农牧科技职业学院）
解秀梅（青海农牧科技职业学院）
杨启林（青海农牧科技职业学院）
彭　巍（青海大学畜牧兽医科学院）

参 编

李　凯（大通回族土族自治县农业农村局）
谢秀梅（青海省畜禽遗传资源保护利用中心）
殷荣幸子（北京宠爱国际动物医院）
张春霞（青海农牧科技职业学院）
杜　敏（青海农牧科技职业学院）
张丽芳（青海农牧科技职业学院）
段成文（青海农牧科技职业学院）
马文玲（湟源县畜牧兽医站）
康延珍（门源县仙米乡畜牧兽医站）

前言
PREFACE

在当前职业教育不断改革的背景下，本教材以现代信息技术为依托，紧跟时代发展，不断改革创新，致力于课程规划和教材建设，促进教材、职业标准和岗位规范等的融合，通过编制多样式的活页教材和探索适合学生特点的教学模式，满足多种教学模式的需要，对促进职业教育改革具有重要意义。本教材依据任务导入、任务准备、任务筹划和任务实施的教学思路，对现行动物医学的高职教材进行创新，形成适应岗位需求，突出职业能力，方便教、学、做的一体化畜牧兽医专业教材。

“动物药理与毒理”是畜牧兽医专业的核心基础课程。本教材分为动物药理的基础知识、神经系统药物、内脏系统药物、抗微生物药物、抗寄生虫药物、其他类型药物六个项目。每个项目下包括多个任务，每个任务均以一个或多个病例分析为导入点，深入剖析知识点，并通过任务评价来检测学生对于每个任务的掌握情况。本教材强调理论与实践相结合、西医与中医相结合，引导学生从实际出发，灵活运用所学知识。

本教材利用表格的形式，简化知识结构，以突出重点难点。结合《执业兽医资格考试大纲》，本教材增补了大量模拟题，以帮助学生打好专业基础，提高执业兽医资格考试的通过率，为我国兽医行业培养更多高质量的专业人才。

在《动物药理与毒理》的编写过程中，采取了校企合作的方式，邀请临床经验丰富的执业兽医师参与编写，并与其他学科相结合，确保教材的实用性和科学性。本教材在编写过程中，参考大量其他相关教材和专业书籍，完善本教材的知识结构，以便更好地服务于读者。

由于编者水平有限，书中不足之处恳请同行专家和广大读者批评指正。

编　者

2024 年 6 月

目录

CONTENTS

项目一

动物药理的基础知识

项目导读

本项目主要介绍动物药理的基本概念、药物的一般知识、各种剂型和该剂型药物的配制方法，以及药效学（药物对动物机体的作用）、药动学（动物机体对药物的作用）、影响药物作用的因素与合理用药、兽医处方笺的书写等药理基础知识。

知识目标

（1）理解动物药理学、药效学和药动学等的基本概念。

（2）掌握药物剂型、药物的来源分类、药物的作用方式。

（3）理解动物各种给药方式的概念和特点。

技能目标

（1）能辨别真假兽药和劣质兽药。

（2）能掌握各类剂型药物的配制。

（3）能熟练掌握各类动物的不同给药方式。

（4）能熟练书写兽医处方笺。

素质目标

（1）培养学生树立正确的职业操守。

（2）通过参观和讲解，使学生掌握实验室安全的基本常识，初步了解药物保管与贮存的知识；培养学生实验室安全用药意识、实验室卫生意识等。

（3）通过参观动物医院药房，理解处方的开写方法，培养学生的观察能力和思考能力。

思政目标

（1）培养学生的工匠精神和专业使命感。

（2）培养学生严谨的科学态度和安全意识。

（3）增强学生做农牧人、干农牧事的自豪感。

任务一 药物一般知识

任务导入

随着畜牧养殖业发展，动物的饲养数量越来越多，畜牧养殖业对职业兽医、兽药的需求也日益增加。一些兽药厂家、兽药店为了眼前的利益，制作、出售假兽药、劣兽药、假疫苗、假驱虫药等。这不仅直接影响动物的生命安全，也给养殖户带来严重的经济损失，影响养殖业的健康发展。因此，判断兽药的真假、优劣尤为重要。请同学们根据所学知识，辨别真假兽药和劣兽药。

任务工单

班级：__________ 姓名：__________ 学号：__________

任务名称	辨别真假兽药
任务描述	根据实际情况，填写本任务的内容、目的、流程和方法。 任务内容：__________ 任务目的：__________ 任务流程：__________ 任务方法：__________
获取信息	要完成任务，需要掌握相关的知识。请收集资料，回答以下问题。 1. 什么是药物？什么是兽药？人用的药物是否可以给动物用？ 2. 兽药的来源有哪些？ 3. 什么是假兽药？什么是劣兽药？ 4. 如何辨别真假兽药和劣兽药？

（续表）

<table>
<tr><td rowspan="1">获取信息</td><td colspan="4">5. 常见的兽药剂型有哪些？一般都如何应用？</td></tr>
<tr><td>制订计划</td><td colspan="4"></td></tr>
<tr><td rowspan="6">任务实施</td><td colspan="4">按照预先制订的工作计划，完成本任务，并记录任务实施过程。</td></tr>
<tr><td>序号</td><td>完成的任务</td><td>遇到的问题</td><td>解决办法</td></tr>
<tr><td></td><td></td><td></td><td></td></tr>
<tr><td></td><td></td><td></td><td></td></tr>
<tr><td></td><td></td><td></td><td></td></tr>
<tr><td></td><td></td><td></td><td></td></tr>
</table>

任务准备

知识准备

一、基本概念

（一）药物与兽药

药物是指用于疾病预防、治疗或诊断，安全、有效和质量可控的各种化学物质。以动物为使用对象的药物统称为兽药。此外，兽药还包括能促进动物生长发育、提高生产性能的各种物质，包括动物保健品和饲料药物添加剂等。

（二）毒物

毒物是指对动物机体产生损害作用的物质。药物超过一定剂量也能产生毒害作用，因此，毒物和药物之间没有绝对的界限，仅在于剂量的差别。

（三）兽用处方药

兽用处方药是指凭兽医师开具的处方笺方可购买和使用的兽药。

（四）兽用非处方药

兽用非处方药指由国务院兽医行政管理部门公布的、不需要凭兽医师开具的处方笺即可自行购买并按照说明书使用的兽药。

（五）假兽药

（1）根据《兽药管理条例》（以下简称《条例》）第四十七条规定，有下列情形之一的，为假兽药。

①以非兽药冒充兽药或者以他种兽药冒充此种兽药的。

②兽药所含成分的种类、名称与兽药国家标准不符合的。

（2）有下列情形之一的，按照假兽药处理。

①国务院兽医行政管理部门规定禁止使用的。

②依照《条例》规定应当经审查批准而未经审查批准即生产、进口的，或者依照《条例》规定应当经抽查检验、审查核对而未经抽查检验、审查核对即销售、进口的。

③变质的。

④被污染的。

⑤所标明的适应症或者功能主治超出规定范围的。

（六）劣兽药

根据《条例》第四十八条规定，有下列情形之一的，为劣兽药。

（1）成分含量不符合兽药国家标准或者不标明有效成分的。

（2）不标明或者更改有效期或者超过有效期的。

（3）不标明或者更改产品批号的。

（4）其他不符合兽药国家标准，但不属于假兽药的。

二、药物的来源

药物种类繁多，将其从来源上进行分类，主要分为以下三大类型。

（一）天然类药物

天然药物是利用自然界的物质，经过加工而作药用者。包括植物药，如贝母、蒲公英等；动物药，如鹿茸、牛黄等；矿物药，如芒硝、石膏等；抗生素及生物制品，如青霉素、疫苗等。

（二）人工合成药物和半合成药物

人工合成药物是运用化学方法合成的药物，如磺胺类药物和喹诺酮类药物；或是根据天然药物的化学结构，用化学方法制备的药物，如肾上腺素、麻黄碱等。半合成药物多数是在原有天然药物的化学结构基础上，引入不同的化学基团，制得的一系列化学药物，如半合成抗生素阿莫西林等。人工合成和半合成药物的应用非常广泛，是药物生产和获得新药的主要途径。

（三）生物技术药物

生物技术药物是指采用DNA重组技术或其他创新生物技术生产的治疗药物，如细胞因子、生长因子、融合蛋白、受体等。

三、制剂与剂型

药物的原料一般不能直接用于动物疾病的防治，必须经过加工制成安全、稳定和便于应用的剂型。药物的剂型与药理作用有着密切的联系，先进、合理的剂型有利于药物的储存和使用，提高生物利用度。因此，剂型的学习在实际临床应用中具有重要的意义。

剂型是指经加工后的兽药的各种物理形态，也就是兽药经过加工制成适合防治疾病应用的具有一定规格的药品形态。制剂是指根据《中华人民共和国兽药典》或其他法定的处方，将原料药和辅料等加工制成一定形态和规格的药品。如大黄苏打片、葡萄糖注射液等。

根据不同的物理形态，可将剂型分为固体剂型、半固体剂型和液体剂型等。

（一）固体剂型

固体剂型指药物或药物与赋形剂均匀混合制成的固体剂型，主要有以下 9 种。

（1）片剂指药物与适宜的辅料混匀压制而成的片状固体制剂。片剂以内服普通片为主，如大黄苏打片；另有咀嚼片、泡腾片、阴道片、缓释片、肠溶片等。

（2）颗粒剂指药物与适宜的辅料制成具有一定粒度的干燥颗粒状制剂，包括可溶颗粒、混悬颗粒、泡腾颗粒等，供内服，如板蓝根颗粒。

（3）丸剂指药材细粉或药材提取物加适宜的黏合辅料制成的球形或类球形制剂，包括蜜丸、水丸、水蜜丸、糊丸、浓缩丸等，供内服，如牛黄解毒丸、银翘解毒丸。

（4）可溶性粉剂指药物单独或与适宜的辅料经粉碎、均匀混合制成可溶于水的干燥粉末状剂，主要供饮水，如盐酸环丙沙星可溶性粉。

（5）预混剂指药物与适宜的基质均匀混合制成的粉末状或颗粒状制剂。预混剂通过饲料以一定的药物浓度给药，专供混饲。

（6）散剂指药材或药材提取物经粉碎、均匀混合制成的粉末状制剂，一般特指天然药，分为内服散剂和外用散剂，如健胃散、冰硼散。

（7）胶囊剂指将药物盛于空心胶囊中制成的一种制剂，供内服，如氨苄西林胶囊。

（8）微囊剂是利用天然或合成的高分子材料将固体或液体药物包裹而成的微型胶囊，一般直径为 5～400 μm，如维生素 A 微囊。

（9）栓剂指用药物与合适基质制成供给腔道的固体制剂。其种类主要有直肠栓、尿道栓、肛门栓等。栓剂经过腔道给药，既避免首过效应，又避免消化液对药物的破坏。

新型固体制剂还有埋植小丸、脂质体制剂等。

（二）半固体剂型

半固体剂型指将药物与适当的基质均匀混合制成的半固体状剂型，可供内服或外用。

（1）软膏剂指药物与基质均匀混合而制成具有适当稠度的膏状制剂，供外用，如红霉素软膏、鱼石脂软膏等。

（2）浸膏剂指中草药浸出液经浓缩后，以适量固体稀释剂调整至规定标准所制成的膏状半固体或粉状固体制剂。除另有规定外，每克浸膏剂相当于原药 2～5 g，如甘草浸膏。

（3）舔剂指由一种或多种药物与赋形药（如淀粉）混合，制成糊状或粥状制剂，供患病动物自由舔食或涂抹在患病动物舌根部任其吞食，多为诊疗时现用现配，无刺激性或不良气味。常用的辅料有甘草粉、淀粉、米粥、糖浆等。

（4）糊剂指大量的固体粉末（一般为 25% 以上）均匀地分散在适宜的基质中所制成的半固体制剂，可内服或外用。

（三）液体剂型

液体剂型指一种或多种溶质溶解或分散在溶媒中所制成的澄明或混悬的液态剂型。

（1）溶液剂一般指非挥发性药物的澄明溶液，供内服或外用，如高锰酸钾溶液。

（2）酊剂指用不同浓度的乙醇浸泡药材或溶解化学药物而制成的液体制剂，供内服或外用，如陈皮酊、大蒜酊、碘酊。

（3）合剂指两种以上药物的澄明溶液或均匀混悬液，供内服，如复方甘草合剂。

（4）乳剂指两种以上互不相溶的液体经乳化剂（如阿拉伯胶）乳化后，制成的粗分散体系。其中一种液体一般为水溶液称为“水相”。另一种液体则是与水不相溶的有机液体，称为“油相”。乳剂可供内服、外用或注射使用，如鱼肝油乳剂、松节油乳剂等。

（5）醑剂指挥发性药物的酒精溶液。可供内服或外用，如樟脑醑。

（6）擦（搽）剂指由刺激性药物制成的油性或醇性液体制剂，有溶液型、混悬型及乳化型，供外用，如松节油擦（搽）剂。

（7）流浸膏指将药材的醇或水的浸出液，蒸去部分溶媒浓缩而得的液体制剂，通常每毫升相当于原药材 1 g，供内服，如益母草流浸膏。

（8）煎剂和浸剂指将中草药在陶瓷容器内加水煎或浸一定时间，去渣使用的液体剂型，供内服或外用，如槟榔煎剂、鱼藤浸剂。

（9）涂皮剂指将药物溶于透皮吸收系统中的澄明溶液，可被皮肤吸收而发挥药效，供外涂，如左旋咪唑透皮剂。

（10）注射剂指药物与适宜的溶剂或分散介质灌封于特制容器中，灭菌的药物制剂。注射剂必须注射给药，是一种直接注入动物体内且迅速发挥药效的制剂，具有吸收快、见效快、剂量精准等优点。常见类型见表 1-1-1。

表 1-1-1　常见注射剂的类型

注射剂名称	概念
溶液型安瓿剂	将药物溶解于适宜溶剂中制成的稳定、可供注射给药的澄明液体制剂。
乳状液型注射液	指以难溶于水的挥发油、植物油或易溶于脂肪的脂溶性药物为原料，加入乳化剂和注射用水，经乳化制成的油/水型、水/油型或复合型的可供给注射给药的乳浊液；或以水溶性药物为原料，加入乳化剂和矿物油，经过乳化制成的乳浊液。
混悬型注射液	用在水中溶解度较小的药物制成混悬型注射液，如普鲁卡因青霉素、醋酸可的松。此剂型仅作肌内注射，由于吸收缓慢，有延长药效的意义。
粉剂型安瓿剂（俗称粉针）	在灭菌安瓿中放入灭菌药粉，一般采用无菌操作生产。此剂型适用于在水溶液中不稳定、易分解失效的药物。如注射用头孢噻呋钠。

（四）气体剂型

气体剂型通过呼吸道吸入后经肺泡毛细血管迅速吸收，速率仅次于静脉注射。气体剂型使用方便，药物分布均匀，可减小局部给药对创面的机械刺激作用，剂量准确，奏效快，是近年来用于气雾免疫、环境消毒和治疗呼吸道疾病等的主要剂型。

（1）烟雾剂是通过化学反应或加热而形成的药物过饱和蒸气，又称凝聚气雾剂。如甲醛溶液遇高锰酸钾产生高温，前者即形成蒸气，常供畜禽舍、孵化器、禽蛋消毒使用。

（2）喷雾剂是借助机械（喷雾器或雾化器）作用，将药物喷成雾状的制剂。药物喷出成雾状微滴或微粒，直径 0.5～5.0 μm，供吸入给药，也可用于环境消毒。

（3）气雾剂是将药物和适宜的抛射剂共同封装于具有特制阀门系统的耐压容器中。使用时，按压阀门，借抛射剂的压力，将药物抛射成雾。气雾剂供吸入全身治疗、外用局部治疗以及环境消毒。

（五）其他制剂

（1）透皮制剂是一种透皮吸收的剂型，一般是在药液中加入透皮剂。将该制剂涂擦、浇泼或泼洒在动物皮肤上，能透过皮肤屏障，达到治疗目的。如左旋咪唑透皮吸收剂、恩诺沙星透皮吸收剂等。

（2）项圈是一种用于犬、猫的缓释剂型，一般由杀虫药与树脂通过一定工艺制成，可以套在动物颈部，常用于动物驱虫。

工具准备

不同类型药物制剂（人药和兽药）、网络查询设备等。

人员准备

人员分组，每组 5 人，明确职责分工。

任务角色	任务内容
组长：	任务：
组员 1：	任务：
组员 2：	任务：
组员 3：	任务：
组员 4：	任务：

任务实施

第一步：学习药物的基本概念。

第二步：根据所学知识和前期查找的资料，口述真假兽药的区别。

第三步：走访、调研宠物医院或兽药店等，了解不同类型兽药制剂的形态和主要用途，明确人用药与兽用药是否可以混用并说明其后果，最终学会辨别真假兽药。

第四步：根据调研结果总结可以通过哪些方面辨别真假兽药和劣兽药。

任务检测

项目一任务一检测

任务评价

工作任务完成过程评价表

班级: ________________ 组别: ________________ 姓名: ________________

项目	评分标准	自我评价	小组评价	教师评价
资料收集（30分）	操作熟练，分析合理，判断准确（30分）			
	操作较熟练，报告较准确清晰（20分）			
	操作不太熟练，报告有少量错误（10分）			
	操作不熟练，判断不准确（10分以下）			
调研内容（30分）	了解不同类型兽药制剂的形态和主要用途（10分）			
	明确人用药与兽用药是否可以混用并说明其后果（10分）			
	学会辨别真假兽药（10分）			
课后评价（40分）	熟悉任务内容（10分）			
	能准确地说出真假兽药的辨别方法（10分）			
	掌握不同剂型的药物并能说出其常用范围（10分）			
	调研结束后有调研报告（10分）			
合计				
自我评价与总结				
教师点评				

任务二 各类剂型药物的配制

任务导入

掌握不同浓度溶液的稀释法和溶液剂、酊剂、擦剂、乳剂、软膏剂、散剂的配制方法。

任务工单

班级：__________ 姓名：__________ 学号：__________

<table>
<tr><th>任务名称</th><th colspan="4">各类剂型药物的配制</th></tr>
<tr><td>任务描述</td><td colspan="4">根据实际情况，填写本任务的内容、目的、流程和方法。
任务内容：__________
____
任务目的：__________
____
任务流程：__________
____
任务方法：__________
__________</td></tr>
<tr><td>任务准备</td><td colspan="4">需准备下列药品和器材，并查阅资料，学会各种制剂的配置方法。
1.准备药品：高锰酸钾、碘、碘化钾、甘油、蒸馏水、75%乙醇与70%乙醇、氨水、亚麻仁油（或食用植物油）、樟脑、松节油、精制敌百虫、阿拉伯胶、凡士林、磺胺嘧啶、硼酸、高锰酸钾、干燥硫酸钠、碳酸氢钠、氯化钠、硫酸钾、葡萄糖、氯化钾等。
2.准备器材：天平、量杯、量筒、烧杯、漏斗、滤纸、漏斗架、玻璃棒、下口瓶、小磨口玻璃瓶、酒精比重计、研钵、细口瓶、药刀、纱布、水浴锅、软膏板、软膏刀、软膏罐、纱布、药筛（5号）、药匙、滴管、包药纸等。
3.能够掌握不同浓度溶液的稀释方法和溶液剂、酊剂、擦剂、乳剂、软膏剂、散剂的配制方法。</td></tr>
<tr><td>制订计划</td><td colspan="4"></td></tr>
<tr><td rowspan="6">任务实施</td><td colspan="4">按照预先制订的工作计划，完成本任务，并记录任务实施过程。</td></tr>
<tr><td>序号</td><td>完成的任务</td><td>遇到的问题</td><td>解决办法</td></tr>
<tr><td></td><td></td><td></td><td></td></tr>
<tr><td></td><td></td><td></td><td></td></tr>
<tr><td></td><td></td><td></td><td></td></tr>
<tr><td></td><td></td><td></td><td></td></tr>
</table>

任务准备

知识准备

一、溶液剂的配制

（一）药物浓度的表示方法

药物浓度是指一定量固体或液体制剂中所含药物的有效成分。药物浓度的表示方法有以下几种。

（1）质量分数（g/g）。表示 100 g 制剂中含药物若干克。如质量分数 10% 的稀盐酸，即 100 g 稀盐酸溶液中含 HCl 气体是 10 g。

（2）体积分数（mL/mL）。表示 100 mL 制剂中含药物若干毫升。如体积分数为 75% 的乙醇，即在 100 mL 乙醇溶液中含乙醇 75 mL。在药学中，当溶质是液体时，一般常用毫升/毫升（mL/mL）的体积浓度表示。

（3）密度（g/mL）。表示 100 mL 制剂中含药物若干克。如 10% 氯化钠溶液，即在 100 mL 氯化钠溶液中含氯化钠 10 g。在药学中，当溶液中的溶质是固体或气体时，一般用克/毫升（g/mL）的百分浓度表示法。

（4）比例浓度法，系指 1 g 固体或 1 mL 液体溶质（指药物），加溶媒配成 x mL 溶液，其符号为 1∶x，多表示比较稀的溶液浓度。如不指明溶媒的种类时，通常指蒸馏水。如 1∶5 000 的高锰酸钾溶液，指溶质高锰酸钾 1 g，加蒸馏水至 5 000 mL 配制成的溶液。

（二）与药物浓度有关的计算方法

（1）百分浓度的计算公式为：

$$溶液的量（V）\times 百分浓度（C）= 溶质的含量（S）$$

例如，配制体积分数 0.9% 的氯化钠溶液 600 mL，需称取氯化钠多少克？按上式计算：

$$600 \times 0.9\% = 5.4（g）$$

称取氯化钠 5.4 g，加水至 600 mL，溶解即得。

（2）溶液稀释计算法主要用于浓溶液的稀释。公式为：

$$浓溶液的浓度（C_1）\times 浓溶液的量（V_1）= 稀溶液的浓度（C_2）\times 稀溶液的量（V_2）$$

例如用 95% 的乙醇配制 75% 的乙醇 950 mL，需 95% 的乙醇多少毫升？按上式计算：

$$95 \times V_1 = 75 \times 950\ mL$$

$$V_1 = 75 \times 950/95 = 750（mL）$$

取 95% 的乙醇 750 mL，加水稀释至 950 mL 即得。

（3）交叉法总的规律是交叉计算、横向取量、需配浓度置中间。如用 95% 的乙醇和 40% 的乙醇稀释成 70% 的乙醇，可按下式计算。

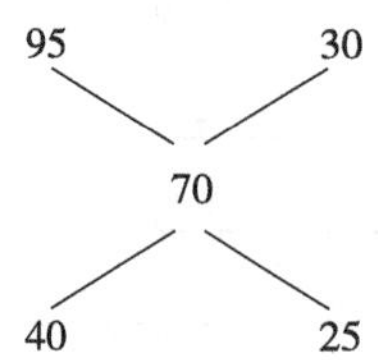

即取95%的乙醇30 mL（或L）和40%的乙醇25 mL（或L）相加即成70%的乙醇。

（三）溶液剂的配制

溶液剂是指将药物溶解于溶媒中的澄明溶液。溶媒主要为蒸馏水或沸水，其次为乙醇和甘油等。配制步骤：溶解—过滤—添加溶媒至全量。

1.1%的高锰酸钾溶液的配制

处方：高锰酸钾1 g、蒸馏水加至100 mL。

制法：取高锰酸钾1 g置于100 mL量杯中，加热蒸馏水约80 mL，搅拌溶解，过滤后再添加蒸馏水至100 mL即得。

2.复方碘溶液的配制

处方：碘5 g、碘化钾10 g、蒸馏水加至100 mL。

制法：取碘化钾10 g溶于约10 mL蒸馏水中，再加碘5 g搅拌溶解后，加水约70 mL稀释，过滤，再加水至全量。为加速碘溶解，可用研钵将碘磨成粉末状，边研磨边加入少量蒸馏水；待溶解后，倒入量筒中；然后以少量蒸馏水洗涤研钵，洗液过滤至容量瓶中，加水至100 mL即得。

3.碘甘油的配制

处方：碘1 g、碘化钾1 g、蒸馏水1 mL、甘油加至100 mL。

制法：取碘化钾1 g，加1 mL蒸馏水溶解后，加碘1 g，搅拌使溶解，再加甘油至100 mL，搅匀，即得。

注意：碘甘油不易滤过，故所有用具必须洗刷干净，并以蒸馏水冲洗晾干备用；操作过程避免异物落入容器内；量取甘油时，宜先将甘油及容器加热至50℃左右。

二、酊剂的配制

酊剂是用不同浓度的乙醇浸泡药材或溶解化学药物而制得的液体制剂。酊剂多有药物的颜色；剧药酊剂每100 mL相当于原药物10 g，其他酊剂每100 mL相当于原药物20 g。酊剂配制常用浸渍法和渗滤法，个别为溶解法。

处方：碘5 g、碘化钾2.5 g、蒸馏水2.5 mL、75%乙醇。

制法：取碘化钾2.5 g置于研钵中加蒸馏水2.5 mL，使完全溶解；再加入碘5 g研磨，溶解后，逐次加入少量乙醇洗涤研钵，倒入量杯中；最后加乙醇至100 mL，过滤即得。

三、擦剂的配制

擦剂为一种或数种药物溶解在脂肪、挥发油或乙醇制成的油状、乳状的液体剂型。固体药物应先研磨成粉，再逐渐加入。

（一）氨擦剂的配制

亚麻仁油30 mL置量杯中，再取10 mL氨水边加边搅拌，至液体呈乳白色无油滴即可。

（二）樟脑擦剂（樟脑醑）的配制

取樟脑10 g置量杯中，加70%的乙醇至100 mL，搅拌溶解即得。

（三）四三一擦剂的配制

取氨擦剂 30 mL 倒入细口瓶内，加入 10 mL 松节油，充分振荡，再分次加入 40 mL 樟脑擦剂，用力振荡即得。

四、乳剂的配制

1. 乳剂的配制步骤

乳剂一般是按油 2 份、乳化剂 1 份和水 17 份混合制得。配制通常分为两个步骤。第一步制成初乳。首先，向研钵中加入全部乳化剂并仔细地进行研磨（明胶例外）；其次，加入油并研磨至两物质形成均一的稠度；最后，向其中添加相当于油与乳化剂总重量约一半的水，并不断研磨至特殊的断裂声时，即已制成初乳。第二步，用药膏刀将初乳清理至研钵的中部，然后边用力研磨边加水至处方上所规定的总量即成。所制成的乳剂为均匀乳状液，其表面应无脂肪滴。

2. 向乳剂中加药应注意的问题

（1）溶于油的药物，先将其溶解在油中，然后取这种油溶液进行乳化。但应适当增加乳化剂的用量。

（2）溶于水的药，可先将其溶解于 1/3 所需用量的水中。

（3）既不溶于水又不溶于油的药物，可在研钵中与油和乳化剂一起研磨。

（4）某些液体药物，可直接加入制备好的乳剂中。

（5）具有挥发性的药物（如挥发油）加入乳剂时，应使其先与油混合，且乳化剂的量需是油和加入药物总量的 2 倍以上。

（6）醇、醚、酸、碱和鞣质等可破坏乳剂的结构，不能加入乳剂中。

3. 敌百虫乳剂的配制

处方：精制敌百虫 2 g、阿拉伯胶 5 g、亚麻仁油 10 mL、蒸馏水 85 mL。

制法：取精制敌百虫 2 g溶于约 30 mL蒸馏水中。另取阿拉伯胶置于研钵中仔细研磨，然后加入 10 mL亚麻仁油再研，直至二者充分混合均匀。此时，边强力研磨边逐渐加入敌百虫溶液约 7 mL，研至产生特殊的折裂声即成初乳。用药膏刀将初乳清理至研钵中部，再边研磨边加入剩余的敌百虫溶液和蒸馏水制成均匀的乳状液，经两层纱布滤过即得。

五、软膏剂的配制

软膏剂是指用凡士林、羊毛脂、脂肪油等作基质，与主药研合均匀的一种半固体外用制剂。配制的软膏剂要求全质均匀，有适当的黏稠度，无酸败、异臭和变色等现象。配制法常有研合法和融合法两种。前者用软膏板和软膏刀研合，适用于少量软膏剂的配制；后者以适当容器先将基质置于水浴锅（忌用直火）中溶化，放至半冷，边搅拌边加入已研细的主药，直至冷却即得。挥发性药物加入软膏中，基质温度不可高于 20℃。

磺胺嘧啶软膏的配制。取凡士林约 10 g置软膏板上，用软膏刀刮成薄层，取磺胺嘧啶 10 g置于研钵中研细，过 5 号筛，然后将磺胺嘧啶细粉倒入凡士林中，用软膏刀来回反复翻研。充分研匀后，再分次加入剩余的凡士林 80 g，每次加入均应研磨均匀，至眼观主药分布均匀无聚集即可。

六、散剂的配制

散剂是把一种或数种药物，在研钵或粉碎机中制成粉状，然后用适宜的药筛筛选即得，可供外用或内服。

散剂制法包括粉碎、过筛（孔径与筛号见表 1-2-1 所列）和混合。

配制复方散剂应注意：处方中各固体药物应粉碎至同样细度；若处方中各药的比例不同，搅拌时应先将比例大的药物置于研钵内研细，再逐渐加入比例小的药物进行研磨；若处方中含有剧毒药时，应先向研钵中加入少量普通药与其搅拌，然后再加其余的药物；若处方中含有带颜色的药物时，应先向研钵中加入少量无色药物与其搅拌，然后再加其他药物，以防止污染研钵内壁；若处方中含有液体或半液体药物时，加入的量以不破坏粉状为原则，平均 1 g 散剂中添加液体药物不超过 0.1 g，半液体药物不超过 0.3 g。

表 1-2-1　筛号、筛孔内径与粉末分等

筛号	筛孔内径/μm	粉末分等
1 号筛	2 000 ± 70	最粗粉，全部通过 1 号筛，但混有不超过 20% 的能通过 3 号筛的粉末。
2 号筛	850 ± 29	粗粉，全部通过 2 号筛，但混有不超过 40% 的能通过 4 号筛的粉末。
3 号筛	355 ± 13	—
4 号筛	250 ± 9.9	中粉，全部通过 4 号筛，但混有不超过 60% 的能通过 5 号筛的粉末。
5 号筛	180 ± 7.6	细粉，全部通过 5 号筛，但混有不超过 95% 的能通过 6 号筛的粉末。
6 号筛	150 ± 6.6	最细粉，全部通过 6 号筛，但混有不超过 95% 的能通过 7 号筛的粉末。
7 号筛	125 ± 5.8	—
8 号筛	90 ± 4.6	极细粉，全部通过 8 号筛，但混有不超过 95% 的能通过 9 号筛的粉末。
9 号筛	75 ± 4.1	—

1. 复方硼酸粉的配制

处方：硼酸 98 g、高锰酸钾 2 g，制成极细粉剂。

制法：首先，将一部分硼酸置于研钵中研磨；其次，加入高锰酸钾 2 g 混合研磨；最后，加入余下硼酸再研磨，过 8 号筛即得。

2. 口服补液盐的配制

处方：氯化钠 3.5 g、含结晶水葡萄糖 22 g、氯化钾 1.5 g、碳酸氢钠 2.5 g，制成散剂。

制法：首先，取含结晶水葡萄糖 22 g、氯化钠 3.5 g 研成细粉，过 5 号筛，混匀，装入塑料袋中；其次，取氯化钾 1.5 g、碳酸氢钠 2.5 g 研成细粉，过 5 号筛，混匀，装入塑料袋中；最后，将两袋混合即得。

工具准备

各类需要稀释配制的药液、注射用水、注射器、网络查询设备等。

人员准备

人员分组，每组 5 人，明确职责分工。

任务角色	任务内容
组长：	任务：
组员 1：	任务：
组员 2：	任务：
组员 3：	任务：
组员 4：	任务：

任务实施

第一步：学习药物浓度的表示方法及计算方法。

第二步：根据所学知识和前期查找的资料，能够掌握如何稀释不同浓度的药液。

第三步：走访各大宠物医物、兽医站等，实际操作药液的稀释配制过程，寻问兽医是否规范、正确，并记录整个过程。

第四步：小组间进行讨论，把成果分享给其他小组。

任务检测

项目一任务二检测

任务评价

工作任务完成过程评价表

班级：__________ 组别：__________ 姓名：__________

项目	评分标准	自我评价	小组评价	教师评价
实验操作（50 分）	操作熟练，分析合理，判断准确（50 分）			
	操作较熟练，报告较准确清晰（40 分）			
	操作不太熟练，报告有少量错误（30 分）			
	操作不熟练，判断不准确（20 分以下）			

（续表）

项目	评分标准	自我评价	小组评价	教师评价
课前准备（20分）	实验药品的准备情况（10分）			
	认识所需的实验器材并完成准备工作（10分）			
课后评价（30分）	掌握不同浓度溶液的稀释法和溶液剂、酊剂、擦剂、乳剂、软膏剂、散剂的配制方法（10分）			
	掌握与药物浓度有关的计算法（10分）			
	完成实验报告（10分）			
合计				
自我评价与总结				
教师点评				

任务三

药效学：药物对动物机体的作用

任务导入

犬在进行手术麻醉前，使用了阿托品。这种药物的作用包括抑制腺体分泌、减轻心脏抑制、抑制胃肠平滑肌的活动。其中，抑制胃肠平滑肌活动的作用属于药物对动物机体的什么作用？作用机理是什么？

任务工单

班级：＿＿＿＿＿＿＿＿　姓名：＿＿＿＿＿＿＿＿　学号：＿＿＿＿＿＿＿＿

任务名称	药物对动物机体的作用
任务描述	根据实际情况，填写本任务的内容、目的、流程和方法。 任务内容：＿＿＿＿＿＿＿＿ 任务目的：＿＿＿＿＿＿＿＿ 任务流程：＿＿＿＿＿＿＿＿ 任务方法：＿＿＿＿＿＿＿＿

（续表）

<table>
<tr><td>获取信息</td><td colspan="4">要完成任务，需要掌握相关的知识。请收集资料，回答以下问题。
1. 药物的治疗作用与不良反应是什么？包括哪些内容？
2. 什么是药物作用的二重性？认识药物作用的二重性有何意义？
3. 药物作用的基本表现是什么？药物作用的方式有哪些？请调研后举例说明。
4. 通过调研或查阅资料来搜寻各类不良反应的案例，并指出案例中的不良反应是哪种类型，在临床上该如何避免。</td></tr>
<tr><td>制订计划</td><td colspan="4"></td></tr>
<tr><td rowspan="6">任务实施</td><td colspan="4">按照预先制订的工作计划，完成本任务，并记录任务实施过程。</td></tr>
<tr><td>序号</td><td>完成的任务</td><td>遇到的问题</td><td>解决办法</td></tr>
<tr><td></td><td></td><td></td><td></td></tr>
<tr><td></td><td></td><td></td><td></td></tr>
<tr><td></td><td></td><td></td><td></td></tr>
<tr><td></td><td></td><td></td><td></td></tr>
</table>

任务准备

知识准备

药物对机体的作用，即药物效应动力学（简称药效学），主要研究药物对机体的作用、剂量与效应之间的关系以及药物作用机理等内容。它不仅是药理学的理论基础，也是指导临床合理用药的依据。

一、药物的基本作用

（一）药物作用的基本表现

在药物对机体发生作用的过程中，药物是外因，机体是内因，外因通过内因发挥作用，即通过影响机体细胞所固有的生理功能而发挥作用。因此，药物的作用实际上是机体器官原有功能水平的改变，而不是产生新的机能。药物的基本作用是指药物的兴奋作用和药物的抑制作用。药物的兴奋作用是指使机体器官、组织的生理、生化功能增强的作用，例如咖啡因能使大脑皮层兴奋，使心脏活动加强，属于兴奋药。药物的抑制作用是指使机体器官、组织的生理、生化功能减弱的作用，如氯丙嗪可使中枢神经抑制、体温下降，属于抑制药。有些药物对不同器官的作用可能引起性质相反的效应。如阿托品能抑制胃肠平滑肌和腺体活动，但对中枢神经却有兴奋作用。药物之所以能治疗疾病，就是通过其兴奋或抑制作用来调节和恢复机体被病理因素破坏的平衡。

（二）药物作用的方式

药物作用的方式见表 1-3-1。

表 1-3-1 药物作用的方式

类别	内容
药物作用的部位	局部作用：药物未被吸收进入血液之前在用药局部出现的作用称为局部作用。如灌服硫酸钠在肠道不易吸收，发挥致泻作用；普鲁卡因在其浸润的局部使神经末梢失去感觉功能。
	吸收作用：指药物被吸收进入血液后所出现的作用，也称全身作用。如肌内注射青霉素后出现的抗感染作用，内服氨基比林后产生的退热作用，吸入性麻醉药产生的全身麻醉作用等均属于吸收作用。
药物作用的顺序	直接作用：药物对所接触的组织器官直接产生的作用称为直接作用，又称原发作用。如洋地黄毒苷被机体吸收后，直接作用于心脏，加强心肌收缩力，改善全身血液循环，这是洋地黄的直接作用。
	间接作用：由直接作用所引起其他器官的效应称为间接作用，又称继发作用。洋地黄毒苷进入机体，增强心肌收缩力，改善全身循环，随之肾血流量增加，尿量增多，使心衰性水肿减轻或消除，这就是洋地黄毒苷的间接作用。

（三）药物作用的选择性

药物对机体不同器官、组织的敏感性有明显差别。药物在适当剂量时，只对某些组织器官发生作用，而对其他组织器官作用小或无作用，药物作用的这个特点称为药物作用的选择性或药物的选择性作用。如缩宫素只对子宫平滑肌作用比较强，对其他平滑肌作用较弱。但药物的选择作用一般是相对的，往往与剂量有关，如治疗剂量的咖啡因对大脑皮层表现明显的兴奋作用，但随着剂量的增加，也能兴奋延髓乃至脊髓。故随着剂量的加大，选择性也可能增加。选择性的产生可能有几方面的原因。首先是药物对不同组织的亲和力不同，能有选择性地分布于靶组织，如碘分布于甲状腺的量比其他组织高 1 万倍左右；其次是在不同组织中的代谢速率不同，因为不同组织中酶的分布和活性有很大差别；最后是受体分布的不均一性，不同组织受体分布的多少和类型存在差异。药物作用的选择性在理论与实践中均有重要意义。正是由于多数药物具有各自的选择性，人们才能将药物进行分类，才能根据药物的特性掌握其适应症和毒性，为合理用药提供理论依据。药物作用的选择性高，则针对性强、治疗效果好、很少或无副作用；反之，选择性低，则针对性不强、副作用也较多。与选择作用相反，有的药物对各组织器官都有类似的作用，毫无选择性，称为普遍细胞毒作用或原生质毒作用，如消毒防腐药甲醛、酚类等。

（四）药物作用的二重性

药物作用的二重性是指药物作用于机体，会对机体产生两种不同性质的作用，即治疗作用与不良反应。治疗作用与不良反应是药物作用的正反两个方面，是相对的而不是固定不变的，有时二者相互转化。

1.治疗作用

凡符合用药目的或能达到防治效果的药物作用称治疗作用。治疗作用又分为对因治疗和对症治疗。针对引起疾病发生的原因进行治疗称对因治疗，如细菌感染性疾病应用抗菌药治疗；消除或控制疾病的症状称对症治疗，如使用解热药使发热动物的体温下降。对因治疗与对症治疗是相辅相成的，在临床实践中应根据实际情况灵活掌握。当疾病严重，特别是危及生命时，则应首先考虑对症治疗；当症状缓解时，应积极进行对因治疗，遵循“急则治其标，缓则治其本，标本兼治”的基本治疗原则。

2.不良反应

药物在防治疾病的同时可能出现不利于机体的反应称为不良反应。其类别见表 1-3-2。

表 1-3-2　不良反应的类别

类别	定义	原因	特点	举例
副作用	使用药物治疗剂量时，出现的与治疗目的无关的作用。	选择性低。	不可避免，但一般可预见，能通过合并用药来缓解或纠正。	在麻醉前使用阿托品，可能会引起动物出现平滑肌松弛和抑制腺体分泌等反应。
毒性反应	用药剂量过大或用药时间过长，超过了机体的耐受能力，而对机体产生的损害作用。	药物与毒物之间没有本质的区别，无绝对界限。	可预见，可通过一些方法减轻或防止毒性作用的发生。	氨基糖苷类药物的长期使用或剂量过大会出现肾毒性和“三致”作用（致畸、致癌、致突变）。
过敏反应	又称变态反应，与机体接触的某些半抗原性、低分子量物质（如抗生素、磺胺类药物等）与体内细胞蛋白质结合成完全蛋白，机体产生抗体，当再用药时出现的抗原-抗体反应。	与机体接触的某些半抗原性、低分子量物质，与体内细胞蛋白质结合成完全抗原，机体产生抗体，当再用药时出现的抗原-抗体。	过敏反应是很难预见的，也很难避免其发生。过敏反应的严重程度差异很大，和药物剂量无关。临床上采用的防治措施通常是用药前对易引起过敏的药物先进行过敏试验，对用药后出现的过敏症状，根据情况应用抗组胺药、糖皮质激素、肾上腺素和葡萄糖酸钙等进行抢救。	青霉素过敏。
后遗效应	停药后的血药浓度降低至阈值以下时残存的药理效应。	药物与受体牢固结合或产生不可逆的组织损害。	不是所有的后遗效应都是对机体有害的，如大环内酯类药物和氟喹诺酮类药物有较长的抗菌药物后效应，使药物的作用时间延长。	长期使用皮质激素类药物或抗生素后出现白细胞促进效应。
继发性反应	又称二重感染，是由药物治疗作用引起的不良后果。	—	—	使用四环素容易引起二重感染。

（续表）

类别	定义	原因	特点	举例
特异质反应	少数特异质动物对某些药物特别敏感，导致产生不同的损害性反应，其反应性质与药物固有的药理作用基本一致。	遗传异常导致生化过程异常。	严重程度与剂量成正比。	柯利犬对伊维菌素异常敏感。

二、量效关系与构效关系

（一）量效关系

药物的效应随着剂量的增加而增强，这种剂量与效应之间的关系称为量效关系。

剂量是指药物的用量，它是决定药物效应的关键因素。在一定范围内，剂量越大，药物在体内的浓度越高，效应也越强。但超过一定的剂量范围就可以由量变引起药物作用的质变，发生中毒，甚至死亡。

药物的剂量过小，不产生任何效应的量，称为无效量。达到开始出现疗效的剂量，称为最小有效量。随着剂量的增加，治疗作用也逐渐增强，其中对 50% 的个体有效的剂量称半数有效量；达到最大治疗量（最大安全量）时，称为极量。极量再增加，即可引起中毒，最低的中毒量，称为最小中毒量。剂量再增加，中毒严重以致引起死亡的剂量，称为致死量（最小致死量）（图 1-3-1），引起半数动物死亡的剂量称为半数致死量。

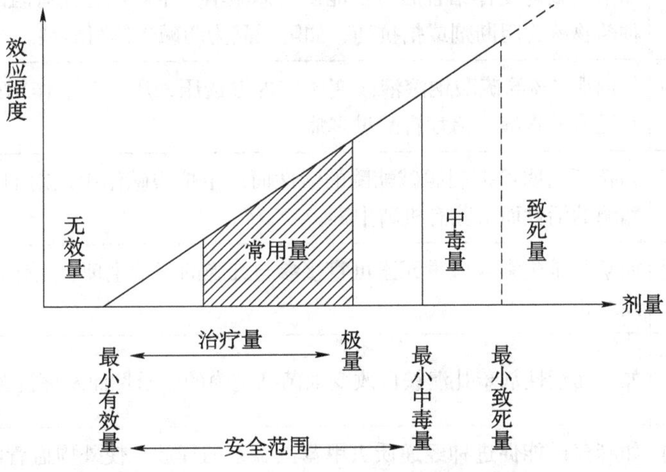

图 1-3-1　剂量与药物作用关系示意图

临床用药为了安全而有效，药物的常用量和治疗量在安全范围内应该比最小有效量大，并对机体产生明显的效应，但并不引起毒性反应。《中华人民共和国兽药典》上对药物的常用量和毒药、剧药的极量都有明确规定。除非在特殊情况下，一般应用以不超过极量为宜。药物的最小有效量与最小中毒量之间的距离称为安全范围。范围越大，用药越安全；反之，安全性小。药物的半数致死量和半数有效量的比值称为治疗指数，此数值越大，药物越安全。

（二）构效关系

药物的化学结构与药理效应或活性之间的关系，称为构效关系。药理作用的特异性取决于药物特定的化学结构，因为药物的化学结构决定了化学反应，而化学反应又决定了药理效应。具有相同或相似基本结构的化合物一般能与同一受体或酶结合，产生相似（拟似药）或相反（拮抗药）的作用。例如去甲肾上腺素、肾上腺素、异丙肾上腺素为拟肾上腺素药，普萘洛尔为抗肾上腺素药，它们具有相似的化学结构。但基本结构的相似只能决定药物作用的性质，药物作用大小的差异往往取决于官能团的差异，磺胺类药物都具有对位氨基的结构，但由于其他取代基的不同，磺胺类药物的作用大小有明显的差异。另一方面，许多化学结构完全相同的药物还存在光学异构体，具有不同的药理作用，多数左旋体药物有药理活性，而右旋体无作用，如左旋氯霉素具有抗菌活性，左旋咪唑有抗线虫活性，但它们的右旋体没有作用。

三、药物的作用机理

药物作用的机理是指药物如何发挥作用的原理，即药理效应是如何产生的。药物的种类繁多、性质各异，且机体的生化过程和生理机能十分复杂，虽然人们的认识已从细胞水平、亚细胞水平深入到分子水平，但其学说也不完全相同。目前公认的药物作用机理见表 1-3-3。

表 1-3-3　常见药物的作用机理

药物的作用机理	定义及举例
通过受体产生作用	受体是指存在于细胞膜或细胞内的生物大分子物质（蛋白质、脂蛋白、核酸），具有高度的特异性。当某一药物与受体结合后，能激活该受体，产生强大效应。这一药物就是该受体的激动剂或兴奋剂，如乙酰胆碱为胆碱受体的激动剂或兴奋剂。如果药物与受体结合后，不能使受体激活产生效应，而有阻断激动剂的作用，这种药物称为阻断剂或拮抗药，如阿托品为胆碱受体阻断剂。
改变细胞周围环境的理化性质而发挥作用	如内服 6% 的硫酸钠溶液改变肠腔内渗透压，产生泻下作用；内服碳酸氢钠可中和过多的胃酸，治疗胃酸过多症。
影响酶的活性而发挥作用	如新斯的明可抑制胆碱酯酶的活性而产生拟胆碱作用；碘解磷定能恢复体内胆碱酯酶的活性而解除有机磷中毒。
影响细胞的物质代谢过程而发挥作用	如某些维生素或微量元素可直接参与细胞的正常生理、生化过程，使其缺乏症得到纠正。
改变细胞膜的通透性而发挥作用	如表面活性剂苯扎溴铵可改变细菌细胞膜的通透性而发挥抗菌作用。
影响神经递质或体内活性物质而发挥作用	如麻黄碱能促进神经递质去甲肾上腺素的释放，使外周血管收缩；阿司匹林能抑制生物活性物质前列腺素的合成，而发挥解热作用。

工具准备

各类不良反应的案例、网络查询设备等。

人员准备

人员分组，每组 5 人，明确职责分工。

任务角色	任务内容
组长：	任务：
组员 1：	任务：
组员 2：	任务：
组员 3：	任务：
组员 4：	任务：

任务实施

第一步：学习药物对动物机体作用的相关概念。

第二步：根据所学知识和前期查找的资料，说出药物作用的二重性及其临床意义。

第三步：走访、调研宠物医院，了解各类不良反应的案例，并指出案例中的不良反应属于哪种类型。

第四步：根据调研结果总结写出药物对动物机体的作用。

任务检测

项目一任务三检测

任务评价

工作任务完成过程评价表

班级：______________ 组别：______________ 姓名：______________

项目	评分标准	自我评价	小组评价	教师评价
资料收集（50 分）	操作熟练，分析合理，判断准确（50 分）			
	操作较熟练，报告较准确清晰（40 分）			
	操作不太熟练，报告有少量错误（30 分）			
	操作不熟练，判断不准确（30 分以下）			

（续表）

<table>
<tr><th>项目</th><th>评分标准</th><th>自我评价</th><th>小组评价</th><th>教师评价</th></tr>
<tr><td rowspan="2">调研内容
（20 分）</td><td>了解药物的治疗作用和不良反应，以及其包含内容（10 分）</td><td></td><td></td><td></td></tr>
<tr><td>了解各类不良反应的案例，并指出案例中的不良反应属于哪种类型（10 分）</td><td></td><td></td><td></td></tr>
<tr><td rowspan="3">课后评价
（30 分）</td><td>熟悉任务内容（10 分）</td><td></td><td></td><td></td></tr>
<tr><td>能准确说出药物对动物机体的作用（10 分）</td><td></td><td></td><td></td></tr>
<tr><td>调研结束后撰写调研报告（10 分）</td><td></td><td></td><td></td></tr>
<tr><td colspan="2">合计</td><td></td><td></td><td></td></tr>
<tr><td>自我评价与总结</td><td colspan="4"></td></tr>
<tr><td>教师点评</td><td colspan="4"></td></tr>
</table>

任务四 药动学：机体对药物的作用

任务导入

熟练掌握对各类动物给药的基本方法，是成为一名优秀兽医的基本要求。通过学习，掌握不同动物的给药途径（内服给药、注射给药、呼吸道给药和皮肤黏膜给药）和准确的操作方法，从而体会机体对药物的作用有何不同。

班级：__________ 姓名：__________ 学号：__________

<table>
<tr><th>任务名称</th><th>动物不同给药方法的训练</th></tr>
<tr><td>任务描述</td><td>根据实际情况，填写本任务的内容、目的、流程和方法。
任务内容：__________
____
任务目的：__________
____
任务流程：__________
____
任务方法：__________
__________</td></tr>
</table>

（续表）

<table>
<tr><td>获取信息</td><td colspan="4">要完成任务，需要掌握相关的知识。请收集资料，回答以下问题。
1. 动物使用药物后，药物在动物机体内部是如何发挥作用的？有哪些过程？
2. 常见的药物吸收受哪些因素的影响？
3. 观看录像，观察不同给药途径对药物吸收作用的影响。</td></tr>
<tr><td>制订计划</td><td colspan="4"></td></tr>
<tr><td rowspan="6">任务实施</td><td colspan="4">按照预先制订的工作计划，完成本任务，并记录任务实施过程。</td></tr>
<tr><td>序号</td><td>完成的任务</td><td>遇到的问题</td><td>解决办法</td></tr>
<tr><td></td><td></td><td></td><td></td></tr>
<tr><td></td><td></td><td></td><td></td></tr>
<tr><td></td><td></td><td></td><td></td></tr>
<tr><td></td><td></td><td></td><td></td></tr>
</table>

任务准备

知识准备

在药物影响机体的生理、生化功能的同时，动物的组织器官也在不断地作用于药物，使药物发生变化。药物从进入机体到排出体外的过程称为药物的体内过程。包括吸收、分布、转化和排泄。

一、药物的跨膜转运

药物从给药部位进入血液循环，分布到各组织、器官，经生物转化后从体内排出要经过一系列的细胞膜或生物膜，这一过程叫作跨膜转运。药物的跨膜转运方式主要有被动转运、主动转运和易化扩散等。它们有各自的特点，且与药动学的特点密切相关（表 1-4-1）。

表 1-4-1　药物的跨膜转运方式

跨膜转运方式		定义
被动转运	简单扩散	简单扩散又称为被动扩散，大多数药物以这种简单扩散进行转运。其特点是顺浓度梯度，扩散过程与细胞代谢无关，故不消耗能量。其扩散速率主要由膜两侧的浓度梯度和药物的脂溶性决定，浓度梯度越大，脂溶性越高，扩散越快。
	滤过	通过膜孔转运称为滤过，受药物分子大小的影响，分子越小越易滤过，如乙醇、甘油、乳酸等。
主动转运		主动转运又称逆流转运。这是药物逆浓度（或电位）差的转运，即药物从浓度低的一侧向浓度高的一侧转运。它需要膜中的特殊载体，还需要为之提供能量。这种载体被认为是一种蛋白质成分或脂蛋白。它具有特异选择性，转运能力有一定限度。如果两种类似的药物都由该载体转运，则彼此间转运出现竞争性抑制。
易化扩散		易化扩散又称促进扩散，也是载体介导的转运，故也具有饱和性和竞争性的特征。易化扩散是顺浓度梯度转运，不需要消耗能量，这是它与主动转运的区别。氨基酸、葡萄糖进入红细胞，维生素 B_{12} 被肠道吸收等都是易化扩散。
胞饮/胞吐作用		胞饮又称入胞，是指某些液态蛋白质或大分子物质可通过由生物膜内陷形成的小泡吞噬而进入细胞内。如垂体后叶素粉剂可经过鼻黏膜给药吸入。 胞吐又称出胞，是指某些液态大分子物质可从细胞内转运到细胞外，如腺体分泌物及递质的释放等。用这一方式转运的物质包括蛋白质、破伤风毒素、肉毒毒素、抗原、脂溶性维生素等。

二、药物的体内过程

（一）药物的吸收

药物的吸收是指药物自用药部位进入血液循环的过程。除了局部用药和静脉注射给药外，其他给药方法均有吸收过程。给药途径、剂型，药物的理化性质对药物吸收过程有明显的影响；内服给药时，由于不同种属动物的消化系统结构和功能有较大差别，吸收也存在较大差异。这里重点讨论不同给药途径的吸收过程。

1.消化道给药

（1）内服给药：内服给药包括经口投服、混入饲料和饮水中给药，方法简便，适合大多数药物，能使药物在胃肠道内发挥作用。大多数药物可经内服给药吸收，主要通过被动转运被胃肠道黏膜吸收，主要吸收部位是小肠，因为小肠绒毛有较大的表面积和丰富的毛细血管，弱酸性、弱碱性化合物和中性化合物均可在小肠内被吸收。内服药物的吸收受很多因素的影响，主要包括以下几个方面（表 1-4-2）。

（2）舌下给药：口腔吸收面积小，血流量丰富，所以舌下给药吸收迅速。加之该处药物可经舌下静脉不经肝脏而直接进入体循环，无首过效应，特别适合口服给药时易被破坏或首过效应明显的药物，如硝酸甘油、异丙肾上腺素等。

（3）直肠给药：将药物灌注至直肠深部的给药方式。直肠给药能发挥局部作用（如治疗便秘）和吸收作用（如补充营养）。吸收表面积虽然较小，但血液供应丰富，药物可迅速被吸收到血液循环，而不必首先通过肝脏，其优点是无首过效应，吸收迅速，还可以避免药物对上消化道产生刺激。而缺点是吸收不规则。

表 1-4-2 影响内服给药的因素

影响因素	举例
药物的理化性质：药物的相对分子量越小，脂溶性越大或非解离型比重越大，越容易被吸收。不溶于水和有机溶剂中的物质一般都很难被吸收。	如硫酸钡在胃肠道不被溶解，内服时不被吸收，可用作造影剂；口服硫酸镁溶液难被吸收，常作为泻药使用。
首过效应：内服药物从胃肠道吸收经门静脉系统进入肝，在肝药酶和胃肠道上皮酶的联合作用下进行首次代谢，使进入全身循环的药量减少的现象称为首过效应。首过效应强的药物可使生物利用度明显降低，若治疗全身性疾病，则不宜内服给药。	如硝酸甘油经首过效应可被灭活约 90%，故内服疗效很差，需舌下给药。
胃排空率：排空率影响药物进入小肠的快慢，不同动物有不同的排空率，此外，排空率还受其他生理因素（胃内容物的容积和组成等）的影响。	如马胃容积小，不停进食，排空时间很短；牛则没有排空。
pH值：胃肠液的pH值能明显影响药物的解离度，不同动物胃液的pH值有较大差别，是影响吸收的重要因素。	一般酸性药物在胃液中多不解离容易吸收，碱性药物在胃液中解离不易吸收，要在进入小肠后才能吸收。
胃肠内容物的充盈度：大量食物可稀释药物，使浓度变得很低，影响吸收。	据报道，猪饲喂后对土霉素的吸收少而且慢，饥饿时猪的生物利用度可达 23%，饲喂后猪的血药峰浓度只为饲喂前猪的 10%。
肠蠕动情况	肠蠕动增加能促进固体制剂的崩解和溶解，使溶解的药物与肠黏膜接触，药物吸收增加，但肠蠕动过快时，有的药物来不及被吸收就被排出体外。
浓度	药物浓度高则吸收就快。
药物的相互作用	有些矿物质元素如钙、镁、铁、锌的离子可与四环素类、氟喹诺酮类等在胃肠道发生螯合作用，从而阻碍药物吸收或使药物失活。

2. 注射给药

注射给药主要包括静脉注射、皮下注射、肌内注射、腹腔注射、关节内注射、结膜下腔和硬膜外注射等（表 1-4-3）。

表 1-4-3 常见的注射给药方式

注射给药方式	特点
静脉注射（IV）	静脉注射是将药液直接注射入静脉血管，无吸收过程，药效最快，适于急救或需要输入大量液体的情况。但一般油溶液、混悬液、乳浊液不可作静脉注射，以免发生栓塞；刺激性大的药物静脉注射时不可漏出血管。

（续表）

注射给药方式	特点
皮下注射（SC）	皮下注射是将药物注入皮下组织中。皮下组织血管较少，吸收较慢。刺激性较强的药物不宜使用该方法。
肌内注射（IM）	肌内注射是将药物注入肌肉组织中。肌肉组织的毛细血管丰富，故肌内注射药物比皮下注射吸收快而完全。水溶性药物吸收迅速，油制剂、混悬剂、胶体制剂或其他缓释剂可在局部滞留，吸收较慢。刺激性较强的药物应作深层分点肌内注射。实验还证明，将肌内注射量分点注射比一次性注入的吸收更快。缓释剂型能减缓吸收速率，延长药效。
腹腔注射（IP）	腹腔注射是将药物直接注射到腹腔内，通过腹膜吸收。由于腹膜面积较大，吸收也较肌内注射迅速，仅次于静脉注射。
乳管内注入	乳管内注入又称为乳池注射，通过乳管将药物注入乳房。对治疗乳腺炎可以起直接治疗作用，药物集中，作用快，效果佳。

3.呼吸道给药

呼吸道给药气体或挥发性液体麻醉药和其他气雾剂型药物可通过呼吸道吸收。肺表面积大（如马有 500 m^2、猪有 50～80 m^2），血流量大。经肺的血流量为全身的 10%～12%，肺泡细胞结构较薄，药物极易被吸收。呼吸道给药主要用于治疗呼吸道疾病及吸入麻醉等。刺激性大的药物不宜应用。

4.皮肤黏膜给药

完整的皮肤吸收能力差，多发挥局部作用，可通过透皮促进剂的作用促进药物吸收。皮肤黏膜给药主要用于治疗外寄生虫、真菌感染及其他皮肤、黏膜疾病。个别脂溶性高的药物（如有机磷类）可通过皮肤吸收而引起中毒。

（二）药物的分布

药物的分布是指药物从血液转运到各组织器官的过程。药物在体内的分布多数是不均匀的。通常，药物在组织器官内的浓度越大，对该组织器官的作用就越强。但也有例外，如强心苷主要分布于肝和骨骼肌组织，却选择性地作用于心脏。影响药物分布的因素主要有以下几种（表 1-4-4）。

表 1-4-4　影响因素

影响因素	定义
药物与血浆蛋白的结合力	药物在血浆中能不同程度地与血浆蛋白可逆性结合，当血液中游离型药物被转运代谢而浓度降低时，结合型药物又可转变成游离型，两者处于动态平衡。药物与血浆蛋白结合后分子增大，不易透过细胞膜屏障而失去药理活性，也不易经肾排泄而使作用时间延长。此外，若同时使用两种都对血浆蛋白有较高亲和力的药物则将发生竞争性抑制现象。如动物使用抗凝血药双香豆素后，几乎全部与血浆蛋白结合（结合率为 99%）；若同时合用保泰松，则可竞争性地与血浆蛋白结合，把双香豆素置换出来，使游离药物浓度急剧增加，可能出血不止。

（续表）

影响因素	定义
药物与组织细胞的亲和力	药物能与血浆中的血浆蛋白结合，所以药物在血浆中常以两种形式存在，结合型与游离型药物始终处于动态平衡。药物与血浆蛋白结合后分子增大、不易透过血管壁，限制了它的分布，也影响其从体内消除。不结合的游离型药物则可被转运到作用部位产生药理效应。药物与血浆蛋白结合是可逆性的非特异性结合，但有一定的限量。当药物剂量过大，血液浓度增高至血浆蛋白结合能力达到饱和后，游离型药物会突然增多而使作用增强，甚至出现毒性反应。此外，若同时使用两种都对血浆蛋白有较高亲和力的药物，则将发生竞争性抑制现象，一种药物可把另一种药物从结合部位置换出来。血浆中游离型药物由于分布或消除使浓度下降时，药物便可从结合状态下分离出来，从而延缓了药物从血浆中消失的速度，使半衰期延长。因此，药物与血浆蛋白结合实际上是一种储存功能。
体内屏障	血脑屏障是指毛细血管壁与神经胶质细胞形成的，血浆与脑细胞之间的屏障，是由脉络丛形成的血浆与脑脊液之间的屏障。这些膜的细胞间连接比较紧密，并比一般的毛细血管壁多一层神经胶质细胞，因此，通透性较差，许多分子较大、极性较高的药物限制通过，不能进入脑内，特别是当药物与血浆蛋白结合后，分子变大就更不能通过血脑屏障。在治疗脑膜炎疾病中，磺胺嘧啶可作为磺胺类药物中的首选药物，主要是磺胺嘧啶与血浆蛋白结合率低。
	胎盘屏障是将母体血液与胎儿血液隔开的屏障，其通透性与一般的生物膜没有明显区别。脂溶性高、解离度低、分子量小、不带电荷的药物如乙醇、水合氯醛、氯丙嗪、磺胺类、绝大部分抗生素、喹诺酮类、巴比妥类等药物，都可通过被动转运的方式透过胎盘屏障。药物与血浆蛋白的结合，对药物通过胎盘有很大影响，生理状态下，只有非结合游离型药物才能透过胎盘屏障。胎盘屏障的选择性比血脑屏障要低一些，特别是妊娠后期，绝大部分药物都可通过胎盘进入胎儿体内。

（三）生物转化

药物在机体内发生化学变化生成代谢产物的过程称为生物转化，通常称为药物代谢。

1.药物转化的方式和步骤

生物转化通常分两步（相）进行，第一步包括氧化、还原和水解反应；第二步为结合反应。第一步生物转化使药物分子产生一些极性基团，如—OH、—COOH和NH_2等，这些官能团有利于药物与内源性物质结合进行第二步反应。生成的代谢物，大多数药理活性降低或消失，称灭活；但也有部分药物经第一步转化后的产物才具有活性（如百浪多息），或者作用加强（如水合氯醛），这种现象称为代谢活化。无活性母体药称为前药。经第一步代谢生成的极性代谢物或未经代谢的原型药物（如磺胺类）能与内源性化合物如葡萄糖醛酸、醋酸、硫酸和氨基酸等结合，称为结合反应。通过结合反应生成极性更强、更易溶于水、更利于从尿液或胆汁排出的代谢产物，药理活性完全消失，称为解毒作用。

药物生物转化的主要器官是肝，此外，血浆、肾、肺、脑、皮肤、胃肠黏膜和胃肠道微生物也能进行部分药物的生物转化。各种药物在体内的生物转化过程不尽相同，有的只有第一步或第二步反应，有的则有多种反应过程；药物经生物转化的多少，不同药物或不同种属动物间有很大的差别，例如恩诺沙星在鸡体内约有50%代谢为环丙沙星，但在猪体内生成的环丙沙星却很少。此外，还有一些药物大部分或全部不经过生物转化而以原型从体内排出。

2. 药物代谢酶系

（1）肝微粒体药物代谢酶系也称混合功能氧化酶系或单加氧酶系（简称药酶），存在于肝细胞滑面内质网内，主要催化药物等外源性物质的代谢，是一类特异性不高的代谢酶。微粒体是肝细胞匀浆超速离心后的沉淀物，实际上是内质网碎片形成的微粒。

（2）非微粒体药酶系统只有少数药物由非微粒体酶系代谢。一般说来，凡结构类似于体内正常物质、脂溶性小、水溶性大的药物，均由这组酶系代谢。

（3）肠道菌群的药酶系统。这组酶系的临床意义在于，有些药物的代谢物经胆汁排入肠中，经肠道菌群转变为原型后又被吸收形成肠肝循环，能使药物作用时间延长，但也增加了肝药酶的负担。

（四）药物的排泄

药物的排泄是指药物的代谢产物或原型通过各种途径从体内排出的过程。大多数药物都通过生物转化和排泄两个过程从体内消除，但极性药物和低脂溶性的化合物主要是由排泄清除。最重要的排泄器官是肾脏，多数药物主要经肾排泄，如青霉素、氧氟沙星；也有一些药物由胆汁排出。此外，还可通过乳腺、肺、唾液、汗腺排泄少部分药物（表 1-4-5）。

表 1-4-5　药物的排泄

药物的排泄途径	特点
肾脏排泄	肾脏是药物排泄最重要的器官，肾小球毛细血管的膜孔较大，且滤过压较高，故通透性较大。从肾排泄的原型药物或代谢产物由于小管液水分的重吸收，生成尿液时可以达到很高的浓度，甚至可产生治疗作用，如青霉素和链霉素大部分以原型从尿液排出，可用于治疗泌尿道感染。但有的可能产生毒副作用，如磺胺代谢产生的乙酰磺胺由于浓度高可析出结晶，引起结晶尿或血尿，尤其容易出现在犬、猫等尿液呈酸性的动物中，故应同服碳酸氢钠，提高尿液的pH值，增加药物溶解度。
胆汁排泄	虽然肾是原型药物和大多数代谢产物最重要的排泄器官，但也有些药物主要从肝进入胆汁排泄，这主要是相对分子质量在 300 以上并有极性基团的药物。许多药物经肝排入胆汁，某些脂溶性的药物（如四环素）可在肠腔内被重吸收，或葡萄糖苷酸结合物被肠道微生物的β葡萄糖苷酸酶所水解并释放出原型药物，然后被重吸收，即称肠肝循环。当药物的大部分可进入肠肝循环时，便会延缓药物的消除，延长半衰期。吗啡、洋地黄毒苷、己烯酚、吲哚美辛、红霉素等都能形成肠肝循环。
乳腺排泄	大部分药物还可从乳汁排泄，一般为被动扩散。由于乳汁中的pH值（6.5～6.8）较血浆低，故碱性药物在乳汁中的浓度高于血浆，酸性药物则恰恰相反。药物从乳汁排泄关系到人类的生命健康，尤其是抗菌药物、与食品安全密切相关的药物均需规定弃乳期。
卵巢排泄	禽类可以将药物转运到卵中，通过卵排出。利用卵中的药物与含量，还可生产出具有特色的功能蛋（如高锌蛋、高能蛋及其他保健蛋等）。但有些药物会影响蛋的风味和品质，有些甚至会出现蛋的药物残留，影响人类的健康。

三、药物代谢动力学的基本概念

药物代谢动力学（简称药动学）是药理学与数学相结合的边缘学科，其用数学模型描述观测值并预测药物在体内的数量（浓度）、部位和时间三者之间的关系。阐明这些变化规律的目的是为临床合理用药提供依据，为研究、寻找新药，评价临床已经使用的药物提供客观标准。此外，药动学也是研究临床药理学、药剂学和毒理学等的重要手段。

（一）血药浓度

一般指血浆中的药物浓度，是体内药物浓度的重要指标。虽然它不等于作用部位（靶细胞或靶受体）的浓度，但作用部位的浓度与血药浓度以及药理效应一般呈正相关。血药浓度随时间发生的变化，不仅能反映作用部位的浓度变化，而且也能反映药物在体内吸收、分布、转化和排泄过程的变化规律。另外，由于血液的采集比较容易，对机体损伤小，常用血药浓度来研究药物在体内的变化规律。

（二）血药浓度－时间曲线

药物在体内吸收、分布、转化和排泄是一个连续变化的动态过程。在药动学研究中，给药后不同时间采集血样，测定其药物浓度，常以时间作横坐标，以血药浓度作纵坐标，绘出的曲线称为血药浓度－时间曲线，简称药时曲线。从曲线中可定量地分析药物在体内的动态变化与药物效应的关系。

（三）峰浓度与峰时

给药后达到的最高血药浓度称血药峰浓度（简称峰浓度）。连续多次给药后的血浆峰值浓度称为血浆稳态浓度，其高低与给药间隔时间和单位时间内给药量有关。达到峰浓度所需的时间称达峰时间（简称峰时），它取决于吸收速率和消除速率。

（四）生物半衰期

生物半衰期是指血浆中药物浓度下降到一半时所需的时间，又称为血浆半衰期或消除半衰期等，一般称为半衰期（$t_{1/2}$）。它反映了药物在体内的消除速度。同一药物对于不同动物种类、不同品种、不同个体，其半衰期都有差异。绝大多数药物有固定的半衰期，增加用药剂量只能增加血浆中的药物浓度，并不能显著延长药物在体内的消除时间。半衰期的改变也能反映肝、肾等消除器官的功能状态，$t_{1/2}$ 数值小，即半衰期短，表示药物的代谢和排泄均迅速；数值大，即半衰期长，表示该药物代谢和排泄均缓慢，在体内维持时间较长。半衰期是制订给药间隔时间的重要依据，也是预测连续多次给药后体内药物达到稳态浓度和停药后从体内消除时间的主要参数。

（五）表观分布容积

表观分布容积是药物在体内分布达到平衡时，体内药量（D）和血药浓度（c）之间的比值常数。常用 V_d 表示，即 $V_d= D/c$。表观分布容积是反映药物在体内分布的范围大小和特性的一个药物动力学参数。一般条件下，分布容积大，说明药物在体内分布广泛，大部分可到达全身组织细胞外液和细胞内液；分布容积小，说明大部分药物分布到血液和细胞外液中。

（六）生物利用度

生物利用度指药物以一定的剂型从用药部位吸收进入全身血液循环的数量和速度。主要是指药物的吸收程度。一般用吸收百分率（%）表示，即

$$F=\frac{D}{A}\times 100\%$$

式中，F为吸收百分率；D为药物实际吸收量；A为用药剂量。

（七）体清除率

体清除率（消除率）是指单位时间内。机体通过各种消除过程（包括生物转化和排泄）消除药物的数量。它是体内各种清除率的总和，包括肾清除率、肝清除率和其他如肺、乳汁、皮肤清除率等。

工具准备

家兔、注射器（1 mL、5 mL）、酒精棉球、干棉球、镊子、剪毛剪、兔导胃管、兔开口器、液体石蜡、生理盐水等。

人员准备

人员分组，每组 5 人，明确职责分工。

任务角色	任务内容
组长：	任务：
组员 1：	任务：
组员 2：	任务：
组员 3：	任务：
组员 4：	任务：

任务实施

第一步：学习不同给药途径的理论知识。

第二步：准备实验所需的用具并对家兔进行保定、剪毛和消毒等工作。

第三步：不同给药途径的训练（表 1-4-6）。①内服给药的训练，熟练掌握给动物灌胃的方法；②注射给药的训练，熟练掌握静脉注射、肌内注射、皮下注射的注射方法。

第四步：结束训练后将实验仪器设备进行消毒、整理；根据训练的情况，进行总结，归纳出每种给药途径的特点、机体对药物的作用情况和自己训练时的不足之处。

表 1-4-6　不同给药途径及方法

给药途径	操作方法
灌胃	两人合作进行操作。一人坐好，将兔的躯体夹于两腿之间；左手紧握双耳，固定其头部；右手抓住前肢。另一人将兔用开口器插入兔口中，将舌头压在开口器下面，把开口器固定；将胃管经开口器中央小孔慢慢沿上腭壁插入食道约 15 cm；到咽部时在动物有吞咽动作时顺势将胃管伸入食道直至胃内；将胃导管连接上装有生理盐水的注射器进行缓慢灌注；灌注完毕后，压扁胃导管末端并缓慢抽出导管。判断胃管是否进入：将胃管的另一端浸入水中，若有气泡产生，说明插入了气管中，此时需要将胃管重新拔出，稍作调整后重新插入家兔食道；若无气泡产生则说明已插入食道。

（续表）

给药途径	操作方法
耳缘静脉注射	将兔放在固定箱内或由助手固定。将耳缘静脉处皮肤的粗毛剪去，用手指轻弹（或以酒精球反复涂擦耳壳），使血管扩张。助手用手指于耳缘根部压住耳缘静脉，待静脉充血后，操作者用左手拇指和食指捏住耳尖部，右手持注射器，从静脉末端刺入血管。如见到针头在血管内，即用手指将针头和兔耳固定，助手放开压迫耳根之手指，即可注入药液。若注液时感觉畅通无阻，则证明在血管内；若阻力大且耳壳肿胀变白，说明注入皮下应拔出针头，再在上次注射针眼前方注射。注射完毕，用棉球按压片刻，以防出血。注药量一般为每千克体重 2 mL，等渗溶液可达每千克体重 10 mL。
肌内注射	应选择肌肉丰满处进行，一般选用兔的两侧臀肌或大腿肌。一人保定兔子，另一人右手持注射器，使注射器与肌肉呈 60°，刺入肌肉中。为防止药液进入血管，在注射药液前应轻轻回抽针栓，如无回血，即可注入药液。
皮下注射	一人保定兔，另一人用左手拇指和中指提起兔背部或腹内侧皮肤，使成一皱褶，用右手持注射器，自皱褶下刺入，当针头在表皮下组织时，松开皱褶将药液注入。

任务检测

项目一任务四检测

任务评价

工作任务完成过程评价表

班级：________________　组别：________________　姓名：________________

项目	评分标准	自我评价	小组评价	教师评价
资料收集	操作熟练，分析合理，判断准确（40 分）			
	操作较熟练，报告较准确清晰（30 分）			
	操作不太熟练，报告有少量错误（20 分）			
	操作不熟练，判断不准确（20 分以下）			
训练内容	进行训练前的准备工作（10 分）			
	对不同给药途径的操作准确且熟练（10 分）			
	训练结束后整理仪器设备并消毒等（10 分）			

（续表）

项目	评分标准	自我评价	小组评价	教师评价
课后评价	熟悉任务内容（10 分）			
	能准确说出药物对动物机体的作用（10 分）			
	训练结束后有总结（10 分）			
合计				
自我评价与总结				
教师点评				

任务五 影响药物作用的因素与合理用药

任务导入

药物在机体产生的药物效应受很多因素的影响，主要有药物、机体和环境等方面。在临床用药时，应熟悉各种因素对药物作用的影响，根据个体差异，选择合适的药物和剂型，做到给药个体化，确保临床用药安全有效。请以小组为单位，到宠物医院或兽医站等实地调研，寻找病例，根据所学知识，制定出合理的给药方案。

任务工单

班级：________ 姓名：________ 学号：________

任务名称	制订合理的给药方案
任务描述	根据实际情况，填写本任务的内容、目的、流程和方法。 任务内容：________ ________ 任务目的：________ ________ 任务流程：________ ________ 任务方法：________ ________

（续表）

<table>
<tr><td>获取信息</td><td colspan="4">要完成任务，需要掌握相关的知识。请收集资料，回答以下问题。
1.影响药物作用的因素有哪些？

2.调研走访宠物医院或兽医站等，寻找合适的病例。

3.根据所学知识和寻找的病例，制订出适合病例的给药方案。</td></tr>
<tr><td>制订计划</td><td colspan="4"></td></tr>
<tr><td rowspan="6">任务实施</td><td colspan="4">按照预先制订的工作计划，完成本任务，并记录任务实施过程。</td></tr>
<tr><td>序号</td><td>完成的任务</td><td>遇到的问题</td><td>解决办法</td></tr>
<tr><td></td><td></td><td></td><td></td></tr>
<tr><td></td><td></td><td></td><td></td></tr>
<tr><td></td><td></td><td></td><td></td></tr>
<tr><td></td><td></td><td></td><td></td></tr>
</table>

任务准备

知识准备

一、药物方面的影响因素

（一）剂量

在一定范围内，药物作用或效应随着剂量的增加而增强，即剂量越大，作用越强。例如巴比妥类药物，小剂量催眠，随着剂量的增加可表现出镇静、抗惊厥和麻醉的作用，这些都是对中枢的抑制作用，可以看作量的差异。但是也有少数药物，随着剂量或浓度的不同，作用的性质也会发生变化，如大黄小剂量健胃、中剂量止泻、大剂量泻下。因此，药物的剂量是决定药效的重要因素。临床用药时，除根据法规决定用药剂量外，还要根据药物的理化性质、毒副作用和病情发展的需要适当调整剂量，才能更好地发挥药物的治疗作用。大群混饲给药时，一定要搅拌均匀，防止个别动物摄入过量。

（二）药物的剂型和给药途径

同一药物的不同剂型和不同的给药途径对药物的作用可产生显著的影响，因为两者均可直接影响到药物的体内过程。同一药物的不同剂型其体内过程不同，注射剂比内服制剂起效快、疗效好。内服制剂吸收由快到慢的顺序：溶液剂、散剂、胶囊剂、片剂。另外，药物的剂型中所用的赋形剂不同也可影响药物的吸收和清除。

给药途径不同可直接影响药物的疗效，不同给药途径吸收速度由快到慢的顺序：静脉注射、吸入、肌内注射、舌下、皮下、直肠给药、内服、皮肤。给药途径不同甚至会改变药物的作用性质，如硫酸镁内服有泻下的作用，肌内注射有抗惊厥的作用。

（三）联合用药与药物的相互作用

同时使用两种或两种以上的药物治疗疾病，称为联合用药。其目的是提高疗效，减少或消除不良反应，如抗菌药物适当联合还可减少耐药性的产生。药物的相互作用是指某一种药物的作用由于其他药物的存在而受到干扰，使该药的药理作用发生变化。按其作用机理可分为药动学和药效学的相互作用。此外，在使用和生产药物时，也可发生药物的体外相互作用（表 1-5-1）。

表 1-5-1　药物的相互作用

相互作用	定义	
药动学的相互作用	联合用药时，在药物的吸收、分布、生物转化和排泄过程中可能相互影响，使药动学参数发生变化，称为药动学的相互作用。例如普萘洛尔（心得安）可降低心输出量，从而减少肝的血流量，当与首过效应明显的药物利多卡因合用时，可使利多卡因的肝清除率减少。	
药效学相互作用	联合用药时，由于药物效应或作用机理的不同，可使总效应发生改变，称为药效学的相互作用，主要有协同、拮抗与相加的作用。除了药物的治疗作用存在相互作用外，药物的毒性作用也可出现上述三种改变。	联合用药后，能使药效增加的称为协同作用。协同作用可分为相加作用和增强作用。各药合用时总药效大于各药单用时药效的总和，称为增强作用；各药合用时，总药效等于各药单用时药效的总和，称为相加作用。联合用药后，药效减弱的称为拮抗作用。
配伍禁忌	两种或两种以上药物混合，出现混浊、沉淀、产生气体或变色等理化性质或药物性质变化而不宜使用，称为配伍禁忌。	如在静脉滴注的葡萄糖溶液中加入磺胺嘧啶钠注射液，几分钟后可见微细的磺胺嘧啶钠结晶析出，因为磺胺嘧啶钠在pH值降低时便可析出。外科手术时，将琥珀酸胆碱与硫喷妥钠混合，虽然看不到外观变化，但琥珀酸胆碱在碱性溶液中可水解失效。另外，药物制成某种制剂时也可能发生配伍禁忌，曾发现在生产四环素片时，若将其赋形剂乳糖改为碳酸钙时，可使四环素片的实际含量减少而失效。

二、动物方面的影响因素

（一）种属差异

种属差异是指不同种属动物对同一药物的反应有很大差异。多数情况下表现为量的差异，即作用的强弱和维持时间的长短不同。如家禽对有机磷杀虫剂敌百虫很敏感，而猪则比较能耐受；磺胺间甲氧嘧啶在猪的半衰期为 8.87 h，在奶山羊则为 1.45 h。少数药物还可表现为质的差异，如吗啡对人、犬、大鼠、小鼠表现为抑制，但对猫、马和虎则表现为兴奋。

（二）生理因素

生理差异是指不同年龄、性别和生理时期的动物对同一药物的反应往往也不同。如幼龄动物各种生理机能尚未完善，老龄动物肝肾功能减退，所以对药物的敏感性较成年动物高；怀孕动物对拟胆碱药、泻药比较敏感，可能引起流产；成年草食动物长期内服广谱抗生素易导致二重感染；哺乳期动物则因多数药物可从乳汁排泄，会造成乳汁中的药物残留。

（三）病理状态

病理状态下动物处于不同的机能状态时，对药物的反应性存在一定程度的差异。如解热镇痛药能使发热动物降温，而对正常体温无影响；洋地黄对充血性心力衰竭有很好的强心作用，而对正常功能的心脏则无明显作用。肝、肾功能障碍可影响药物的生物转化和排泄，引起药物积蓄，延长半衰期；炎症过程会使动物的生物膜通透性增加，影响药物的转运。

（四）个体差异

个体差异是指在基本条件相同的情况下，同种动物的不同个体对同种药物的敏感性存在量和质的差异，这种差异称为个体差异。某些个体对某种药物特别敏感，应用小剂量即可产生强烈反应甚至中毒，称为高敏性；相反，有的个体则敏感性特别低，甚至应用中毒量也不引起反应，称为耐受性（病原微生物对药物产生的耐受性，称为耐药性）。此外，还出现质的差异，即个别动物应用某些药物后产生过敏反应。

三、饲养管理方面和其他方面的影响因素

（一）饲养管理

动物的健康主要取决于饲养和管理水平。饲养方面要注意饲料营养全面，根据动物不同生长时期的需要合理调配日粮的成分，以免出现营养不良或营养过剩。管理方面应考虑群体的大小，防止密度过大，注意通风、采光和动物活动的空间，要为动物的健康生长创造良好的条件。患病动物恢复健康，单纯依靠药物是不行的，一定要配合良好的饲养管理，加强病畜护理，提高动物机体抵抗力，使药物的作用得到更好地发挥。例如，用镇静药治疗破伤风时，要注意环境的安静，最好将患病动物安放在黑暗的房舍；全身麻醉的动物，应注意保温，给予易消化的饲料，使病畜尽快恢复健康。

（二）环境条件

环境生态条件对药物的作用也能产生直接或间接的影响，例如，不同季节、温度和湿度均可影响消毒药、抗寄生虫药的疗效。环境若存在大量的有机物可大大减弱消毒药的作用；通风不良、空气污染（如高浓度的氨气）可增加动物的应激反应，加重疾病过程，影响疗效。

（三）病原体状态和抵抗力

各种抗菌药物都有其一定的抗菌谱，即敏感细菌的种类。但对其敏感细菌的不同状态，药效也不尽一致。如青霉素对繁殖型的细菌效果好，对生长型的细菌效果差。有的抗寄生虫药只对成虫有效，对幼虫无效。化学治疗中更普遍存在的问题是病原体对药物产生耐受性，即耐药性问题。一旦病原体对某药产生耐药性之后，必须改用其他药物才能奏效。因此，应用化学治疗药时，应特别注意防止耐药性的产生。

（四）人为因素

人为改变给药途径、给药不规范等，都会影响药物的疗效。

四、合理用药原则

动物药理学为临床合理用药提供了理论依据，但要做到合理用药却不是件容易的事，必须理论联系实际，不断总结临床用药的实际经验，在充分考虑上述影响药物作用因素的基础上，正确选择药物，制订对动物和病情都合适的给药方案，一般应遵循以下几个原则（表 1-5-2）。

表 1-5-2　合理用药的原则

合理用药的原则	定义
正确的诊断	任何药物合理应用的先决条件是正确的诊断，没有对动物发病过程的认识，药物治疗便是无的放矢，不但没有好处，反而可能延误病情，耽误了疾病的治疗。
明确的指征	要针对患病动物的具体病情，选用药效可靠、安全、方便、价廉易得的药物制剂。反对滥用药物，尤其不能滥用抗菌药物。
熟悉药动学特点	根据药物的作用和在动物体内的药动学特点，制订科学的给药方案。药物治疗的错误包括用错药物，但更多的是给药方案的错误。
周密的用药计划	根据疾病的病理生理学过程和药物的作用特点，以及它们之间的相互关系，药物的效应是可以预期的。几乎所有的药物不仅有治疗作用，也存在不良反应，临床用药必须注意疾病的复杂性和治疗的复杂性，按治疗过程做好详细的用药计划，认真观察将出现的药效和毒副作用，随时调整用药计划。
合理的联合用药	在确定诊断以后，兽医师的任务就是选择最安全、有效的药物进行治疗，一般情况下不应同时使用多种药物（尤其是抗菌药物），因为多种药物极大地增加了药物相互作用的概率，也给患病动物增加了危险。除了具有确实协同作用的联合用药外，要慎重使用同等剂量的联合用药（如某些复方制剂），因为它使兽医师失去了根据动物病情需要调整药物剂量的机会。
正确处理关系	对因治疗和对症治疗的关系前已述及，一般用药首先要考虑对因治疗，但也要重视对症治疗，两者巧妙地结合将能取得更好的疗效。
避免兽药残留	食品动物用药后，药物的原型或其代谢产物和有关杂质可能蓄积、残存于动物组织、器官或食用产品（如蛋、乳）中，这样便造成了兽药在动物性食品中的残留。使用兽药必须遵守《中国兽药典》《兽药使用指南》的有关规定，严格执行休药期，以保证动物性产品兽药残留不超标。

工具准备

实际临床案例、网络查询设备等。

人员准备

人员分组，每组 5 人，明确职责分工。

任务角色	任务内容
组长：	任务：
组员 1：	任务：
组员 2：	任务：
组员 3：	任务：
组员 4：	任务：

任务实施

第一步：上网查找并了解影响药物作用的因素，查找给药方案的制定包括哪些方面？

第二步：走访、调研宠物医院或兽药店，寻找合适的病例用于制订给药方案。

第三步：根据前期工作，小组分工讨论最终制订出准确、合理的给药方案。

第四步：根据调研结果总结出制订一个准确、合理的给药方案需要考虑哪些因素。

任务检测

项目一任务五检测

任务评价

工作任务完成过程评价表

班级：＿＿＿＿＿＿　组别：＿＿＿＿＿＿　姓名：＿＿＿＿＿＿

项目	评分标准	自我评价	小组评价	教师评价
资料收集（40 分）	操作熟练，分析合理，判断准确（40 分）			
	操作较熟练，报告较准确清晰（30 分）			
	操作不太熟练，报告有少量错误（20 分）			
	操作不熟练，判断不准确（20 分以下）			
调研内容（30 分）	了解影响药物作用的因素（10 分）			
	寻找合适的临床病例（10 分）			
	制订准确、合理的给药方案（10 分）			
课后评价（30 分）	熟悉影响药物作用的因素与合理的用药方法（10 分）			
	能够制订出一个准确、合理的给药方案（10 分）			
	方案制订结束后对整个过程有思考、有总结（10 分）			

（续表）

项目	评分标准	自我评价	小组评价	教师评价
合计				
自我评价与总结				
教师点评				

任务六 兽医处方的开写

任务导入

某病猪表现精神沉郁，食欲减退，结膜潮红或蓝紫，体温升高至40 ℃以上，呈弛张热，呼吸困难，咳嗽，气喘，流鼻液（初为白色浆液，后变为黏稠灰白色或黄白色）。胸部听诊，在病灶部分肺泡呼吸音减弱，可听到捻发音。胸部叩诊，发现多个局灶性的小浊音区。初步诊断为支气管肺炎。

治疗方案：青霉素160万U和链霉素100万U肌内注射，2次/d，连用3 d。氯化铵及碳酸氢钠各2 g，溶于适量生理盐水中，一次性灌服，3次/d，连用3 d。静脉注射10%的葡萄糖酸钙10～20 mL，1次/d，连用3 d。

请根据上述诊断治疗方案开写一份准确的兽医处方。

任务工单

班级：__________ 姓名：__________ 学号：__________

任务名称	正确开写兽医处方
任务描述	根据实际情况，填写本任务的内容、目的、流程和方法。 任务内容： 任务目的： 任务流程： 任务方法：

（续表）

<table>
<tr><td rowspan="6">获取信息</td><td colspan="4">要完成任务，需要掌握相关的知识。请收集资料，回答以下问题。
1. 正规的兽药处方是什么样的？由哪些部分组成？

2. 开写兽医处方的书写规则和注意事项有哪些？

3. 根据所给的病例，练习正确开写处方。

4. 自己寻找新的病例，继续练习处方的开写。</td></tr>
<tr><td>制订计划</td><td colspan="4"></td></tr>
<tr><td rowspan="6">任务实施</td><td colspan="4">按照预先制订的工作计划，完成本任务，并记录任务实施过程。</td></tr>
<tr><td>序号</td><td>完成的任务</td><td>遇到的问题</td><td>解决办法</td></tr>
<tr><td></td><td></td><td></td><td></td></tr>
<tr><td></td><td></td><td></td><td></td></tr>
<tr><td></td><td></td><td></td><td></td></tr>
<tr><td></td><td></td><td></td><td></td></tr>
</table>

任务准备

知识准备

为保障动物用药安全和人的食品安全，《兽药管理条例》规定，“国家实行兽用处方药和非处方药分类管理制度”，从法律上确立了兽药的处方药管理制度。所谓兽用处方药，是指凭兽医师开写的处方方可购买和使用的兽药。兽用非处方药，是指由国务院兽医行政管理部门公布的、不需凭兽医处方就可以自行购买并按照说明书使用的兽药。处方药管理的一个最基本的原则就是处方兽药要凭兽医的处方方可购买和使用。因此，未经兽医开具处方，任何人不得销售、购买和使用处方兽药。通过兽医开具处方后购买和使用兽药，可以防止兽药尤其是抗菌药物的滥用，避免或减少动物产品中发生兽药残留等问题，达到保障动物用药规范、安全、有效的目的。动物诊疗处方是兽医师根据患病动物病情开写的药单，也是药房配药、发药的依据。处方的开写正确与否，直接影响治疗效果和病畜安全，兽医师及药剂人员必须有高度的责任感，若产生医疗事故将要负法律责任。

一、兽医处方的概念

执业兽医师在进行动物诊疗时，根据病情开具的药单，作为动物用药的凭证文书，称为兽医处方（图 1-6-1）。

兽医处方笺样式

×××××××处方笺

动物主人/饲养单位＿＿＿＿＿＿＿＿ 档案号＿＿＿＿

动物种类＿＿＿＿ 动物性别＿＿＿＿ 体重/数量＿＿＿＿

年（日）龄＿＿＿＿ 开具日期＿＿＿＿

诊断： Rp：

执业兽医师＿＿＿＿ 注册号＿＿＿＿ 发药人＿＿＿＿

第一联 从事动物诊疗活动的单位留存

注：“×××××××处方笺”中“×××××××”为从事动物诊疗活动的单位名称。

图 1-6-1　兽医处方笺

书写处方时应注意：一定要严肃、认真、负责；防止浪费和滥用药品；要注意药量。每次用药的剂量不得超过极量（最大耐受量），如超过极量，则可能引起畜禽中毒，甚至死亡。但在某些情况下，兽医可根据病畜的情况，应用超过规定的剂量，此时，应向有关人员说明。处方书写完毕，应仔细检查，以免错误。检查内容包括：①是否按患病动物体质和病情选药；②投予何种动物；③剂量是否准确；④投药方法、次数和时间等是否恰当；⑤药物配合有无配伍禁忌；⑥是否签名及书写日期。

二、兽医处方的书写格式

兽医处方的书写格式见表 1-6-1。

表 1-6-1　兽医处方的书写格式和注意事项

兽医处方的结构	前记	正文	后记
书写规则	前记包括动物诊疗机构名称、处方编号、动物信息（动物种类、年龄、性别、特征等）、动物主人（姓名、住址等）。	正文在处方的左上角写有“Rp”或“R”符号。 1.按药物的名称、规格、数量顺序，每药一行，逐行书写。 2.药物或制剂的名称写在左边，药物的剂量写在右边。药品数量和剂量一律用阿拉伯数字书写。药物名称应按照药典规定的名称书写，剂量按国家规定的法定计量单位开写。剂量保留小数点后一位，各药的小数点上下对齐。 3.以 g 或 mL 为单位时可省略，其他单位必须注明。 4.处方中各种药物应该按照它们的作用依次排列，一般为主药、辅药、矫正药、赋形药等。 5.写清药物的用法，每日几次，用药时间等。	后记是处方开写完毕，兽医师、药剂师应仔细核对，确认无误后签名并注明时间的部分。

（续表）

书写的注意事项	1.开写处方不能用铅笔，字迹要清楚，不得涂改和用简化字，若有修改，必须在修改处签名并注明修改日期。 2.处方中的毒药、剧药不应超过极量，如特殊需要超过极量时，兽医师应在剂量旁标明，以示负责。 3.一个处方仅限于一次诊疗结果用药。 4.如在同一兽医处方中同时开有几个处方时，每个处方的处方部分均应完整分别填写，并在每个处方第一个药物的左边标出序号，如①②等。处方开写完成后的空白处应画一斜线，以示处方完毕。

三、兽医处方的保存

（1）兽医处方开具后，第一联由从事动物诊疗活动的单位留存，第二联由药房或兽药经营企业留存，第三联由动物主人或饲养管理单位留存。

（2）兽医处方由处方开具、兽药核发单位妥善保存两年以上。保存期满后，经所在单位主要负责人批准、登记备案后方可销毁。

工具准备

实际临床案例、处方。

人员准备

人员分组，每组 5 人，明确职责分工。

任务角色	任务内容
组长：	任务：
组员 1：	任务：
组员 2：	任务：
组员 3：	任务：
组员 4：	任务：

任务实施

第一步：学习、了解正规的兽医处方的组成结构。

第二步：走访、调研宠物医院或兽药店，请教开写处方时的注意事项；寻找新病例。

第三步：根据前期工作，小组分工练习处方的开写；熟练后，小组成员互相寻找新病例并练习处方的开写。

第四步：根据调研结果，小组讨论总结处方开写时的错误并写出今后开写处方时应当注意什么。

任务检测

项目一任务六检测

任务评价

工作任务完成过程评价表

班级：__________ 组别：__________ 姓名：__________

项目	评分标准	自我评价	小组评价	教师评价
资料收集（40分）	操作熟练，分析合理，判断准确（40分）			
	操作较熟练，报告较准确清晰（30分）			
	操作不太熟练，报告有少量错误（20分）			
	操作不熟练，判断不准确（20分以下）			
调研内容（30分）	了解正规的兽医处方的组成结构（10分）			
	寻找临床病例（10分）			
	请教处方开写的注意事项（10分）			
课后评价（30分）	熟悉正确开写处方的方法（10分）			
	能独立开写出准确的处方（10分）			
	方案制订结束后对整个过程有思考、有总结（10分）			
合计				
自我评价与总结				
教师点评				

项目二

神经系统药物

项目导读

神经系统是机体内起主导作用的功能调节系统。体内各器官、系统的功能和各种生理过程都不是各自孤立进行的，而是在神经系统的直接或间接调控下，互相联系、相互影响、密切配合，使机体成为一个完整统一的有机体，实现和维持正常的生命活动。同时，机体又处于经常变化的环境中，神经系统能感受到外部环境的变化，对体内各种功能不断进行迅速而完善的调整，使机体适应内外环境的变化。

神经系统由中枢部分及外周部分组成。中枢部分包括脑和脊髓，分别位于颅腔和椎管内，两者在结构和功能上紧密联系，组成中枢神经系统。外周部分包括脑神经和脊神经。它们组成外周神经系统。外周神经分布于全身，把脑和脊髓与全身其他器官联系起来，使中枢神经系统既能感受内外环境的变化（通过传入神经传输感觉信息），又能调节体内各种功能（通过传出神经传达调节指令），以保证机体的完整统一及其对环境的适应。

因此，神经系统药物又分为中枢神经系统药物和外周神经系统药物两大类。

知识目标

（1）重点掌握作用于神经系统的各类常用药物的作用、应用特点和注意事项。

（2）了解作用于神经系统的药物药理作用的相互关系。

（3）理解药物作用的基本理论及相互关系，做到在实践中辨证、灵活应用各类药物。

技能目标

（1）能在临床病例中准确、合理的选用中枢神经系统的药物，制订治疗方案。

（2）能正确解救动物由于使用神经系统药物不当而出现的中毒情况。

素质目标

（1）遵守法律法规和职业规范，提升职业素养。

（2）培养学生探索未知、追求真理、勇攀高峰的科学精神。

思政目标

（1）培养学生形成规范、专业的职业操守。

（2）教育学生尊重动物主人、善于沟通，并培养同理心，以树立良好的医德医风。

（3）教育学生注重法治意识，珍爱生命，洁身自好。

任务一 中枢神经系统药物

任务导入

一只宠物犬到某宠物医院就诊，表现为发热、头痛、乏力、恶心、呕吐，且其双耳竖起、两眼直视，对外界刺激高度惊慌，稍有刺激就会咬人，四处奔逐，有强烈咬人或攻击人的欲望，不能辨认主人。请对该病分析讨论，做出诊断，制订治疗方案并开具正确的处方。

任务工单

班级：__________ 姓名：__________ 学号：__________

任务名称	合理使用中枢系统药物
任务描述	根据实际情况，填写本任务的内容、目的、流程和方法。 任务内容：__________ 任务目的：__________ 任务流程：__________ 任务方法：__________
获取信息	要完成任务，需要掌握相关的知识。请收集资料，回答以下问题。 1.查询各类文献、资料，了解神经系统的组成，复习解剖学知识，掌握中枢神经系统的组成及其作用。 2.了解中枢兴奋药与中枢抑制药都有哪些分类和代表药物。 3.学习并熟悉常见的中枢兴奋药与中枢抑制药的临床使用方法及注意事项。 4.请对上述病例进行分析并制订合理的用药方案。

（续表）

<table>
<tr><td>制订计划</td><td colspan="4"></td></tr>
<tr><td rowspan="6">任务实施</td><td colspan="4">按照预先制订的工作计划，完成本任务，并记录任务实施过程。</td></tr>
<tr><td>序号</td><td>完成的任务</td><td>遇到的问题</td><td>解决办法</td></tr>
<tr><td></td><td></td><td></td><td></td></tr>
<tr><td></td><td></td><td></td><td></td></tr>
<tr><td></td><td></td><td></td><td></td></tr>
<tr><td></td><td></td><td></td><td></td></tr>
</table>

任务准备

知识准备

中枢神经系统包括大脑、延髓和脊髓，由数百亿个神经细胞和神经胶质细胞组成。神经细胞（神经元）之间通过突触实现相互联系，并由神经元及其突触形成许多具有不同特定功能的神经中枢，如听觉中枢、视觉中枢、躯体运动中枢等。神经胶质细胞是广泛分布于中枢神经系统内，除了神经元以外的所有细胞，具有支持、滋养神经元的作用，也有吸收和调节某些活性物质的功能，是构成血脑屏障的重要组成部分，此屏障可选择性地允许血液中的某些药物透过而进入脑组织。中枢神经系统是动物最重要的调节系统，它全面地调节着动物机体各组织器官的机能活动过程，使其适应体内外环境的变化，以维持动物生命活动的正常进行。

动物体神经系统活动的主要方式是反射，其基本活动形式是兴奋和抑制。在正常情况下，动物体神经系统的兴奋和抑制过程能保持相互协调。若动物神经系统的功能活动处于过度抑制则会使动物表现为镇静、嗜睡，高度抑制则可使动物出现昏迷，或呼吸、循环中枢衰竭而死亡；过度兴奋状态，则会使动物表现不安、狂躁甚至惊厥。作用于中枢神经系统的药物就是影响中枢神经系统的兴奋和抑制两个基本过程而发挥调节作用。因此，作用于中枢神经系统的药物可相应地分为中枢兴奋药和中枢抑制药两大类，其分类见表 2-1-1。

表 2-1-1　神经系统药物的分类、特点及代表药

分类	代表药
中枢兴奋药	咖啡因、尼可刹米、回苏灵、士的宁
中枢抑制药	乙醚、氟烷、戊巴比妥、异戊巴比妥钠、硫喷妥钠、氯胺酮、速眠新、舒泰、氯丙嗪、氟哌啶醇、地西泮、赛拉嗪、吗啡、哌替啶

一、中枢兴奋药

中枢兴奋药（表 2-1-2）指能选择性地兴奋中枢神经系统，增强其机能活动的药物。按

其主要作用部位可分为以下几种。①大脑兴奋药：主要兴奋大脑皮层的药物，可引起动物觉醒、精神兴奋与运动亢进，如咖啡因、苯丙胺。②延髓兴奋药：又称呼吸兴奋药，主要兴奋延髓呼吸中枢，如尼可刹米、多沙普仑、贝美格。③脊髓兴奋药：小剂量可提高脊髓反射兴奋性，大剂量可导致强直性惊厥，如士的宁。前两类中枢兴奋药临床常用，主要用于抢救危重疾病或药物中毒所引起的昏迷和呼吸中枢抑制，以及加速麻醉的苏醒。有些药物如咖啡因、樟脑等除中枢兴奋作用外，还对心脏有兴奋作用，因此在兽医临床上广泛用为强心剂。脊髓兴奋药士的宁，较为少用，主要用于治疗脊髓性不全麻痹。

表 2-1-2　中枢兴奋药

药物名称	药理作用	应用
咖啡因	中枢兴奋药的作用强弱与给药剂量和患畜中枢神经机能状态有关，通常中枢神经系统处于抑制状态时，药物的作用较明显。另外，随着剂量增大，中枢兴奋药的作用部位也随之扩大，过量可引起中枢神经系统各个部位广泛兴奋，导致惊厥。	①本品作为中枢兴奋药，主要用于加速麻醉药的苏醒过程，解救中枢抑制药和毒物的中毒，以及某些传染病所引起的呼吸中枢抑制和昏迷等；②本品作为强心剂，用于治疗各种疾病所引起的急性心力衰竭。在伴有精神沉郁、水肿、过劳、全身衰竭时更为适宜；③咖啡因与溴化合物，可调整大脑皮层抑制过程与兴奋过程的平衡，故兽医临床上多用安溴注射液治疗马属动物的肠痉挛或肠弛缓等；④安钠咖与高渗葡萄糖、氯化钙配合静脉注射有缓解水肿的作用。
尼可刹米		本品主要用于各种中枢抑制药作用或各种疾病所引起的中枢性呼吸抑制，以及加速麻醉动物的苏醒，也可解救一氧化碳中毒、溺水和新生仔畜窒息等；对吗啡中毒的解救效果较好。
回苏灵		本品用于治疗各种传染病和药物引起的中枢性呼吸抑制；本品过量易引起惊厥，此时可用短效巴比妥类解除；孕畜禁用。
士的宁		本品主要用于治疗神经麻痹性疾病，特别是脊髓性不全麻痹，如后躯瘫痪、括约肌不全松弛、阴茎脱垂和四肢无力等。在中枢抑制药中毒引起呼吸抑制时，其解救效果不及戊四氯，且安全范围小。

扫码查看以上药物常用制剂及参考用量与用法。

神经系统药物应用注意事项：严重的惊厥可使能量耗竭而转入抑制，此时，不能再用中枢兴奋药来对抗，否则会由于中枢过度抑制而致死。对因呼吸麻痹引起的外周性呼吸抑制，中枢兴奋药无效。为了避免过量，必须严格控制用药量和掌握用药间隔时间，并严格观察病情。

二、中枢抑制药

（一）全身麻醉药

1.概念与分类

全身麻醉药是一类对中枢神经系统产生广泛的抑制，暂时使机体的意识、感觉、反射活动和肌肉张力出现不同程度的减弱或完全丧失，但延髓生命中枢的功能仍然保持的药物。它主要用于外科手术前的麻醉。全身麻醉药的麻醉作用在中枢神经系统按一定顺序显现，最先抑制大脑皮层，其次是皮层下中枢，越过延髓，而抑制脊髓。麻醉的苏醒则按相反的顺序进行。

根据给药途径，全身麻醉药分为吸入性麻醉药和注射麻醉药两类。吸入性麻醉药包括挥发性液体（乙醚等）和气体（氧化亚氮等），经呼吸道吸收，并主要以原型经呼吸道排出。吸入性麻醉药的可控性（如控制麻醉深度和维持时间）较注射麻醉药好，但使用中需要有特定的麻醉装置，一些药物有易燃、易爆及刺激呼吸道等副作用。注射麻醉药（如硫喷妥钠等）多数经静脉注射产生麻醉效果，又称静脉麻醉药。因注射后药物迅速进入体循环到达大脑，因此麻醉诱导期短，麻醉过程中一般不会出现兴奋，也无须特殊麻醉装置。缺点是麻醉深度、药量及麻醉维持时间不易控制，苏醒期也较长。

2.麻醉分期

麻醉药对动物的麻醉作用是一个由浅入深的连续的过程，为了便于掌握麻醉的深度，得到满意的麻醉效果，避免意外事故的发生，一般将麻醉过程分为四期（表 2-1-3），各期之间并无明显的界限。判断各期的主要指标是意识、感觉、呼吸、血压、脉搏、瞳孔、角膜反射以及骨骼肌张力等。

表 2-1-3　麻醉分期

麻醉分期		表现及特点
诱导期	第一期：镇痛期	此期主要是大脑皮层的功能逐渐被抑制，动物对疼痛刺激减弱，呼吸正常，各种反射（角膜、眼睑、吞咽）存在，肌张力正常。
	第二期：兴奋期	此期因大脑皮层逐渐被抑制，对皮层下中枢失去控制和调节，动物出现不随意的运动兴奋如挣扎、嘶鸣。此时呼吸不规则，瞳孔扩大，血压上升，肌张力增加。各种反射仍存在。此期不适于外科手术。
第三期：外科麻醉期		此期大脑、间脑、脑桥从上而下被抑制，脊髓由后向前逐渐被抑制，延髓机能仍然保持。在外科手术中，该期又分为浅麻醉期和深麻醉期两个阶段。浅麻醉期：动物安静，角膜反射存在，眼睑反射存在或消失，其他反射（皮肤、吞咽、咳嗽）消失，舌肌、骨骼肌肉松弛。此阶段适宜进行一般手术，大手术可配合局部麻醉药。深麻醉期：麻醉深度已扩展至中脑，并向脑桥进行，脊髓胸段已被抑制。各种反射机能均消失，瞳孔缩小，骨骼肌完全松弛，肋间肌肉松弛，略带胸式呼吸。兽医外科极少在此阶段进行外科手术。
第四期：延髓麻痹期		此期动物出现脉搏微弱，瞳孔扩张，血压下降，一切反射消失，大小便失禁，呼吸浅表而不规则，最后完全停止而死亡。外科麻醉禁止达到此期。

在实践中应避免麻醉不足与过量两个极端，满意的外科麻醉状态是不难掌握的，关键要

掌握好麻醉的有关指征。①麻醉不足的指征：眼睑反射灵敏，呼吸不规则，切开皮肤或翻动内脏时血压升高，出现吞咽、咳嗽及四肢活动等；②麻醉过深指征：腹式呼吸，唇紫绀，脉搏微弱，血压下降及瞳孔散大等。

3. 麻醉药临床应用

理想的麻醉药应是：毒性小、安全范围大，不易抑制延髓生命中枢，麻醉的诱导期短；药物能迅速由机体排出；易于控制麻醉深度；麻醉后动物能迅速恢复；麻醉时不需要特殊装置。目前尚无这种理想的麻醉药，一般采用复合麻醉方式。即同时或先后应用两种以上的药物，取长补短，增强麻醉药的作用，降低毒性和副作用，扩大麻醉药的应用范围，其主要方式见表 2-1-4。

表 2-1-4　全麻的方式

麻醉方式	特点
麻醉前给药	在麻醉前先给予某些药物，以减少麻醉药的副作用或增强麻醉药的效能。常用阿托品和氯丙嗪作为麻醉前给药。如阿托品在麻醉前给药时的主要作用是抑制上呼吸道和唾液腺的分泌作用，并可防止迷走神经兴奋所致心率减慢。氯丙嗪有抗节律不齐、抗组胺、抗呕吐的效果。
诱导麻醉与维持麻醉	为避免麻醉药诱导期过长，先用诱导期短的药物如硫喷妥钠或氧化亚氮使动物快速进入外科麻醉期，然后改用其他麻醉药维持麻醉。
基础麻醉	先用一种排出缓慢、作用持久的麻醉药造成一定程度的麻醉，然后再用易于排出的吸入麻醉药维持一定麻醉深度，前一种麻醉药的作用即称为基础麻醉，这样既缩短了诱导期，又消除了应用单一药物麻痹呼吸中枢的危险性。
配合麻醉	以某种麻醉药为主进行麻醉，同时选用另一种药物配合麻醉药的麻醉作用，临床上常用局部麻醉药配合全身麻醉药进行麻醉，如先用戊巴比妥浅麻醉，然后在手术部位或有关部位做局部麻醉，此方式安全范围大，临床常用。
混合麻醉	把几种药物配合在一起进行麻醉，使它们互补长短，增加麻醉强度，降低毒性，如速眠新注射液、舒泰 50 注射液等。

4. 常见的全身麻醉药

常见的全身麻醉药见表 2-1-5。

表 2-1-5　全身麻醉药

<table>
<tr><th>药物名称</th><th>作用机理</th><th>应用</th></tr>
<tr><td>乙醚</td><td rowspan="2">全身麻醉药是一类对中枢神经系统产生广泛的抑制，暂时使机体的意识、感觉、反射活动和肌肉张力出现不同程度的减弱或完全丧失，但延髓生命中枢的功能仍然保持的药物，主要用于外科手术前的麻醉。全身麻醉药的麻醉作用在中枢神经系统按一定顺序显现，首先抑制大脑皮层，其次是皮层下中枢，越过延髓，而抑制脊髓。麻醉的苏醒则按相反的顺序进行。</td><td>本品主要用于中小动物的麻醉，大动物难以达到外科麻醉期；此外可与非吸入麻醉药合用，控制、维持麻醉的深度；还可用于鱼的短途运输。</td></tr>
<tr><td>氟烷</td><td>本品用于大动物时，一般先用巴比妥类麻醉药基础麻醉或应用吩噻嗪类镇静剂，用氟烷吸入控制麻醉深度；用于绵羊、山羊和猪时，宜配合麻醉前给药；与氧化亚氮合用，可减少氟烷对心肺系统的抑制作用；此外，也可用于猴子和猩猩的保定，家兔、鹦鹉及其他珍禽异兽的麻醉。</td></tr>
</table>

（续表）

药物名称	作用机理	应用
戊巴比妥	吸入性麻醉药的可控性（如控制麻醉深度和维持时间）较注射麻醉药好，但使用中需要有特定的麻醉装置，一些药物有易燃、易爆及刺激呼吸道等副作用。注射麻醉药（如硫喷妥钠等）多数经静脉注射产生麻醉效果，又称静脉麻醉药。因注射后药物迅速进入体循环到达大脑，因此麻醉诱导期短，麻醉过程中一般不会出现兴奋，也无须特殊麻醉装置。缺点是麻醉深度、药量及麻醉维持时间不易控制，苏醒期也较长。	本品主要用于基础麻醉、镇静和抗癫痫，也可用于安乐术。
异戊巴比妥钠		本品主要用于镇静、抗惊厥和基础麻醉，亦用于实验动物的麻醉。
硫喷妥钠		本品主要用于各种动物的诱导麻醉和基础麻醉，取得浅麻醉时，再改用较安全的麻醉药来维持深度。单独应用仅适用于小手术的全身麻醉。
氯胺酮		本品用作麻醉前给药、诱导麻醉药、维持麻醉药或制动药。
速眠新		本品使用方便，具有镇痛广泛、制动性好、诱导和苏醒平稳等特点，但不适合单独用于犬的麻醉。
舒泰		本品为用于犬、猫及野生动物的封闭麻醉和全身麻醉。

扫码查看以上药物常用制剂及参考用量与用法。

（二）镇静药和抗惊厥药

1. 概念

镇静药是能对中枢神经系统产生抑制作用，从而减弱机能活动、调节兴奋性、消除躁动不安和恢复安静的药物。催眠药是能诱导睡眠或近似自然睡眠，维持正常睡眠并易于唤醒的药物。催眠药与镇静药往往不能严格区分，高剂量催眠、低剂量镇静。药物所产生的镇静、催眠作用，除剂量外，还与药物种类和动物种属有关，常用药物有水合氯醛类、巴比妥类、苯二氮䓬类等。

抗惊厥药是能作用于中枢神经系统，缓解和消除惊厥症状的药物。惊厥是在病理状态下中枢神经系统过度兴奋引起的全身骨骼肌突发性阵挛收缩或强直收缩。强烈而持久的惊厥可致窒息和循环衰竭，甚至危及生命，必须及早救治。

2. 常用镇静药和抗惊厥药

常用镇静药和抗惊厥药见表 2-1-6。

表 2-1-6　镇静药和抗惊厥药

药物名称	作用机理	应用
氯丙嗪	本品内服、肌内注射均易吸收，但吸收不规则，胃内容物及抗胆碱药可影响吸收，并有个体和种属差异。体内分布广泛，脑中浓度高于血浆浓度，蛋白结合率约为95%。本品主要在肝内代谢，部分代谢产物仍有药理活性，大部分由尿排出，其余由粪便排出，有些进入肠肝循环。犬消除半衰期约为6 h，动物体内组织残留可达数月之久。 本品为噻嗪类药物的代表药，主要抑制大脑边缘系统和脑干网状结构上行激活系统，使上行性冲动传导受阻，对外界刺激的反应性降低，能减少自发运动，可诱导入眠但易觉醒。本品有强大的镇吐作用，小剂量时即可抑制催吐化学感受区，大剂量时能直接抑制呕吐中枢；但不能抑制前庭刺激所致的呕吐。本品对丘脑下部的体温调节中枢也有抑制作用，使体温调节功能减退，体温下降。	①镇静：治疗破伤风、脑炎、中枢兴奋药中毒所引起的惊厥。②麻醉前给药：可与水合氯醛配合使用，用于马和猪的全身麻醉，或与局部麻醉药配合用于牛、羊和猪的外科手术。③解除平滑肌痉挛：用于大家畜食道梗塞及痉挛性腹痛的辅助治疗药。④镇痛、降温、抗休克：用于严重外伤、骨折、烧伤和中暑等；在高温季节长途运输畜禽使用本品可减少死亡。
氟哌啶醇	本品与氯丙嗪相似，可阻断儿茶酚胺的中枢作用，并直接抑制延髓的催吐化学感受区，有较强的抗焦虑作用，可控制动物的狂躁症，并有较强的镇吐作用；但镇痛作用较弱，降体温作用不明显。	本品临床上常与镇痛药合用以产生安定、镇痛效应，便于进行某些外科手术，或用于治疗呕吐。
地西泮	本品内服吸收迅速，肌内注射吸收缓慢且不完全，脂溶性高、体内分布广泛，可通过血脑屏障；血浆蛋白结合率高，马可达到87%，在肝代谢为几种活性代谢物，包括去甲西泮、去甲羟基西泮；代谢产物与葡萄糖醛酸结合后，经尿排出。本品主要抑制脑干网状结构，阻滞神经冲动的传导，阻抑觉醒反应，具有较强的镇静、安定、肌肉松弛和抗惊厥作用。地西泮能使兴奋不安的动物安静，使有攻击性的狂躁动物变得驯服，易于接近和管理。	本品作为猪、牛的催眠药，肌肉松弛药以及麻醉前给药等，以利于外科手术的进行。可用作动物的抗焦虑药；亦能对抗犬癫痫，药效约可维持3 h以上。
赛拉嗪	本品有强大的中枢抑制作用，是一种α_2肾上腺能受体激动剂，因此具有镇静、镇痛以及中枢性肌肉松弛作用。本品能抑制心脏传导，使心率减慢，中心静脉压降低。用药初期呼吸次数增加，而后呼吸次数减少，呼吸加深；若剂量大，对呼吸有抑制作用。此外本品使体温增加，引起出汗；还能使血糖升高，肝糖原增加，而胰岛素分泌减少等。本品静脉注射3～5 min或肌内注射10～15 min后，通常可见动物表现为安静和嗜眠状态，头低沉，眼睑下垂，流涎，呆立，运动困难，肌肉张力减弱。剂量加大，多数牛站立不稳，俯卧，头部多扭向躯体一侧，全身肌肉明显松弛。	本品多以小剂量用于牛、马等多种动物以及野生动物的化学保定，使兴奋、骚动、不易控制的动物安定，便于诊疗、长途运输、伤口拆线、换药及进行子宫复位、食道切开、穿鼻等小手术；大剂量或配合局部麻醉药，用于去角、锯茸、去势、腹腔手术等。
赛拉唑	本品又名二甲苯胺噻唑或静松灵，为白色结晶；在丙酮、三氯甲烷或乙醚中易溶，在水中不溶。	本品主要用于混合其他全身麻醉药或配合局部麻醉药进行各种手术，也用于野生动物的捕捉、保定、锯茸、兽医诊疗等。

（续表）

药物名称	作用机理	应用
水合氯醛	本品内服或灌肠吸收完全，作用迅速，内服起效时间为15～30 min，静脉注射后立即产生镇静催眠作用。本品在肝大部分还原为三氯乙醇，后者与葡萄糖醛酸结合成无活性的氯醛尿酸，随尿排出。本品随着剂量的增加，可产生镇静、催眠、抗惊厥和麻醉作用。本品肌肉松弛作用弱；大剂量使血管扩张、血压下降、心功能抑制；对局部有刺激和轻度抑制作用。	①镇静、催眠、解痉：临床上常用于马、骡疝痛、子宫及直肠脱出、脑炎、犬瘟热、过食疝和胃肠剧烈发酵等；有较弱的抗惊厥作用，可用于破伤风、士的宁中毒和其他中枢神经兴奋药中毒，以对抗惊厥。②全身麻醉：可用作马、骡、骆驼、猪、犬、禽类麻醉药或基础麻醉药。
苯巴比妥	本品内服易吸收，其钠盐肌内注射易吸收，广泛分布于组织及体液中，其中以肝、脑最多。本品脂溶性低，脂水分配系数较大，进入中枢神经系统较慢，药效维持时间长，可维持24 h。犬内服苯巴比妥，生物利用度可达90%，4～8 h达到峰浓度，血浆蛋白结合率为40%～50%，在犬体内半衰期为37～75 h。本品为长效巴比妥类药物，具有抑制中枢神经系统的作用，尤其是大脑皮层运动区，而呈现抗惊厥和抗癫痫的作用。本品在低于催眠剂量时即可发挥抗惊厥作用，能抑制脑干网状结构上行激活系统，减少传入冲动对大脑皮层的影响，同时促进大脑皮层抑制过程的扩散，减弱大脑皮层的兴奋性，产生镇静、催眠作用。	本品用于缓解脑炎、破伤风、高热等疾病引起的惊厥，解救中枢兴奋药中毒；还可用作犬、猫的镇静药。
硫酸镁	注射本品可使血中镁离子浓度升高，出现中枢神经系统抑制；镁离子有拮抗钙离子的作用，可减少运动神经末梢乙酰胆碱的释放，在神经肌肉接头阻断神经冲动的传导而使骨骼肌肉松弛；过量的镁离子还可直接松弛内脏平滑肌和扩张外周血管，使血压降低。	本品主要治疗马膈肌痉挛；缓解破伤风和中枢兴奋药中毒引起的惊厥。常与水合氯醛配伍做全身麻醉等。

扫码查看以上药物常用制剂及参考用量与用法。

（三）麻醉性镇痛药

1. 概念与分类

临床上缓解疼痛的药物，按其作用机理、缓解疼痛的强度和临床用途可分为两类。一类是能选择性地作用于中枢神经系统，缓解疼痛作用较强，用于剧痛的药物，称为镇痛药。另一类作用部位不在中枢神经系统，缓解疼痛作用较弱，多用于钝痛，同时还具有解热消炎作用，即解热镇痛消炎药，临床多用于肌肉痛、关节痛、神经痛等慢性疼痛。

镇痛药可选择性地消除或缓解痛觉，减轻由疼痛引起的紧张、烦躁不安等，使疼痛易于耐受，但对其他感觉无影响并保持意识清醒。典型的镇痛药为阿片类生物碱，如吗啡、可待因；也有一些人工合成代用品，如哌替啶、美沙酮。其特点是镇痛作用强大，但反复应用易于成瘾，又称为成瘾性镇痛药或麻醉性镇痛药。

2. 常用麻醉性镇痛药

常用麻醉性镇痛药见表 2-1-7。

表 2-1-7　常用麻醉性镇痛药

药物名称	药理作用	应用
吗啡	本品注射易吸收；内服给药有很强的首过效应，生物利用度降低；分布于肾、肝、肺、脑组织液浓度较低；可通过胎盘屏障使胎儿麻醉，亦有少量自乳汁排出；在肝主要与葡萄糖醛酸结合，部分为游离型或生成去甲吗啡从尿中排出。猫因缺乏葡萄糖醛酸结合代谢途径而使消除半衰期延长，约为 3 h，而马为 88 min。本品为阿片受体激动剂，产生强大的中枢性镇痛作用。镇痛范围广，对各种疼痛都有效，其中对持续性慢性钝痛的效力大于间断性锐痛。	本品主要做犬、猫镇痛药和犬的麻醉前给药，一般仅用于其他镇痛药无效时的急性锐痛，如严重创伤、烧伤等。
哌替啶	药动学、药效学特征的种属差异很大。本品内服易吸收，有很强的首过效应；肌内、皮下注射后吸收迅速而完全，但作用时间较短。本品体内分布广泛，肝药浓度最高，脂肪中最低；主要在肝和肺经去甲基和水解代谢消除，5%以原型由尿中排出；可通过血脑屏障及胎盘屏障，也可经乳腺排出。	本品主要用于缓解外伤、术后剧痛及内脏绞痛；也可用于犬、猫等麻醉前给药。
芬太尼	本品为人工合成的强效镇痛药，犬静脉注射、肌内注射后数分钟内显效，猫皮下注射 20～30 min后出现作用，一般维持 30～40 min。静脉注射给药后犬的恢复期约 1.5 h。血浆蛋白结合率为 84%，主要由肝代谢失活。本品的药理作用与吗啡类似，但作用快、维持时间短；药效约是哌替啶的 650 倍，是吗啡的 100 倍。	本品主要用于犬的小手术、牙科和眼科手术等。猫可用作安定、镇痛药。
美沙酮	本品内服、皮下及肌内注射均吸收良好，90%与血浆蛋白结合，吸收后很快分布到各组织，如肺、肝、肾及脾，小部分进入脑中。本品在各种组织包括脑组织中能牢固地与蛋白质结合，反复给药易产生耐药性。本品在肝中广泛代谢，主要代谢产物由尿排泄，少量以原型药由胆汁排泄。酸化的尿液可增加其排泄。	本品用于腹痛、创伤性剧痛、术后镇痛，以及犬、猫的麻醉前给药。

扫码查看以上药物常用制剂及参考用量与用法。

工具准备

网络查询设备、兽医处方笺、新病例等。

人员准备

人员分组，每组 5 人，明确职责分工。

任务角色	任务内容
组长：	任务：
组员 1：	任务：
组员 2：	任务：
组员 3：	任务：
组员 4：	任务：

任务实施

第一步：查询各类文献、资料了解神经系统的组成，复习解剖学知识，掌握中枢神经系统的组成及其作用。

第二步：学习了解中枢兴奋药与中枢抑制药都有哪些分类和代表药物；熟悉常见中枢兴奋药与中枢抑制药的临床使用方法及注意事项。

第三步：根据前期学习铺垫能够对本任务提出的病例进行诊断并制订合理的用药方案。

第四步：熟练掌握中枢神经系统药物的应用后，再根据新的病例继续熟悉中枢神经系统用药。

任务检测

项目二任务一检测

任务评价

工作任务完成过程评价表

班级：________　组别：________　姓名：________

项目	评分标准	自我评价	小组评价	教师评价
资料收集（50分）	操作熟练，分析合理，判断准确（50分）			
	操作较熟练，报告较准确清晰（40分）			
	操作不太熟练，报告有少量错误（30分）			
	操作不熟练，判断不准确（30分以下）			
课前准备（20分）	了解神经系统的组成，掌握中枢神经系统的组成及作用（10分）			
	了解中枢兴奋药与中枢抑制药分类和代表药物（10分）			
课后评价（30分）	熟悉中枢神经系统药物的理论知识（10分）			
	能通过掌握的知识对本任务提出的病例进行准确的分析并制订合理的给药方案（10分）			
	能在学习完本任务后，再根据新的病例继续熟悉中枢神经系统药物（10分）			
合计				

（续表）

项目	评分标准	自我评价	小组评价	教师评价
自我评价与总结				
教师点评				

任务二 外周神经系统药物

任务导入

一只2岁的藏獒，雄性，凶猛，到宠物医院就诊进行去势术，应采用的麻醉方法是什么？该藏獒在进行去势手术时，使用麻醉剂需要注意什么？如果麻醉剂过量应该怎么处理？现结合所学知识给出解决方案。

任务工单

班级：__________ 姓名：__________ 学号：__________

任务名称	合理使用外周系统的药物
任务描述	根据实际情况，填写本任务的内容、目的、流程和方法。 任务内容：__________ __________ 任务目的：__________ __________ 任务流程：__________ __________ 任务方法：__________ __________
获取信息	要完成任务，需要掌握相关的知识。请收集资料，回答以下问题。 1.查询各类文献、资料，了解神经系统的组成，复习解剖学知识，掌握外周神经系统的组成及作用。 2.了解传入神经系统和传出神经系统都有哪些分类和代表药物。

（续表）

<table>
<tr><td>获取信息</td><td colspan="4">3. 学习并熟悉常见的传入神经系统和传出神经系统药物的临床使用方法及注意事项。

4. 请对上述病例进行分析并制订合理的用药方案。</td></tr>
<tr><td>制订计划</td><td colspan="4"></td></tr>
<tr><td rowspan="6">任务实施</td><td colspan="4">按照预先制订的工作计划，完成本任务，并记录任务实施过程。</td></tr>
<tr><td>序号</td><td>完成的任务</td><td>遇到的问题</td><td>解决办法</td></tr>
<tr><td></td><td></td><td></td><td></td></tr>
<tr><td></td><td></td><td></td><td></td></tr>
<tr><td></td><td></td><td></td><td></td></tr>
<tr><td></td><td></td><td></td><td></td></tr>
</table>

任务准备

知识准备

外周神经系统由脑神经和脊神经发出的大量神经纤维组成，按其功能可分为传出神经纤维（运动神经和植物神经）和传入神经纤维（感觉神经纤维）两类。

作用于外周神经系统的药物包括传出神经药物和传入神经药物。传出神经药物又分为植物神经药和肌肉松弛药，传入神经药物则分为局部麻醉药和皮肤黏膜用药。植物神经药根据药理性质又分为肾上腺素能神经药和胆碱能神经药。其分类见表 2-2-1。

拓展阅读：
传出神经

表 2-2-1　外周神经药的分类、特点及代表药

大类	小类	代表药
植物性神经药	肾上腺素能神经药	异丙肾上腺素、肾上腺素、麻黄碱、多巴胺、酚妥拉明、普萘洛尔
	胆碱能神经药	氨甲酰胆碱、氨甲酰甲胆碱、毛果芸香碱、新斯的明、阿托品、东莨菪碱、琥珀胆碱
传入神经药	局部麻醉药	普鲁卡因、利多卡因、丁卡因
	皮肤黏膜用药	凡士林、羊毛脂、鞣酸、明矾、醋酸铅、松节油、薄荷脑

一、肾上腺素能神经药

（一）肾上腺素能神经药的概述

肾上腺素能神经元能合成去甲肾上腺素，兴奋时从末梢释放去甲肾上腺素，兴奋相应的肾上腺素受体产生作用。肾上腺素受体分为α受体和β受体两类，又有α_1和α_2受体，β_1和β_2受体几种亚型。α受体和β受体在各脏器和组织中的分布不同，如皮肤黏膜血管平滑肌上主要是α_1受体。心脏主要是β_1受体，支气管平滑肌上主要是β受体，腹腔内脏血管平滑肌上α受体和β受体兼而有之，但以α受体为主。

凡能激活受体或产生与去甲肾上腺素相似生理效应的药物称为拟肾上腺素药；能阻断受体激动、降低机能的药物为抗肾上腺素药。

（二）肾上腺素能神经药

肾上腺素能神经药物包括肾上腺素受体激动药和肾上腺素受体阻断药。肾上腺素受体激动药是一类化学结构及药理作用与肾上腺素、去甲肾上腺素相似的药物，与肾上腺素受体结合并激动肾上腺素受体，产生肾上腺素样作用，又称拟肾上腺素药。抗肾上腺素药又称为肾上腺素受体阻断药，可与肾上腺素受体结合，阻断去甲肾上腺素或拟肾上腺素药与受体结合而产生拮抗肾上腺素的作用。肾上腺素能神经药见表 2-2-2。

表 2-2-2　肾上腺素能神经药

<table>
<tr><th>药物名称</th><th>药理作用</th><th>应用</th></tr>
<tr><td>肾上腺素</td><td rowspan="4">此类药物能选择性地与肾上腺素受体结合，并激动受体，产生与递质去甲肾上腺素相似药理作用。按其对不同肾上腺素受体的选择性而分为α受体激动药、β受体激动药与α、β受体激动药。</td><td>本品用于心脏骤停的急救，各种过敏反应治疗，休克的抢救等；与局部麻醉药合用，延长局麻时间。</td></tr>
<tr><td>异丙肾上腺素</td><td>本品主要用于平喘，可缓解支气管痉挛所致的呼吸困难；也可用于心的房室阻滞、骤停及休克。</td></tr>
<tr><td>麻黄碱</td><td>本品主要用作平喘药；也可用作局部血管收缩药和扩瞳药，消除鼻腔黏膜充血、肿胀等。</td></tr>
<tr><td>克伦特罗</td><td>本品为β_1受体激动剂，能显著舒张支气管平滑肌，增强黏膜纤毛的转运，缓解呼吸困难。本品起效快，作用持续时间长，主要用于支气管哮喘、肺气肿等，剂量过大时也兴奋β_1受体，引起心悸、心室期前收缩、骨骼肌震颤等。目前，国内外均禁止将本品用于食品动物作为促生长剂，其残留可使消费者中毒，甚至死亡。</td></tr>
<tr><td>酚妥拉明</td><td rowspan="2">此类药物能与肾上腺素受体结合，阻碍去甲肾上腺素能神经递质或拟肾上腺素药与肾上腺素受体结合，从而产生抗肾上腺素作用。</td><td>本品主要用于外周血管性疾病，如四肢闭锁性血管内膜炎、四肢营养不良性溃疡、冻疮和抢救休克（如感染中毒性休克等）。</td></tr>
<tr><td>普萘洛尔</td><td>本品用于治疗心绞痛和多种原因所致的心律失常，如房性及室性早搏，室上性心动过速，心房颤动，洋地黄及麻醉药引起的心律失常；也可用于犬的节律障碍、猫不明原因的心肌疾病。</td></tr>
</table>

扫码查看以上药物常用制剂及参考用量与用法。

肾上腺素能神经药物应用的注意事项：本品用于抗休克时，应先补充血容量，因为血容量不足时，本品可致血压下降而发生危险。

二、胆碱能神经药

胆碱能神经元内能合成递质乙酰胆碱，兴奋时从末梢释放乙酰胆碱，与胆碱受体结合产生作用。胆碱受体，根据对药物反应不同，又分为毒蕈碱型胆碱受体（M胆碱受体）和烟碱型胆碱受体（N胆碱受体）。后者又分为两个亚型，即N_1和N_2受体。植物神经节细胞膜上的受体属N_1胆碱受体，全部副交感神经的节后纤维所支配效应器细胞膜上的受体属M胆碱受体，运动神经所支配的骨骼肌细胞膜上的受体是N胆碱受体。

凡能激动受体或产生与乙酰胆碱相似生理效应的药物称为拟胆碱药；能阻断受体激动，降低机能的药物为抗胆碱药。几种常用的胆碱能神经药见表2-2-3。

表2-2-3 胆碱能神经药

药物名称	作用机理	应用
氨甲酰胆碱	拟胆碱药又称胆碱能激动剂，是一类直接或间接作用于副交感神经，药理作用与神经递质乙酰胆碱作用相似的药物。按作用机理可分为胆碱受体激动药和抗胆碱酯酶药。	本品用于胃肠弛缓、大肠便秘、前胃弛缓和瘤胃积食，也可用于子宫蓄脓和排出死胎。
氨甲酰甲胆碱		本品可用于胃肠弛缓、大肠便秘、前胃弛缓和瘤胃积食，也可用于子宫蓄脓和排出死胎。
毛果芸香碱		本品用于不全阻塞的肠便秘、前胃弛缓、瘤胃不全麻痹、猪食道梗塞等。本品0.5%～2%的溶液与散瞳药交替滴眼，用于虹膜炎，可防止虹膜与晶状体粘连。
新斯的明		本品用于马肠弛缓、便秘，牛前胃弛缓、胎盘滞留，尿潴留，以及治疗重症肌无力、箭毒中毒、阿托品过量中毒和大剂量氨基糖苷类抗生素引起的呼吸衰竭等。
阿托品	抗胆碱药能与胆碱受体结合，本身不产生或较少产生抗胆碱作用，却能妨碍胆碱能神经递质或胆碱受体激动药与受体的结合，从而产生抗胆碱作用。按照其对M和N受体选择性的不同，可分为M胆碱受体阻断药和N_1、N_2胆碱受体阻断药。	本品用于缓解胃肠痉挛，麻醉前给药，中毒性休克的治疗，解救有机磷中毒；局部给药用于虹膜睫状体炎及散瞳检查眼底。
东莨菪碱		本品用于治疗平滑肌痉挛，腺体分泌过多；解救有机磷中毒；麻醉前给药。
琥珀胆碱	神经肌肉接头的传导可被一些化合物阻断。凡能引起肌肉松弛的药物称为肌肉松弛药。	本品用于化学保定及短期外科手术的辅助麻醉。

扫码查看以上药物常用制剂及参考用量与用法。

三、局部麻醉药

（一）概念

局部麻醉药简称局麻药，是一类能在用药局部可逆性阻断感觉神经发出的冲动与传导，使局部组织感觉尤其是痛觉暂时消失的药物。局麻药在临床应用的浓度下作用于混合神经纤维，其阻断神经冲动传导的作用速度与神经纤维的种类、粗细、有无髓鞘等有关，对细的神经纤维比粗的神经纤维阻断快、作用消失得慢；对无髓鞘的神经比有髓鞘的神经阻断快。麻醉时感觉消失的顺序是痛觉、嗅觉、味觉、冷觉、温觉、触觉及深部压力感觉，感觉恢复的顺序则相反。

（二）局麻的方式

局麻的方式见表 2-2-4。

表 2-2-4　局麻的方式

麻醉方式	特点
表面麻醉	表面麻醉是将药液直接滴于、涂布或喷雾于黏膜表面，使其透过黏膜而使黏膜下的感觉神经末梢麻醉，一般选择穿透力较强的局麻药，如丁卡因、利多卡因等。
浸润麻醉	浸润麻醉是将药液注入皮下或深部组织中，药液通过扩散浸润术区的感觉神经，阻断疼痛刺激向中枢传导而产生麻醉。这一方法在外科手术中最常用；一般是将针头插至所需深度，然后边退针，边注入药液；可根据手术需要，选用直线浸润、菱形浸润、扇形浸润、基部浸润和分层浸润等方法；最常用的药物多为毒性较小的普鲁卡因。
传导麻醉（阻断麻醉）	传导麻醉是将药液注射到支配某一区域的神经干、神经丛或神经节周围，暂时阻断该神经干的传导功能，使该神经支配下的区域产生麻醉。此法使用少量麻醉药可产生较大区域的麻醉，常使用的药物多为普鲁卡因或利多卡因，其浓度及用量常与所麻醉神经的大小成正比。采用传导麻醉必须掌握神经干的位置、外部投影等局部解剖知识和熟练的操作技术，才能正确做好麻醉。例如，牛的乳房麻醉，应麻醉第 3 至第 5 腰椎神经；马、牛的腹腔手术，应麻醉最后肋间神经、髂下腹神经和髂腹股沟神经。传导麻醉不会引起神经的永久性损伤；一般情况下用药后 10 min开始完全麻醉，约持续 1 h；注射时，必须防止药液注入血管内。
椎管内麻醉（椎管内麻醉是硬膜外麻醉和蛛网膜下腔麻醉的总称。由于局麻药在椎管内的扩散，使特定区域内的神经冲动传导暂时阻滞，向中枢神经系统的上行冲动也被阻断，于是在相应的范围内达到麻醉，骨骼肌亦产生良好的松弛作用。）	硬膜外麻醉是将药液注入硬膜外腔内，使其沿脊神经根扩散至椎间孔，以麻醉脊神经根所支配的区域。注射部位通常在第 1 至第 2 尾椎间隙，荐骨与第 1 尾椎间隙，腰、荐椎间隙。因牛、马第 1 尾椎与荐骨往往紧密连接，其间隙较狭窄，一般不便操作，选好部位后将针头垂直刺入皮肤，以 45°～65° 角向前做倾斜刺入，穿过弓间韧带（感觉有一阻力），再稍稍深入即刺入硬膜外腔，如回抽时无回血即可注入药液。硬膜外麻醉适用于剖腹产，阴茎、膀胱手术，截肢手术等；可选用利多卡因、普鲁卡因等。 蛛网膜下腔麻醉是将药液从腰、荐椎间隙处注入蛛网膜下腔内，麻醉该部位的神经根，产生较广的麻醉范围，适用于腹部和后肢手术。首先，确定腰、荐椎间隙处，将针头垂直刺入皮肤，徐徐推进针头，穿过弓间韧带（可感觉初次阻力）；其次，将针头小心向前推进，穿过硬膜及蛛网膜，可感到二次阻力；最后，当阻力突然减小时轻轻回抽针芯，若有脑脊液流出，说明位置正确，即可注入麻醉药液。一般多用普鲁卡因或利多卡因。椎管内麻醉，尤其是蛛网膜下腔麻醉，药液要求严格消毒，要注意药液的温度和注射速度，操作要特别谨慎，防止损伤脊髓，导致脑脊液感染、尾麻痹或截瘫等后遗症。蛛网膜下腔麻醉由于操作困难，兽医很少应用。
封闭疗法	将局部麻醉药注射到患部的周围或其神经通路，阻断病灶部的不良冲动向中枢传导，以减轻疼痛、改善神经营养。

（三）常用局部麻醉药（表 2-2-5）

表 2-2-5　局部麻醉药

药物名称	作用机理	应用
普鲁卡因	麻醉药是一类能在用药局部可逆性阻断感觉神经发出的冲动与传导，使局部组织感觉尤其是痛觉暂时消失的药物。局麻药在临床应用的浓度下作用于混合神经纤维，其阻断神经冲动传导的作用速度与神经纤维的种类、粗细、有无髓鞘等有关，对细的神经纤维比粗的神经纤维阻断快、作用消失得慢；对无髓鞘的神经比有髓鞘的神经阻断快。	本品用于浸润麻醉、传导麻醉、硬膜外麻醉和神经封闭，也可用于马痉挛疝。
利多卡因		本品用于表面麻醉、传导麻醉、浸润麻醉和硬膜外麻醉；也用于治疗心律失常。
丁卡因		本品主要用于眼、鼻、喉的表面麻醉，很少用于传导麻醉和硬膜外麻醉。

扫码查看以上药物常用制剂及参考用量与用法。

工具准备

网络查询设备、兽医处方笺、新病例等。

人员准备

人员分组，每组 5 人，明确职责分工。

任务角色	任务内容
组长：	任务：
组员 1：	任务：
组员 2：	任务：
组员 3：	任务：
组员 4：	任务：

任务实施

第一步：查询各类文献、资料了解神经系统的组成，复习解剖学知识，掌握外周神经系统的组成及其作用。

第二步：学习了解传入神经系统和传出神经系统有哪些类型和代表药物，熟悉常见的传入神经系统和传出神经系统药物的临床使用方法及注意事项。

第三步：根据前期学习基础能够对本任务提出的病例进行诊断并制订合理的用药方案。

第四步：熟练掌握外周神经系统药物的应用后，再根据新的病例继续熟悉外周神经系统用药。

任务检测

项目二任务二检测

任务评价

工作任务完成过程评价表

班级：__________ 组别：__________ 姓名：__________

项目	评分标准	自我评价	小组评价	教师评价
资料收集（50分）	操作熟练，分析合理，判断准确（50分）			
	操作较熟练，报告较准确清晰（40分）			
	操作不太熟练，报告有少量错误（30分）			
	操作不熟练，判断不准确（30分以下）			
课前准备（20分）	了解神经系统的组成，复习解剖学知识，掌握外周神经系统的组成及其作用（10分）			
	了解传入神经系统和传出神经系统分类和代表药物（10分）			
课后评价（30分）	熟悉外周神经系统的理论知识（10分）			
	能通过掌握的知识对本任务提出的病例进行准确的分析并制订合理的给药方案（10分）			
	能在学习完本任务后，再根据新的病例继续熟悉外周神经系统用药（10分）			
合计				
自我评价与总结				
教师点评				

项目三

内脏系统药物

项目导读

本项目内容包括消化系统、呼吸系统、泌尿系统、生殖系统和血液循环系统的药物。本项目要求学生掌握内脏系统药物的作用机理、临床应用、注意事项及其制剂等，并能将内脏系统药物安全、有效、合理地应用于临床中。

知识目标

（1）理解消化系统药物的分类与作用机理。

（2）理解祛痰药、镇咳药和平喘药的作用机理和特点。

（3）理解利尿药和脱水药的种类和作用机理。

（4）掌握子宫收缩药、性激素、促性腺激素与促性腺激素释放激素药物和临床常用药物的作用机理。

（5）理解强心药、止血药、抗凝血药、抗贫血药等的作用机理。

技能目标

（1）掌握常用消化系统药物的作用特点、临床应用，做到合理选药、用药。

（2）能在临床中科学合理地选用呼吸系统药物，掌握药物的用法用量及适应证。

（3）学会利尿药和脱水药的合理选用。

（4）学会使用生殖系统药物调控生殖机能和治疗常见繁殖疾病。

（5）掌握强心苷、促凝血药、抗凝血药、抗贫血药、血容量扩充剂的使用方法，能正确选择和使用上述药物。

素质目标

（1）通过对专业知识的学习，培养学生总结归纳、独立思考的能力。

（2）通过实训操作、调研、走访、小组讨论等方式，培养创新、探索、沟通能力，提升学生的综合素养。

（3）通过对患病动物进行正确的诊疗，培养学生刻苦钻研、求真务实的求知精神。

思政目标

（1）培养学生在工作中遵守规章制度、遵从工作流程和履行岗位职责的意识。
（2）培养学生的爱岗敬业、奉献与合作精神。
（3）培养学生钻研学问、精益求精的科学家精神。

任务一 消化系统药物

任务导入

一头病牛，食欲减退、反刍减少、精神沉郁、粪便干燥、产乳量下降。听诊瓣胃蠕动音微弱，叩诊瓣胃浊音区扩大，触诊瓣胃区敏感性增高。体温、脉搏、呼吸无明显变化。经诊断为瓣胃阻塞。请根据诊断结果，制订治疗方案，并开具正确的处方。

任务工单

班级：________ 姓名：________ 学号：________

任务名称	合理使用消化系统药物
任务描述	根据实际情况，填写本任务的内容、目的、流程和方法。 任务内容：________ 任务目的：________ 任务流程：________ 任务方法：________
获取信息	要完成任务，需要掌握相关的知识。请收集资料，回答以下问题。 1.反刍动物、单胃动物及家禽最常见的消化道疾病有哪些？各有何患病特征及诊断要点？（反刍动物、单胃动物及家禽的消化道疾病各列出两种） 2.了解消化系统药物的类型和代表药物。 3.熟悉各类消化系统药物的临床使用方法及注意事项。

（续表）

获取信息	4. 请对上述病例进行分析并制订合理的用药方案。			
制订计划				
任务实施	按照预先制订的工作计划，完成本任务，并记录任务实施过程。			
	序号	完成的任务	遇到的问题	解决办法

任务准备

知识准备

作用于消化系统的药物是在消除病因的基础上，通过纠正胃肠消化机能紊乱、改善消化机能，从而促进营养成分的消化吸收、增强抗病能力。继发性消化系统疾病必须对原发病给予及时治疗。

根据其作用和临床应用，可以将作用于消化系统的药物分为健胃药、助消化药、抗酸药、止吐药、催吐药、瘤胃兴奋药、制酵药、消沫药、泻药与止泻药等。

一、健胃药

（一）健胃药的概述

凡能促进唾液和胃液的分泌，调整胃的机能活动，提高食欲和加强消化的药物称为健胃药。健胃药作用是能刺激味觉感受器和胃黏膜，从而提高食欲；还能促进胃肠蠕动，增加消化液的分泌，从而加强对营养物质的消化与吸收。其分类见表 3-1-1。

表 3-1-1　健胃药的分类、特点及代表药

分类	代表药
苦味健胃药	龙胆草、大黄、马钱子酊等
芳香性健胃药	陈皮、大蒜、桂皮、干姜、小茴香、辣椒、豆蔻等
盐类健胃药	人工盐、氯化钠、碳酸氢钠等

（二）健胃药

1.苦味健胃药

苦味健胃药见表 3-1-2。

表 3-1-2　苦味健胃药

<table>
<tr><th>药物名称</th><th>药理作用</th><th>应用</th></tr>
<tr><td>龙胆</td><td rowspan="3">本类药物具有强烈的苦味，内服能刺激舌的味觉感受器，反射性地兴奋食物中枢，加强唾液和胃液的分泌，从而提高食欲，促进消化。该类药物多为植物药。</td><td>本品主要用于食欲不振、消化不良及某些热性疾病的恢复期，常与其他健胃药配伍成散剂、酊剂、舔剂等剂型，如龙胆酊（由龙胆 10 g、40%的酒精 100 mL浸制而成）。</td></tr>
<tr><td>大黄</td><td>其作用与用量有密切关系。内服小剂量时，苦味质发挥其苦味健胃的作用；中等剂量时，鞣酸发挥其收敛止泻作用；大剂量时，因蒽醌苷类被吸收，在体内水解成大黄素和大黄酸等，刺激大肠黏膜，使肠蠕动增加，引起下泻。其致泻后往往继发便秘，故临床很少单独作为泻药，常与硫酸钠配合使用。临床上主要用作健胃药，也可与硫酸钠配合治疗大肠便秘。大黄末与石灰粉（2∶1）配成撒布剂，可治疗化脓创口；与地榆末配合调油，擦于局部，可治疗火伤和烫伤。</td></tr>
<tr><td>马钱子酊</td><td>本品内服后主要发挥苦味健胃作用，常用于治疗消化不良、食欲不振、前胃迟缓、瘤胃积食等。本品吸收后，可提高脊髓中枢的兴奋性，但剂量过大易致中毒，故临床应用时，必须严格控制剂量，连续用药不能超过 1 周，以免发生蓄积中毒；中毒时，可用巴比妥类药物或水合氯醛解救，并保持环境安静，避免各种刺激；孕畜禁用，以免发生流产。</td></tr>
</table>

扫码查看以上药物常用制剂及参考用量与用法。

苦味健胃药应用注意事项：①使用散剂、酊剂或舔剂时必须经口投服，使其与口腔味觉感受器充分接触以便发挥药效；②宜在动物饲喂前给药；③使用量不宜过大，以免抑制胃酸的分泌；④不宜长期或反复多次使用，否则因产生适应性而影响药效。

2.芳香性健胃药

芳香性健胃药见表 3-1-3。

表 3-1-3　芳香性健胃药

<table>
<tr><th>药物名称</th><th>作用机理</th><th>应用</th></tr>
<tr><td>陈皮
（陈皮酊）</td><td rowspan="2">这类药物均含有挥发油，内服除能刺激味觉感受器外，还能刺激消化道黏膜，通过迷走神经反射，增加消化液的分泌、促进胃肠蠕动，增进食欲。此外，本类药物挥发油被吸收后，一部分经呼吸道排出时，能促进呼吸道黏液的分泌；稀释痰液，有轻度的祛痰作用。</td><td>本品用于消化不良、积食胀气和咳嗽多痰等。</td></tr>
<tr><td>大蒜
（大蒜酊）</td><td>本品主要用于前胃迟缓、瘤胃臌气、胃扩张、肠臌气和慢性胃肠卡他性炎症，以及幼禽盲肠炎、下痢等。</td></tr>
</table>

扫码查看以上药物常用制剂及参考用量与用法。

3.盐类健胃药

盐类健胃药见表 3-1-4。

表 3-1-4 盐类健胃药

药物名称	作用机理	应用
氯化钠	①健胃作用：内服少量食盐时，首先以其咸味刺激味觉感受器，同时轻微地刺激口腔黏膜，反射性地增加唾液和胃液分泌，增进食欲；到达胃肠时，能刺激胃肠黏膜，增加消化液分泌，增强胃肠蠕动。氯化钠还参与胃酸的形成，促进消化过程。可将本品混入饲料或饮水中，用于食欲减退、消化不良。②消炎作用：1%～3%的溶液常用于洗涤创伤，有轻度刺激和防腐作用，并有引流和促进肉芽生长的功效；5%～10%的溶液可用于洗涤化脓创；等渗溶液不仅可作为多种药物的溶媒，还可用以洗眼、冲洗子宫等。③等渗溶液静脉注射，能补充体液；高渗氯化钠注射液静脉注射，能促进瘤胃蠕动。	应用：健胃作用；消炎作用。 注意事项：猪和家禽对食盐比较敏感，饲喂大量含食盐的饲料如酱渣、卤菜、咸鱼粉、肉汤等，易发生中毒，应予注意。一旦发生中毒，应予大量饮水，可给予溴化物、脱水药或利尿药进行紧急解救，并进行对症治疗。本品可补充体液。
碳酸氢钠	本品提供胃蛋白酶作用所需要的酸性环境，促进蛋白膨胀变性，以利于消化；还能促使幽门括约肌开放，便于食糜进入十二指肠。酸性食糜进入十二指肠时，可反射性地增强胰液和胆汁的分泌，有助于脂肪及其他食物的进一步消化；能增加钙、铁等盐类的溶解与吸收。	应用：本品主要用于因胃酸缺乏引起的消化不良、胃内发酵、食欲不振、前胃弛缓、马和骡急性胃扩张、碱中毒等。用时以水稀释 50 倍（配制成 0.2%的溶液）。 注意事项：本品用量不宜过大，浓度不宜过高，否则会因食糜酸度过高，反射性引起幽门括约肌痉挛，影响胃排空，产生腹痛。
人工盐	本品具有多种盐类的综合作用，内服少量时，能轻度刺激消化道黏膜，促进胃肠的分泌和蠕动，从而产生健胃作用；小剂量还有利胆作用，可用于胆道炎、肝炎的辅助治疗。内服大量时，其中的主要成分硫酸钠在肠道中可解离出 Na^+ 和不易吸收的 SO_4^{2-}。由于渗透压作用，使肠管中保持大量水分，并刺激肠壁增强蠕动，软化粪便。	应用：本品用于消化不良、肠胃弛缓、慢性胃肠卡他、早期大肠便秘等。 注意事项：因本品为弱碱性类药物，禁与酸类健胃药配合使用；内服作泻剂应用时宜大量饮水。

扫码查看以上药物常用制剂及参考用量与用法。

（三）健胃药的合理选用

（1）马属动物出现口干、色红、苔黄、粪干少等消化不良症状时，选用苦味健胃药，如龙胆酊、大黄酊、陈皮酊等；如果口腔湿润、色青白、舌苔白、粪便松软带水，则选用芳辛性健胃药配合人工盐较好。

（2）一般家畜消化不良兼有胃肠弛缓或胃肠内容物有异常发酵时，应选用芳辛性健胃药，并配合鱼石脂等制酵药。

（3）猪的消化不良，一般选用人工盐或大黄苏打片。

二、助消化药

（一）助消化药的概述

凡能促进胃肠消化过程，补充消化液或其所含某些成分不足的药物均称为助消化药。饲料在动物体内的消化主要由胃肠及其附属器官分泌的各种消化液（如胃液、胰液、胆汁）来完成。当肠胃的消化机能减弱、消化液分泌不足时，必然会引起消化障碍。例如，食欲不振、消化不良、反刍动物的瘤胃臌气和前胃弛缓。助消化药一般为消化液中的主要成分，如稀盐酸、胃蛋白酶、胰酶、淀粉酶。使用它们可补充机体消化液的分泌不足，临床上常与健胃药配合使用，可提高食欲，从而恢复正常消化机能。助消化药的作用迅速、奏效快。但是要求诊断准确、有针对性地用药，否则不仅无效，有时反而有害。

（二）助消化药（表 3-1-5）

表 3-1-5　助消化药

药物名称	药理作用	应用
稀盐酸	本品胃液中的主要成分，为 10% 的盐酸溶液。稀盐酸具有形成胃屏障、杀菌和使胃蛋白酶原转化为胃蛋白酶的作用，可帮助消化蛋白质。	本品主要用于消化不良、胃酸缺乏、胃内气胀、食欲不振等，用时以水稀释 50 倍（配制成 0.2% 的溶液）。
胃蛋白酶	本品是从猪、牛、羊的胃黏膜中提取制得，在弱酸条件下较稳定。本品内服后，在胃中可使蛋白质水解为蛋白胨，有利于蛋白质的进一步分解吸收。	常用于胃液分泌不足及幼畜胃蛋白酶缺乏所引起的消化不良。本品在酸性条件下作用强，pH 值为 1.8 时其活性最强；常与 0.2%～0.4% 的盐酸合用。
胰酶	本品是从猪、牛、羊的胰脏中提取制得。本品能消化蛋白质、淀粉和脂肪，使其分解为氨基酸、单糖、脂肪酸和甘油，便于吸收。	本品用于幼畜消化不良和疾病的恢复期，也用于胰腺机能障碍引起的消化不良。胰酶在中性或弱碱性环境中作用最强，故常与碳酸氢钠同服。
稀醋酸	本品为含醋酸 5.5%～6.5% 的无色澄明状液体；味酸有臭，需密封保存。	本品具有防腐、制酵和促进消化的作用，用于治疗消化不良和瘤胃臌气等，临用时用水稀释成 0.5% 的溶液用作内服。
乳酶生	本品又被称为表飞鸣，白色粉末。本品是一种活的乳酸杆菌制剂，内服进入肠道后，能分解糖类生成乳酸，使肠内酸度增高，从而抑制肠道腐败杆菌的繁殖，防止蛋白质发酵产气。	本品常用于幼畜下痢、消化不良、肠臌气等。本品禁止与抗生素、磺胺类药、防腐消毒药、酊剂、吸附剂、弱酸等并用；禁止用热水调药。
干酵母	本品又称食母生，为酵母菌科植物麦酒酵母的干燥菌体。本品含有多种 B 族维生素及某些酶，这些成分多为体内酶系统的重要组成物质，能参与体内糖、脂肪、蛋白质的代谢和生物氧化过程，因而能促进消化。	本品常用于消化不良和 B 族维生素缺乏症。

扫码查看以上药物常用制剂及参考用量与用法。

（三）助消化药的合理选用

（1）吮乳幼畜的消化不良，主要选用胃蛋白酶、乳酶生、胰酶等。

（2）草食动物吃草不吃料时，亦可选用胃蛋白酶，配合稀盐酸。牛摄入蛋白质丰富的饲料后，在瘤胃内产生大量的氨，影响瘤胃活动，早期可用于稀盐酸或稀醋酸，疗效良好。

三、抗酸药

（一）抗酸药的概述

抗酸药是指能降低胃内容物酸度的弱碱性无机物质。抗酸药分为易吸收和不易吸收两大类。

抗酸药可减轻胃酸对胃壁和十二指肠黏膜的侵蚀和已形成溃疡面的腐蚀和刺激作用。同时，随着胃内pH值升高，胃蛋白酶活性降低，可减轻疼痛和有利于溃疡的愈合（胃蛋白酶在酸性胃液中起到消化组织的作用，导致局部性溃疡）。

本类药物抗酸作用与胃内充盈度有关，餐后服用可延长作用时间。

（二）抗酸药

抗酸药见表 3-1-6。

表 3-1-6　抗酸药

药物名称	药理作用	应用及注意事项
氢氧化镁	本品中和胃酸时不产生CO_2；可形成氧化镁，释放出镁离子，刺激肠管蠕动致泻；有吸附作用，吸附CO_2等气体。	应用：本品用于治疗胃酸过多、胃肠臌气、胃炎等。 注意事项：本品若持久大量应用，可引起便秘和腹胀等。
氢氧化铝	本品起效缓慢，抗酸作用强，中和胃酸后，产生三氯化铝，后者有收敛、止血作用。	应用：本品主要用于治疗胃酸过多和胃溃疡。 注意事项：本品长期使用易引起便秘，还可影响磷酸盐的吸收，降低四环素、地高辛、泼尼松龙等药物的生物利用度。
碳酸钙	本品抗酸作用产生快，但能产生CO_2，引起嗳气，长期应用造成便秘、腹胀。	应用：本品用于治疗胃酸过多。 注意事项：钙离子进入小肠促使胃泌素分泌，出现胃酸分泌增多的反跳现象。长期使用可能会造成便秘和腹胀。

扫码查看以上药物常用制剂及参考用量与用法。

四、止吐药与催吐药

（一）止吐药

止吐药在兽医临床上主要用于制止犬、猫、猪及灵长类等动物呕吐。长期剧烈地呕吐，易造成机体脱水和电解质失衡。呕吐是上消化道的一种复杂协调性活动过程，由位于延髓的呕吐中枢调控。常见药物见表 3-1-7。

表 3-1-7　止吐药

药物名称	药理作用	应用
氯苯甲嗪（敏可静）	本品有制止变态反应性呕吐及晕动症所致的呕吐症。止吐作用可持续 20 h左右。止吐机理为抑制前庭神经、迷走神经兴奋传导，同时对中枢也起一定的抑制作用。	本品用于犬、猫等动物呕吐症的治疗。
舒必利（止吐灵）	本品属于中枢性止吐药，止吐作用强大。内服止吐效果是氯丙嗪的 166 倍，皮下注射时是氯丙嗪的 142 倍。	本品兽医临床常用做犬的止吐药。本品止吐效果优于胃复安。

扫码查看以上药物常用制剂及参考用量与用法。

（二）催吐药

催吐药是指能引起呕吐的药物。催吐药物分为两大类，可通过兴奋中枢呕吐化学敏感区引起，如阿扑吗啡；也可通过刺激食道、胃等消化道黏膜，反射性地兴奋呕吐中枢，引起呕吐，如硫酸铜。兽医临床主要用于犬、猫等具有呕吐机能动物的中毒急救，清除胃内未吸收的毒物，减少有毒物质的吸收。常见催吐药物见表 3-1-8。

表 3-1-8　催吐药

药物名称	药理作用	应用
阿扑吗啡	本品为中枢反射性催吐药，能直接刺激延髓催吐化学感受区，反射性兴奋呕吐中枢，引起恶心呕吐。本品内服作用较弱而缓慢，皮注作用强烈。	本品常用于犬清除胃内毒物。猫偶有使用，但存在争议。

扫码查看以上药物常用制剂及参考用量与用法。

五、瘤胃兴奋药

瘤胃兴奋药又称促反刍药，是指能促进瘤胃平滑肌收缩、加强瘤胃运动、促进反刍、消除瘤胃积食与气胀的药物。促进瘤胃兴奋的药物有拟胆碱类药物（氨甲酰甲胆碱、毛果芸香碱、新斯的明等）、浓氯化钠注射液、酒石酸锑钾和甲氧氯普胺等。下文仅介绍浓氯化钠注射液（表 3-1-9）。拟胆碱药对胃肠平滑肌有较强的兴奋作用，可视病情选用，见外周神经系统药物。

表 3-1-9　瘤胃兴奋药

药物名称	药理作用	应用及注意事项
10%的浓氯化钠注射液	本品为氯化钠的高渗灭菌水溶液（10%）。静脉注射后，可提高血液渗透压，使血容量增多，从而改善心脏血管活动，同时能反射性地兴奋迷走神经，促进胃肠蠕动及分泌，增强反刍。当胃肠机能减弱时，这种作用更加显著。	应用：本品常用于前胃弛缓、瘤胃积食、马骡便秘疝等。本品作用缓和、疗效良好、不良反应少；一般在用药后 2～4 h作用最强，经 12～24 h作用才逐渐消失。 注意事项：①用时不宜稀释，注射速度宜慢，不可漏出血管外；②心力衰竭和肾功能不全动物慎用。

扫码查看以上药物常用制剂及参考用量与用法。

六、制酵药与消沫药

反刍动物在正常情况下，瘤胃内饲料分解产生的大量气体一部分可随胃内容物进入肠内而被吸收，大部分则以游离的气体形式通过嗳气排出体外，因此一般不出现臌胀。当反刍动物采食大量的易发酵或腐败变质的饲料后，可因微生物在瘤胃内过度发酵而产生大量气体，若不能及时通过肠道吸收或通过嗳气排出体外，则很容易导致胃肠臌胀，严重时可引起呼吸困难、窒息甚至胃肠破裂。马属动物采食大量的易发酵饲料后，在胃肠道内也能很快地产生大量气体。一般由于胃肠的蠕动和吸收作用而不引起臌气，但产气过多或因胃肠道平滑肌过度舒张而麻痹时，也能出现明显的胃肠臌气。

（一）制酵药

制酵药是指能抑制细菌的活动，阻止胃肠内容物发酵，使其不产生过量气体的一类药物。其主要用于治疗反刍动物的瘤胃臌气，也用于马属动物的胃扩张及肠臌气，常用药物有鱼石脂、甲醛溶液等。详情见表 3-1-10。

表 3-1-10　制酵药

药物名称	药理作用	应用及注意事项
鱼石脂	本品内服能抑制胃肠道内微生物的繁殖，促进胃肠蠕动，具有防腐、制酵的作用；外用对局部有温和的刺激作用，能消炎消肿，促进肉芽组织生长。	本品常用于瘤胃臌胀、急性胃扩张、前胃弛缓、胃肠气胀、消化不良和腹泻等；还可外用（配成 30%～50%的软膏局部涂敷），治疗慢性皮炎、蜂窝织炎、腱炎、腱鞘炎、冻疮、湿疹等。
甲醛溶液	本品能与蛋白质的氨基结合，有强大的杀菌作用。本品内服可杀灭细菌、纤毛虫，迅速抑制瘤胃内的发酵。	本品刺激性很强，为减轻对胃肠黏膜的刺激，以 20～30 倍稀释液内服，用于急性瘤胃臌胀。本品应用后可能继发消化不良，不宜反复使用。

扫码查看以上药物常用制剂及参考用量与用法。

（二）消沫药

消沫药是指能降低泡沫液膜的局部表面张力，使泡沫裂解的药物，主要用于治疗反刍动物的瘤胃内泡沫性臌胀。良好的消沫药必须具备以下条件：①消沫药的表面张力较低，低于起泡液；②与起泡液不互溶，降低液膜局部的表面张力，使液膜不均匀收缩而穿孔破裂；③能连续不断地进行消沫作用，使破裂的小气泡不断融合成更大的气泡，最后汇聚为游离的气体排出体外。

常用的消沫药有松节油、二甲硅油等（表 3-1-11）。此外，稀醋酸、酒精、煤油和多种中性植物油（如豆油、菜油、棉籽油、花生油），都可用来治疗泡沫性臌胀。食用植物油来源广，疗效可靠，应用方便，无副作用。

表 3-1-11　消沫药

<table>
<tr><th>药物名称</th><th>药理作用</th><th>应用及注意事项</th></tr>
<tr><td>二甲硅油片</td><td rowspan="3">当牛、羊采食了大量含皂苷的植物，因降低瘤胃内液体的表面张力，所产生的气体将以泡沫的形式混杂于瘤胃内容物中不易排出而形成泡沫性臌胀。消沫药由于呈现疏水性，其表面张力低于起泡液的表面张力，与气泡液接触后，其微粒黏附于泡沫膜上，造成泡沫膜局部的表面张力下降，使泡沫膜面受力不均，产生不均匀的收缩，致使膜局部被“拉薄”而破裂，气体逸出。此时，消沫药微粒再进行下一个消沫过程，往复循环，相邻的小气泡融合，逐渐汇聚成大气泡或游离气体通过嗳气排出体外。</td><td>本品消沫作用迅速，用药后 5 min 内产生效果，15～30 min 作用最强。治疗效果可靠，作用迅速，几乎没有毒性，主要用于治疗反刍动物的瘤胃臌胀，特别是泡沫性臌胀等。本品临床应用时配成 2%～5% 的乙醇或煤油溶液，通过胃管灌服；灌服前后应注入少量温水以减少刺激。</td></tr>
<tr><td>松节油</td><td>松节油为常用的皮肤刺激药之一，也用于消化道疾病的治疗。本品内服后能刺激消化道黏膜，促进胃肠蠕动，并有制酵、祛风和消沫的作用。本品临床上主要用于治疗瘤胃臌气、泡沫性瘤胃臌胀、胃肠迟缓等；应用时需加入 3～4 倍植物油混合。</td></tr>
<tr><td>植物油</td><td>植物油如豆油、菜籽油、花生油等都能降低泡沫的稳定性，使泡沫破裂而发挥消沫作用。对严重的泡沫性瘤胃臌气的动物，将植物油与松节油混合使用效果更佳。</td></tr>
</table>

扫码查看以上药物常用制剂及参考用量与用法。

（三）制酵药与消沫药的合理选用

由于采食大量容易发酵或腐败变质的饲料导致的臌胀，或急性胃扩张，除危急者可以穿刺放气外，一般可用制酵药或瘤胃兴奋药，加速气体排出。对其他原因引起的臌胀，除制酵外，主要应对因治疗。

在常用的制酵药中，甲醛作用确实可靠，但由于对局部组织刺激性强，能杀灭多种对机体有益的肠道微生物和纤毛虫，因此，除严重气胀外，一般情况均不宜选用。鱼石脂的制酵效果较好，刺激作用比较缓和，所以比较常用。鱼石脂与酒精配合应用效果更好。

泡沫性臌胀时，如果选用制酵药，仅能制止气体的产生，对已形成的泡沫无消除作用。

因此，必须选用消沫药。

七、泻药

（一）泻药的概述

泻药是一类能促进肠道蠕动、增加肠内容积、软化粪便、加速粪便排泄的药物。临床上主要用于治疗便秘、排出胃肠内毒物及腐败分解物，还可与驱虫药物合用以驱除肠道寄生虫。根据作用特点将泻药分为三类，详情见表 3-1-12。

表 3-1-12　泻药的分类、代表药及注意事项

分类	代表药	注意事项
容积性泻药	硫酸钠、硫酸镁	使用泻药时必须注意：①对于诊断未明的动物肠道阻塞不可随意使用泻药，使用泻药应防止泻下过度而导致脱水、衰竭或继发性肠炎等，且用药次数不宜过多；②对幼畜、孕畜及体弱患者更要慎重选用或不用；③在治疗各种肠便秘时，泻药多与制酵药、镇静药、强心药、补液药等配合应用，以制止肠内发酵、使患病动物安静和提高疗效；④高脂溶性药物或毒物引起中毒时，不应使用油类泻药以防止加速毒物的吸收而加重病情。
刺激性泻药	大黄、蓖麻油	
润滑性泻药	液体石蜡、植物油	

（二）泻药

1. 容积性泻药

容积性泻药又称盐类泻药，指内服后其盐离子不易被肠壁吸收，在肠内可形成高渗盐溶液，利用其渗透特性，致使大量水分及电解质在肠腔内滞留，从而能扩张肠道容积，软化粪便，对肠壁产生机械性刺激，促进肠道蠕动加快而产生致泻作用的药物（表 3-1-13）。一般来说，容积性泻药致泻作用的强弱与其离子被肠壁吸收的难易有关，即难吸收的药物致泻作用就强。其致泻作用的强弱还与其溶液的浓度密切相关。以稍高于等渗浓度时效果较好。硫酸钠的等渗浓度为 3.2%，硫酸镁的等渗浓度为 4.0%，导泻时，常配成 4%～6% 的溶液灌服。用药前应注意给予充分饮水。

表 3-1-13　容积性泻药

药物名称	药理作用	应用及注意事项
硫酸钠	本品内服小剂量时，能轻度刺激消化道黏膜，加强胃的分泌与运动，有健胃作用；大剂量时，在肠道中解离出的 Na^+ 和 SO_4^{2-} 不易被肠壁吸收，能保持大量水分，增加肠内容积，并软化结粪，有利于泻下或排粪。本品常用于大肠便秘，并常与大黄等药物配合应用；小肠阻塞一般不用，因为小肠容积的过度增大，容易继发急性胃扩张，而使病情恶化。一般单胃动物（马、猪等）经 3～8 h 排便，反刍动物（牛、羊）经 18 h 才能排便。在排除肠内毒物或辅助驱虫药排除虫体时，应用本药较为安全。	应用：本品小剂量常配合其他健胃药用于消化不良；大剂量用于大肠便秘，排除肠内毒物、毒素，或做驱虫药的辅助用药。牛瓣胃阻塞时，可用 25%～30% 的硫酸钠溶液 250～300 mL，直接注入第三胃，以软化干燥食团，促进排出，有时可获得良好效果。10%～20% 的硫酸钠溶液，常外用冲洗化脓疮和瘘管等，有引流、排毒等效果。 注意事项：本品用时加水稀释成 3%～4% 的溶液灌服。浓度过高的盐类溶液进入十二指肠后，会反射性地引起幽门括约肌痉挛，妨碍胃内容物的排空，有时甚至能引起肠炎。

（续表）

药物名称	药理作用	应用及注意事项
硫酸镁	大剂量硫酸镁有泻下作用，小剂量则有健胃作用，其作用原理同硫酸钠。此外，镁盐还可刺激十二指肠分泌胰胆囊收缩素，能促进胰腺分泌，增强肠蠕动。硫酸镁的高渗溶液外用时，因能夺取组织水分，具有抗菌、排除毒素、清洁创面和消退炎性肿胀等作用。	本品常配合其他健胃药用于消化不良。大剂量用于大肠便秘、排除肠内毒物或驱虫药的辅助用药，但马属动物少用。外用硫酸镁高渗溶液（10%～20%），用于清洗化脓创、瘘管等；直肠黏膜水肿时，可用5%～10%的硫酸镁溶液灌肠。

扫码查看以上药物常用制剂及参考用量与用法。

2. 刺激性泻药

刺激性泻药又称植物性泻药，指内服后在胃中一般不发生作用，进入肠内能分解出刺激性有效成分，刺激局部肠黏膜及肠壁神经，反射性地引起蠕动增加而产生泻下作用的药物（表3-1-14）。由于各种药物所含成分不同，它们作用的强弱及快慢也有差异。常用的刺激性泻药有蓖麻油、酚酞、大黄等。

表3-1-14　刺激性泻药

药物名称	药理作用	应用及注意事项
大黄	本品的药理作用与其所含的有效活性成分密切相关。内服小剂量大黄时，主要发挥其苦味健胃作用，刺激口腔味觉感受器，通过迷走神经的反射，使唾液和胃液分泌增加，从而提高食欲、加强消化；中剂量大黄则以鞣酸的收敛作用为主，内服时因分解出的大黄鞣酸而呈收敛止泻作用；大剂量时大黄素起主要作用，内服分解出的大黄素和大黄酸能刺激肠黏膜和大肠壁，使肠道蠕动增加而引起泻下。	应用：本品用于食欲不振、消化不良和大肠便秘等。 注意事项：单用大黄泻下作用慢而不确实，由于鞣酸的作用，有时在排粪后引起便秘。因此，本品多与硫酸钠配合应用，泻下效果较好。大黄素和大黄酸具有明显的抗菌作用，对胃肠道内某些细菌如大肠杆菌、痢疾杆菌等都有抑制作用。此外，大黄还有利胆、利尿、增加血小板、降低胆固醇等作用。
蓖麻油	本品无刺激性，只有润滑性。本品内服到十二指肠后，部分经胰脂肪酶作用，分解为蓖麻油酸和甘油，蓖麻油酸在小肠内很快变成蓖麻油酸钠，刺激小肠黏膜，促进小肠蠕动而致泻。其他未分解的蓖麻油对肠道起润滑作用，有助于粪便的排泄。由于蓖麻油酸钠能被小肠吸收，故不能作用于大肠。本品吸收后，一部分可经乳汁排出，母畜服药后，有可能引起哺乳仔畜泻下。	应用：本品用于小家畜的小肠便秘，内服后，经3～8 h发生泻下，对大肠的致泻作用较小，对大家畜特别是牛的泻下效果不明显。 注意事项：本品忌用于孕畜、患肠炎家畜、哺乳母畜等，不宜用于排毒和驱虫，不可长期使用。

扫码查看以上药物常用制剂及参考用量与用法。

3.润滑性泻药

润滑性泻药又称油类泻药，指能润滑肠壁，软化粪便，使粪便易于排出的药物（表3-1-15）。多数为无刺激性的植物油（如豆油、花生油等）、矿物油（如液体石蜡）及动物油等。本类泻药在孕畜和患有肠炎的家畜上均可应用，但禁止用于排除毒物及配合驱虫药使用。因为许多毒物、驱虫药易溶于油类，吸收后可能使畜禽中毒。

表3-1-15 润滑性泻药

药物名称	药理作用	应用及注意事项
液体石蜡	本类药物内服后，在消化道内不被代谢和吸收，大部分以原型通过全部肠管，产生润滑肠道和保护肠黏膜的作用，亦可阻碍肠内水分被重吸收而软化粪便。本类药物作用缓和而安全。	应用：本品用于小肠阻塞、瘤胃积食及便秘。可用于孕畜和患肠炎动物。 注意事项：本品慎用于孕畜和患肠炎动物，因一小部分植物油可被皂化，具有刺激性。
植物油	本类药物内服后，在消化道内不被代谢和吸收，大部分以原型通过全部肠管，产生润滑肠道和保护肠黏膜的作用，亦可阻碍肠内水分被重吸收而软化粪便。本类药物作用缓和而安全。	应用：本品适用于大肠便秘、小肠阻塞和瘤胃积食等。但不用于排出脂溶性毒物。 注意事项：本品忌用于孕畜、患肠炎家畜、哺乳母畜等。不宜用于排毒和驱虫。不可长期使用。

扫码查看以上药物常用制剂及参考用量与用法。

（三）泻药的合理选用

（1）大肠便秘的早、中期，一般首选盐类泻药如硫酸钠或硫酸镁，也可大剂量灌服人工盐（200～400 g）缓泻。

（2）小肠阻塞的早、中期，一般以选用液体石蜡、植物油为主。优点是容积小，对小肠无刺激性，且有润滑作用。

（3）排除毒物，一般选用盐类泻药，不宜用油类泻药，以防促进脂溶性毒物的吸收而加重病情。

（4）便秘后期，局部已产生炎症或其他病变时，一般只能选用润滑性泻药，并配合补液、强心、消炎药等。

（5）在应用泻药时，要防止因泻下作用太猛，水分排出过多而引起患病动物脱水或继发肠炎。有猛烈泻下作用的泻药一般只投药一次，不宜多用。用药前应注意使患病动物充分饮水。对幼龄动物、孕畜及体弱动物的便秘，多选用人工盐或润滑性泻药。单用泻药不能奏效时，应进行综合治疗。如治疗便秘时，泻药与制酵药、强心药、体液补充剂配合应用，效果较好。

八、止泻药

（一）止泻药的概述

腹泻是临床上常见的一种症状或疾病。一般来说，腹泻本身对机体具有一定的保护意义，可将有害物质排出体外，但过度腹泻不仅影响营养物质的吸收和利用，而且会引起机体脱水和钾、钠、氯等电解质紊乱，甚至发生酸中毒。因此，必须适时应用止泻药。腹泻时应根据病因和病情，采用综合治疗措施。首先应消除病因如排泄毒物、抑制病原微生物、改善饲养管理等；再应用止泻药和对症治疗，如补充水分和电解质、纠正酸中毒等。细菌感染引起的腹泻，主要选用抗菌药物以控制感染。

止泻药是指能制止腹泻、保护肠黏膜、吸附有毒物质或收敛消炎的药物。根据药理作用特点，止泻药分为三类：收敛性止泻药、吸附性止泻药和抑制肠蠕动止泻药，详情见表 3-1-16。

表 3-1-16　止泻药的分类和代表药

分类	代表药
收敛性止泻药	鞣酸、鞣酸蛋白、次碳（硝）酸铋
吸附性止泻药	药用炭、白陶土
抑制肠蠕动止泻药	阿托品、颠茄酊、阿片酊

（二）泻药

1. 收敛性止泻药

收敛性止泻药见表 3-1-17。

表 3-1-17　收敛性止泻药

药物名称	药理作用	应用
鞣酸	鞣酸是一种蛋白沉淀剂，内服后首先与胃黏膜蛋白结合成鞣酸蛋白，被覆于胃肠黏膜起保护作用。鞣酸蛋白到达小肠后再分解，释放出鞣酸，产生收敛止泻作用。另外，鞣酸还能与一些生物碱结合发生沉淀。	本品临床常内服作为某些生物碱中毒的解毒剂；也可用于湿疹、创伤等。
鞣酸蛋白	鞣酸蛋白本身无活性，在胃内酸性环境中稳定，到达小肠内遇碱性肠液，蛋白质被消化而释放出鞣酸，鞣酸发挥收敛止泻作用，这种作用较持久，能达到肠道后部。	本品主要用于急性肠炎和非细菌性腹泻。
碱式碳酸铋	本品内服难吸收，在胃肠道内小部分缓慢离解出铋离子，铋离子与蛋白质结合产生收敛保护黏膜的作用。大部分次碳酸铋覆盖于肠黏膜表面，且在肠内与硫化氢结合，形成不溶的硫化铋，覆盖在肠黏膜表面，呈机械性保护作用，并使硫化氢对肠黏膜的刺激减少，肠道蠕动变慢而发挥止泻作用。本品可用于胃肠炎及腹泻。	本品外用时，碱式碳酸铋在炎性组织中能缓慢地解离出铋离子，铋离子与细菌和组织的表层蛋白质结合，产生抑菌和收敛作用，故可用本品撒布剂或10%的软膏治疗烧伤、湿疹等。
碱式硝酸铋	本品作用、应用基本同碱式碳酸铋，但不良反应较大，次硝酸铋存在肠道中能被细菌如大肠杆菌等还原，生成亚硝酸根离子引起中毒。故在治疗肠炎、腹泻时多用碱式（次）碳酸铋。内服剂量同碱式碳酸铋。	

扫码查看以上药物常用制剂及参考用量与用法。

2. 吸附性止泻药

吸附性止泻药见表 3-1-18。

表 3-1-18　吸附性止泻药

药物名称	药理作用	应用及注意事项
药用炭（活性炭）	药用炭粉末细小，表面积很大（500～800 m^2/g），具有多孔性，因而吸附性强。本品内服后，不被消化也不被吸收，能吸附有害物质，如病原微生物、发酵产物、气体、毒物、毒素及生物碱等；并能覆盖在肠黏膜表面，保护肠黏膜免受刺激，使肠道蠕动变慢而发挥止泻作用。本品内服可治疗肠炎、腹泻、药物或毒物中毒等。	应用：用于治疗腹泻、肠炎、胃肠臌气和排出毒物（如生物碱等中毒）。外用于炎症或损伤的组织表面时，具有机械性保护作用和止血作用。同时还能吸收创伤、炎症的渗出物，或组织、细菌的分解产物等，使局部干燥，从而可阻碍细菌的繁殖，可用于治疗挫伤等外伤。 注意事项：①禁与抗生素、乳酶生合用，因其易被吸附而降低药效；②本品也能吸附营养物质，不易反复应用；③其吸附作用是可逆的，用于吸附毒物时，应随后给予盐类泻药促使排出。
白陶土	本品具有一定的吸附作用，但吸附能力稍逊于药用炭，另外，兼有收敛作用。本品内服用于胃肠炎、幼畜腹泻等；外用作敷剂和撒布剂的基质。	参见活性炭。

扫码查看以上药物常用制剂及参考用量与用法。

3. 抑制肠蠕动止泻药

当腹泻不止或有剧烈腹痛时，为了制止脱水、消除腹痛，可应用胃肠平滑肌抑制药，如阿托品、颠茄酊、阿片酊等，通过抑制胃肠平滑肌蠕动而止泻。但这类药物不良反应较大，常会继发胃肠弛缓、瘤胃臌气等，宜控制剂量（见外周神经系统药物）。

（三）止泻药的合理选用

治疗腹泻时，应先查明腹泻的原因，然后根据需要，选用止泻药。如细菌性腹泻，特别是严重急性肠炎时，应给予抗菌药止泻，一般不选用吸附药和收敛药；对大量毒物引起的腹泻，不急于止泻，应先用盐类泻药以促进毒物排出，待大部分毒物从消化道排出后，方可用碱式硝酸铋等保护受损的胃肠黏膜，或用活性炭吸附毒物；一般的急性水泻，往往导致脱水、电解质紊乱，应首先补液，然后再用止泻药。

工具准备

网络查询设备、兽医处方笺、新病例等。

人员准备

人员分组，每组 5 人，明确职责分工。

任务角色	任务内容
组长：	任务：
组员 1：	任务：
组员 2：	任务：
组员 3：	任务：
组员 4：	任务：

任务实施

第一步：查询各类文献、资料了解反刍动物、单胃动物及家禽最常见消化道疾病及其患病特征和诊断要点（反刍动物、单胃动物及家禽的消化道疾病各列出两种）。

第二步：学习了解消化系统药物都有哪些类型和代表药物，熟悉各类消化系统药物的临床使用方法及注意事项。

第三步：根据前期学习能够对本任务提出的病例进行诊断并制订合理的用药方案。

第四步：熟练掌握消化系统药物的应用后，再根据新的病例继续熟悉消化系统用药。

任务检测

项目三任务一检测

任务评价

工作任务完成过程评价表

班级：__________ 组别：__________ 姓名：__________

项目	评分标准	自我评价	小组评价	教师评价
资料收集（50 分）	操作熟练，分析合理，判断准确（50 分）			
	操作较熟练，报告较准确清晰（40 分）			
	操作不太熟练，报告有少量错误（30 分）			
	操作不熟练，判断不准确（30 分以下）			
课前准备（20 分）	了解反刍动物、单胃动物及家禽最常见消化道疾病（10 分）			
	反刍动物、单胃动物及家禽最常见消化道疾病及其患病特征和诊断要点（各列出两种）（10 分）			

（续表）

项目	评分标准	自我评价	小组评价	教师评价
课后评价（30分）	熟悉消化系统药物的理论知识（10分）			
	能通过掌握的知识对本任务提出的病例进行准确的分析并制订合理的给药方案（10分）			
	能在学习完本任务后，再根据新的病例继续熟悉消化系统用药（10分）			
合计				
自我评价与总结				
教师点评				

任务二　呼吸系统药物

任务导入

一只贵宾犬，雄性，2.8 kg，6岁，近期食欲不振、流鼻涕，咳嗽并伴有痰液咳出，临床检查诱咳呈阳性，血常规检查增高，X射线检查可见肺纹理紊乱、粗糙或有小斑片状阴影，诊断为感染支气管肺炎。请根据诊断结果，制定治疗措施，并开具正确的处方。

任务工单

班级：________　姓名：________　学号：________

任务名称	合理使用呼吸系统的药物
任务描述	根据实际情况，填写本任务的内容、目的、流程和方法。 任务内容：________ 任务目的：________ 任务流程：________ 任务方法：________

（续表）

<table>
<tr><td>获取信息</td><td colspan="4">要完成任务，需要掌握相关的知识。请收集资料，回答以下问题。
1. 常见的呼吸道疾病有哪些？各有何患病特征及诊断要点？
2. 了解祛痰药、镇咳药和平喘药的概念及区别。
3. 熟悉常见的祛痰药、镇咳药和平喘药的临床使用方法及注意事项。
4. 请对上述病例进行分析并制订合理的用药方案。</td></tr>
<tr><td>制订计划</td><td colspan="4"></td></tr>
<tr><td rowspan="6">任务实施</td><td colspan="4">按照预先制订的工作计划，完成本任务，并记录任务实施过程。</td></tr>
<tr><td>序号</td><td>完成的任务</td><td>遇到的问题</td><td>解决办法</td></tr>
<tr><td></td><td></td><td></td><td></td></tr>
<tr><td></td><td></td><td></td><td></td></tr>
<tr><td></td><td></td><td></td><td></td></tr>
<tr><td></td><td></td><td></td><td></td></tr>
</table>

任务准备

知识准备

呼吸系统是由呼吸道和肺组成的，在呼吸中枢调节下，进行正常的气体交换，对维持机体内环境的平衡具有十分重要的作用。因其直接与外界环境接触，故容易受到内在及环境因素影响而发生各种常见疾病，如上呼吸道感染、支气管咽炎、肺炎、支气管哮喘等。咳、痰、喘是呼吸系统的常见症状，三者往往同时存在、互为因果。如痰多可引起咳嗽，也可阻塞支气管引起喘息；喘息可引起咳嗽，又往往会增加痰液。过度的痰、咳、喘可严重影响呼吸系统和循环系统的正常机能。引起呼吸系统疾病的原因很多，如病原微生物和寄生虫侵入、化学刺激、过敏反应、神经功能失调、气候骤变等。对动物而言，常见的是微生物引起的炎症性疾病，所以一般应先进行对因治疗，同时合理地配合使用祛痰、镇咳、平喘药，以缓解症状，促进患病动物的康复。

一、祛痰药

祛痰药是指凡能促进气管与支气管黏液分泌，使痰液变稀并易于排出的药物。祛痰药还有间接的镇咳作用，因为炎性的刺激使支气管分泌增多，或因黏膜上皮纤毛运动减弱，痰液不能及时排出，黏附气管内并刺激黏膜下感觉器引起咳嗽，痰液排出后，减少刺激，便可缓解咳嗽。根据药理作用特点，祛痰药可分为刺激性祛痰药和黏痰溶解药两类，详情见表 3-2-1。

表 3-2-1　祛痰药

分类	作用机理	药物名称	应用及注意事项
刺激性祛痰药	本类药物通过刺激呼吸道黏膜，使气管及支气管的腺体分泌增加，促使痰液稀释，使痰液易于排出	氯化铵	应用：作祛痰药，适用于支气管炎初期，特别是黏膜干燥、痰稠不易咳出，有咳嗽症状者；作尿液酸化剂，预防或帮助溶解某些类型的尿结石；当机体有机碱中毒时，促进毒物排出。 注意事项：单胃动物用后有呕吐反应；肝、肾机能障碍时，慎用或禁用。
		碘化钾	应用：本品用于治疗慢性或亚急性支气管炎；用于局部病灶注射时，可治疗牛放线杆菌病；作为助溶剂，配制碘酊和复方碘溶液，使制剂性质稳定。 注意事项：长期服用本品易发生碘中毒现象（皮疹、脱毛、黏膜卡他、消瘦和食欲不振等），应暂停用药 5～6 d；禁用于活动性肺结核及有肝、肾疾病的患病动物。
黏痰溶解药	使痰液中黏性成分分解、黏度降低，使痰液易于排出	乙酰半胱氨酸	本品临床用于急、慢性支气管炎、支气管扩张、喘息、肺炎、肺气肿等，也用于小动物扑热息痛中毒的诊治。
		盐酸溴己新	应用：本品用于慢性支气管炎的黏稠痰液不易咳出症。 注意事项：本品对胃肠道黏膜有刺激性，有胃炎或胃出血的动物慎用。

扫码查看以上药物常用制剂及参考用量与用法。

二、镇咳药

镇咳药是指凡能降低咳嗽中枢兴奋性，减轻或制止咳嗽的药物。咳嗽主要是呼吸道受异物或炎症产物的刺激而引起的防御性反射，可清除进入呼吸道的异物或炎性产物；因此，轻微的咳嗽有助于祛痰，对机体有利，此时不宜镇咳。但频繁而剧烈的干咳或胸膜炎等所致的频咳，易加重呼吸道损伤，造成肺气肿、心功能障碍等不良后果，此时，除积极对因治疗外，还应配合应用镇咳药。对有痰的剧烈咳嗽，在应用祛痰药的同时，可配合少量作用缓和的镇咳药，如甘草合剂、喷托维林等药物，以缓解咳嗽症状。一般不用作用强烈的可待因等。常见药物见表 3-2-2。

表 3-2-2　镇咳药

分类	作用机理	药物名称	应用及注意事项
中枢性镇咳药	能选择性抑制延髓咳嗽中枢而产生镇咳效应，分为成瘾性镇咳药和非成瘾性镇咳药。	可待因（成瘾性镇咳药）	应用：本品临床上多用于无痰、剧痛性咳嗽及胸膜炎等疾病引起的干咳，对痰多的咳嗽不宜使用。 注意事项：小剂量时不良反应少见，偶有恶心、呕吐、便秘及眩晕；大剂量时可抑制呼吸中枢，并引起烦躁不安等兴奋症状。本品长期使用易成瘾。
		喷托维林（非成瘾性镇咳药）	应用：本品选择性抑制咳嗽中枢，大剂量时有阿托品样作用，可使痉挛平滑肌松弛。本品可治疗伴有剧烈干咳的呼吸道炎症。本品常与祛痰药合用。 注意事项：多痰性咳嗽不宜单独使用，心功能不全并伴有肺淤血的患病动物忌用。
外周性镇咳药	凡能通过抑制外周神经感受器、传入神经或传出神经任何一个咳嗽反射弧环节而发挥镇咳作用。	甘草	本品为豆科甘草属植物甘草的根和根状茎，味甜，主要成分是甘草酸。甘草酸水解产生甘草次酸和葡萄糖醛酸。前者具有镇咳的作用，并能促进咽部及支气管腺体分泌，发挥祛痰作用；后者有解毒和抗炎的作用，常用于一般性咳嗽。
		甘草流浸膏	本品由甘草的干燥根和根状茎浸制浓缩而成，为深棕色黏稠液体。本品服用后能覆盖于有炎症反应的咽部黏膜表面，使黏膜少受刺激，从而减轻咽炎引起的咳嗽，常与其他镇咳祛痰药配伍成止咳合剂应用。

扫码查看以上药物常用制剂及参考用量与用法。

三、平喘药

平喘药是指能解除支气管平滑肌痉挛、扩张支气管、缓解气喘症状的药物（表 3-2-3）。按其作用特点分为支气管扩张药和抗过敏药。如麻黄碱、异丙肾上腺素等拟肾上腺素类药物，阿托品等抗胆碱药，苯海拉明等抗过敏药，这类药物在相关任务中详细论述。

表 3-2-3　平喘药

药物名称	作用与应用	注意事项
氨茶碱	1. 支气管平滑肌松弛作用。 2. 兴奋呼吸作用：氨茶碱对呼吸中枢有兴奋作用，可使呼吸中枢对 CO_2 的刺激阈值下降，呼吸加深。 3. 强心作用：本品用作支气管扩张药，常用于患有心功能不全或肺水肿的动物。	1. 内服可引起恶心、呕吐等反应。 2. 静脉注射量不应过大，并用葡萄糖溶液稀释至 2.5% 以下浓度后，再缓慢注射。 3. 用量过大、浓度过高或速度过快，都可引起强烈兴奋心脏和中枢神经。

（续表）

药物名称	作用与应用	注意事项
麻黄碱	麻黄碱用于轻度的支气管哮喘，也常配合祛痰药用于急慢性支气管炎，以减轻支气管痉挛及咳嗽。	1.局部刺激作用强，要深部肌内注射或静脉注射（缓慢注射）。 2.作用与肾上腺素类似，能扩张支气管、松弛平滑肌，但作用比肾上腺素作用缓和而持久。

扫码查看以上药物常用制剂及参考用量与用法。

四、祛痰、镇咳和平喘药的合理选用

呼吸道炎症初期，痰液黏稠而不易咳出，可选用氯化铵祛痰；呼吸道感染，伴有发热等全身症状时，应以抗菌药控制感染为主，同时选用刺激性较弱的祛痰药如氯化铵；当痰液黏稠度高，频繁咳嗽亦难以咳出时，选用碘化钾或其他刺激性药物如松节油等蒸气吸入。

痰多咳嗽或轻度咳嗽，不应选用镇咳药止咳，要选用祛痰药将痰液排出，咳嗽就会减轻或停止；对长时间频繁而剧烈的疼痛性干咳，应选用镇咳药可待因等止咳，或选用镇咳药与祛痰药配伍应用，如复方甘草合剂、复方枸橼酸喷托维林糖浆等；对急性呼吸道炎症初期引起的干咳，可选用喷托维林；小动物干咳可选二氧丙嗪。

对因细支气管积痰而引起的气喘，镇咳、祛痰后可得到缓解；因气管痉挛引起的气喘，可选平喘药治疗；一般轻度气喘，可选氨茶碱或麻黄碱平喘，辅以氯化铵、碘化钾等祛痰药进行治疗。不宜应用可待因或喷托维林等镇咳药，因其能阻止痰液的咳出反而加重喘息。糖皮质激素、异丙肾上腺素等均有平喘作用，适用于过敏性喘息。

祛痰、镇咳和平喘药均为对症治疗。用药时要先考虑对因治疗，并有针对性地选用对症药治疗。

工具准备

网络查询设备、兽医处方笺、新病例等。

人员准备

人员分组，每组 5 人，明确职责分工。

任务角色	任务内容
组长：	任务：
组员 1：	任务：
组员 2：	任务：
组员 3：	任务：
组员 4：	任务：

任务实施

第一步：查询各类文献、资料了解常见的呼吸道疾病及其患病特征和诊断要点。

第二步：了解祛痰药、镇咳药和平喘药的概念及区别；熟悉常见的祛痰药、镇咳药和平喘药的临床使用方法及注意事项。

第三步：根据前期学习能够对本任务提出的病例进行诊断并制订合理的用药方案。

第四步：熟练掌握呼吸系统药物的应用后，再根据新的病例继续熟悉呼吸系统的用药。

任务检测

项目三任务二检测

任务评价

工作任务完成过程评价表

班级：__________ 组别：__________ 姓名：__________

项目	评分标准	自我评价	小组评价	教师评价
资料收集（50分）	操作熟练，分析合理，判断准确（50分）			
	操作较熟练，报告较准确清晰（40分）			
	操作不太熟练，报告有少量错误（30分）			
	操作不熟练，判断不准确（30分以下）			
课前准备（20分）	了解常见的呼吸道疾病（10分）			
	了解常见呼吸道疾病的患病特征及诊断要点（10分）			
课后评价（30分）	熟悉呼吸系统药物的理论知识（10分）			
	能够通过掌握的知识对本任务提出的病例进行准确的分析并制订合理的给药方案（10分）			
	能在学习完本任务后，再根据新的病例继续熟悉呼吸系统用药（10分）			
合计				

（续表）

项目	评分标准	自我评价	小组评价	教师评价
自我评价与总结				
教师点评				

任务三 泌尿系统药物

任务导入

某家庭饲养猫咪，1 岁 8 个月，体重 6.3 kg，雄性，已去势，免疫完全，运动后突然出现张口呼吸，呼吸窘迫，呕吐，后肢体温偏低。听诊有心杂音，根据临床症状考虑为猫的肥厚性心肌病导致的肺水肿。进行 X 射线检查和心脏超声检查，提示严重的肺水肿；心超提示猫有肥厚性心肌病，左心室扩张可见烟雾征。该病诊断是什么？该如何用药？

任务工单

班级：__________ 姓名：__________ 学号：__________

任务名称	合理使用泌尿系统药物
任务描述	根据实际情况，填写本任务的内容、目的、流程和方法。 任务内容：__________ 任务目的：__________ 任务流程：__________ 任务方法：__________
获取信息	要完成任务，需要掌握相关的知识，请收集资料，回答以下问题。 1.什么是肺水肿？肺水肿的治疗要点是什么？肺水肿及其他水肿性疾病是否都可以应用利尿药或脱水药来进行治疗？

（续表）

<table>
<tr><td rowspan="3">获取信息</td><td colspan="4">2. 简述利尿药和脱水药的概念及区别，以及这两类药物的使用方法。</td></tr>
<tr><td colspan="4">3. 常见的利尿药和脱水药有哪些？其临床使用方法和注意事项有哪些？</td></tr>
<tr><td colspan="4">4. 对简单的病例进行诊断并制订合理的用药方案。</td></tr>
<tr><td>制订计划</td><td colspan="4"></td></tr>
<tr><td rowspan="6">任务实施</td><td colspan="4">按照预先制订的工作计划，完成本任务，并记录任务实施过程。</td></tr>
<tr><td>序号</td><td>完成的任务</td><td>遇到的问题</td><td>解决办法</td></tr>
<tr><td></td><td></td><td></td><td></td></tr>
<tr><td></td><td></td><td></td><td></td></tr>
<tr><td></td><td></td><td></td><td></td></tr>
<tr><td></td><td></td><td></td><td></td></tr>
</table>

任务准备

知识准备

一、利尿药的概述

利尿药是指直接作用于肾，增加水和电解质的排泄，使尿量增多的药物。主要用于治疗各种类型的水肿、急性肾功能衰竭及促进毒素和尿道结石的排出。

根据作用部位和强度，利尿分高效利尿药（呋塞米、依他尼酸、布美他尼、吡咯他尼等）、中效利尿药（氢氯噻嗪、氯噻嗪、氯噻酮等）和低效利尿药（螺内酯、氨苯蝶啶螺内酯、阿米洛利等）三类。

尿液的形成是通过肾小球的滤过、肾小管和集合管的再吸收及分泌而实现的。利尿药通过影响这三个环节，尤其是影响肾小管的重吸收而起利尿作用，作用机理如图 3-3-1 所示。

（一）肾小球滤过

血液流经肾小球时，除蛋白质和血细胞外，其他成分均可滤过而形成原尿。原尿量的多少决定于有效滤过压。凡能增加有效滤过压的药物都可利尿。如氨茶碱、咖啡因等，通过增加心肌收缩性，增加肾血流量及小球滤过率而利尿，但其利尿作用极弱，一般不作利尿用。

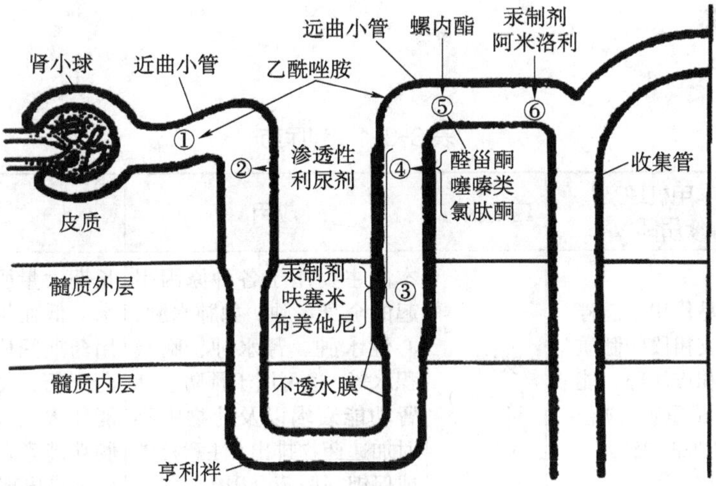

图 3-3-1　利尿药的作用部位

（二）肾小管和集合管的重吸收及分泌

（1）近曲小管。原尿中约 90% 的 $NaHCO_3$ 及约 40% 的 NaCl 在此段被再吸收。60% 的水被动重吸收以维持近曲小管液体渗透压的稳定。Na^+ 的重吸收主要靠 Na^+-H^+ 交换进行，而 H^+ 的产生来自 H_2O 与 CO_2 在细胞内碳酸酐酶的作用下生成 H_2CO_3，然后再解离成 H^+ 和 HCO_3^-。H^+ 将 Na^+ 换入细胞内，然后由 Na^+ 泵将 Na^+ 送至组织间液。

$$H_2O+CO_2 \xrightleftharpoons{\text{碳酸酐酶（CA）}} H_2CO_3 \rightleftharpoons H^+ + HCO_3^-$$

乙酰唑胺通过抑制碳酸酐酶的活性而使 H_2CO_3 合成减少，从而 H^+ 的生成减少，Na^+-H^+ 交换减少，致使 Na^+ 的重吸收减少从而产生利尿。但其作用弱，易致代谢性酸血症，故现已少用。

（2）髓袢升支粗段的髓质和皮质部。原尿中 30%～35% 的 Na^+、Cl^- 在此段被重吸收，水不被重吸收。小管液由肾乳头部流向肾皮质时，逐渐由高渗变为低渗，进而形成无溶质的净水，这就是肾对尿液的稀释功能。同时，NaCl 被再吸收到髓质间质后，由于髓袢的逆流倍增作用，以及在尿素的共同参与下，使髓袢所在的髓质组织间液的渗透压逐步提高，形成呈渗透压梯度的髓质高渗区。当尿液流经集合管时，由于管腔内液体与高渗髓质间存在着渗透压差，并受抗利尿激素（ADH）的影响，大量的水被重吸收回髓质间液，这即是肾对尿液的浓缩功能。当髓袢升支粗段的髓质和皮质部 NaCl 的重吸收减少，肾的稀释功能和浓缩功能都降低，结果导致强大的利尿作用，高效利尿药呋塞米、利尿酸等通过抑制髓袢升支粗段髓质和皮质部对 Na^+ 的重吸收产生利尿作用。中效利尿药噻嗪类等仅能抑制髓袢升支粗段皮质部（远曲小管开始部分）对 NaCl 的重吸收。

（3）远曲小管及集合管。原尿中 5%～10% 的 Na^+ 在此重吸收，同时远曲小管和集合管还可向管腔分泌 H^+ 和 K^+，形成 Na^+-H^+ 交换和 K^+-Na^+ 交换。而 K^+-Na^+ 交换部分是依赖醛固酮调节的，盐皮质激素受体拮抗剂螺内酯对 K^+-Na^+ 交换可产生竞争性抑制作用；氨苯蝶啶能直接抑制 Na^+-K^+ 交换，从而产生排钠保钾的利尿作用。

利尿药的应用，常可造成低钠症和低钾血症，大量应用此类药物时应注意补钾。另外，在利尿的同时必须注意对因治疗，否则不能达到预期效果。

二、利尿药

利尿药见表 3-3-1。

表 3-3-1 利尿药

分类	作用机理及作用部位	药物名称	应用	注意事项
高效利尿药	本品作用于髓袢升支粗段的髓质部和皮质部，能使Na^+重吸收减少15%～25%。	呋塞米（速尿）	本品主要用于各种原因引起的全身水肿，如肺水肿、心性水肿、肾水肿、胸膜积水等；也可用于预防急性肾功能衰竭以及药物中毒时加速药物排出（注意补钾或保钾利尿药合用）。	长期大量服用本品会出现脱水、低血钾、低血压症，故用药期间应补钾或保钾利尿药配伍；大剂量静脉注射可能使犬听觉丧失；可引起胃肠功能紊乱等症状。不良反应是易出现代谢性碱中毒。
中效利尿药	本品作用于远曲小管近端，能使Na^+重吸收减少5%～10%。	氢氯噻嗪	本品临床用于各种类型的水肿，尤其对心性水肿疗效好，是轻中度心性水肿的首选药；用于急性中毒（食盐中毒、溴化物中毒、巴比妥类中毒）。	长期大量应用本品，会出现低血钾症、低血氯性碱中毒，胃肠道反应，故用药时注意补钾（氯化钾）。
低效利尿药	本品是醛固酮的拮抗剂。本品主要影响远曲小管与集合管的K^+-Na^+交换过程，抑制K^+的排出，起到保K^+排Na^+作用，故称保钾性利尿药。	螺内酯	兽医临床很少单独应用本品，常与强效、中效利尿药合用治疗各种水肿，并纠正低血钾的不良反应。	

扫码查看以上药物常用制剂及参考用量与用法。

三、脱水药

脱水药又称为渗透性利尿药，是指能消除组织水肿的药物。这类药物是一种非电解质类物质，在体内不被代谢或代谢较慢，能迅速提高血浆渗透压，且在肾小管内不易被重吸收或吸收极少，从而提高肾小管内渗透压。其特点是：内服不被胃肠吸收，在体内不被代谢或代谢缓慢；易被肾小球滤过，但不易被肾小管重吸收，多以原型经尿排出；没有明显的其他药理作用。同浓度的药物，分子质量越小，渗透压越高。

脱水药主要用于消除脑水肿、肺水肿，降低眼内压及治疗急性肾功能不全等，常用的脱水药有甘露醇、山梨醇（表 3-3-2）。也可用有脱水作用的高渗葡萄糖注射液或尿素。但葡萄糖和尿素均能携带水分透过血脑屏障，进入脑脊液及脑组织中，使颅内压回升，出现“反跳”现象。

表 3-3-2　脱水药

药物名称	作用机理	应用及注意事项
甘露醇	本品内服不吸收，在静脉注射其高渗溶液后，血浆渗透压迅速提升，可促使组织间液的水分向血液扩散，产生脱水作用。从而降低颅内压和眼内压。由于本品不易被机体代谢，很易经肾小球滤过，并很少被重吸收，因此可使原尿高渗，阻碍水从肾小管的重吸收而产生利尿作用。	应用：本品主要用于降低眼内压、创伤性脑水肿及其他组织水肿；治疗因急性肾功能衰竭所引起的少尿症或无尿症，还用于加快某些毒物的排泄。 注意事项：本品静脉注射后，可以增加血容量，升高血压，容易引起心力衰竭，因此，心功能不全或心性水肿的患畜不宜应用；本品不能与高渗盐水并用，因氯化钠可促使其迅速排泄；静脉注射时宜缓慢，不可漏出血管外。
山梨醇	山梨醇是甘露醇的同分异构体，进入体内后，在肝有部分转化成为果糖而降低其高渗性，故作用较弱。但由于溶解度较大，可制成高浓度（25%）溶液，且价格便宜，不良反应较轻，临床上也常使用。其用法、用量与甘露醇相似。	—

扫码查看以上药物常用制剂及参考用量与用法。

四、利尿药和脱水药的合理选用

（1）中度、轻度的心性水肿除按常规应用强心苷外，一般选氢氯噻嗪；重度心性水肿除用强心苷外，首选速尿。

（2）急性肾功能衰竭时，一般首选大剂量速尿；急性肾炎所引起的水肿，宜选高渗葡萄糖及中草药，一般不用利尿药；慢性肾炎所引起的水肿，选利尿中草药或氢氯噻嗪，并按常规补钾。

（3）心功能降低、肾循环障碍且肾小球滤过率低下时，可用氨茶碱。

（4）各种因素引起的脑水肿，首选甘露醇，次选速尿。

（5）肺充血引起的肺水肿，选甘露醇。

（6）食盐、巴比妥类、溴化物等中毒时，一般配合输液，选用氢氯噻嗪或速尿。

工具准备

网络查询设备、兽医处方笺、新病例等。

人员准备

人员分组，每组 5 人，明确职责分工。

任务角色	任务内容
组长：	任务：
组员 1：	任务：
组员 2：	任务：
组员 3：	任务：
组员 4：	任务：

任务实施

第一步：查询各类文献、资料了解肺水肿的概念，以及肺水肿的治疗要点。

第二步：查找文献，了解肺水肿及其他水肿性疾病是否都可以应用利尿药或脱水药来进行治疗。

第三步：了解利尿药和脱水药的概念和区别，以及这两类药物的应用；熟悉常见的利尿药和脱水药，掌握临床使用方法及注意事项。

第四步：根据前期学习能够对本任务提出的疾病进行诊断并制订合理的用药方案。

第五步：熟练掌握泌尿系统药物的应用后，再根据新的病例继续熟悉泌尿系统用药。

任务检测

项目三任务三检测

任务评价

工作任务完成过程评价表

班级：__________ 组别：__________ 姓名：__________

项目	评分标准	自我评价	小组评价	教师评价
资料收集（40 分）	操作熟练，分析合理，判断准确（40 分）			
	操作较熟练，报告较准确清晰（30 分）			
	操作不太熟练，报告有少量错误（20 分）			
	操作不熟练，判断不准确（20 分以下）			
课前准备（30 分）	了解肺水肿的概念，以及肺水肿的治疗要点（10 分）			
	明确各种水肿性疾病能否都用利尿药或脱水药来进行治疗（10 分）			
	熟练掌握利尿药和脱水药的概念和区别，以及这两类药物的应用（10 分）			
课后评价（30 分）	熟悉泌尿系统药物的理论知识（10 分）			
	能通过掌握的知识对本任务提出的病例进行准确的分析并制订合理的给药方案（10 分）			
	能在学习完本任务后，再根据新的病例继续熟悉泌尿系统药物的使用（10 分）			

（续表）

项目	评分标准	自我评价	小组评价	教师评价
合计				
自我评价与总结				
教师点评				

任务四 生殖系统药物

任务导入

病例1：某养猪场内，一后备母猪，10月龄，未见发情。工作人员打算对其进行催情，应选用什么药物？

病例2：一农户家饲养的1头8岁母牛，已产2胎，8月21日18:00产下1头犊牛，翌日上午7:00还未见胎衣排出，母牛大部分胎衣停滞在子宫和阴道内，少量胎膜垂挂在阴门处。母牛身体瘦弱，被毛粗乱，精神沉郁，食欲减少，体温升高至39 ℃，心音和瘤胃蠕动音较弱。经兽医询问，动物主人表明：由于农事繁忙，母牛怀孕后期没有被放牧，并且因冬季青饲料较少，故以舍饲干稻草为主，运动量和光照时长较少。该病诊断是什么？该如何用药？

任务工单

班级：＿＿＿＿＿＿　姓名：＿＿＿＿＿＿　学号：＿＿＿＿＿＿

任务名称	合理使用生殖系统的药物
任务描述	根据实际情况，填写本任务的内容、目的、流程和方法。 任务内容： 任务目的： 任务流程： 任务方法：

（续表）

<table>
<tr><td>获取信息</td><td colspan="4">要完成任务，需要掌握相关的知识。请收集资料，回答以下问题。
1. 简述成年母猪不发情的原因和成年母牛胎衣不下的原因及二者的治疗方法。

2. 生殖系统类药物有哪些类型？

3. 生殖系统的药物该如何应用？其注意事项有哪些？

4. 对简单的生殖系统疾病进行诊断并制订合理的用药方案。</td></tr>
<tr><td>制订计划</td><td colspan="4"></td></tr>
<tr><td rowspan="6">任务实施</td><td colspan="4">按照预先制订的工作计划，完成本任务，并记录任务实施过程。</td></tr>
<tr><td>序号</td><td>完成的任务</td><td>遇到的问题</td><td>解决办法</td></tr>
<tr><td></td><td></td><td></td><td></td></tr>
<tr><td></td><td></td><td></td><td></td></tr>
<tr><td></td><td></td><td></td><td></td></tr>
<tr><td></td><td></td><td></td><td></td></tr>
</table>

任务准备

知识准备

一、生殖系统药物的概述

哺乳动物的生殖受神经和体液双重调节。机体内外的刺激，通过感受器产生的神经冲动，传到下丘脑，引起促性腺激素释放激素分泌；释放激素经下丘脑的门静脉系统转运至垂体前叶，导致促性腺激素释放；促性腺激素经血液循环到达性腺，调节性腺的机能，这是体液调节机制。性腺分泌的激素称为性激素。体液调节存在着相互制约的反馈调节机制，即血液中某种生殖激素的水平升高或降低，反过来对它的上一级激素的分泌起抑制或促进作用。促使分泌减少的反馈调节称负反馈（抑制），用“-”号表示；促使分泌增多的反馈调节称正反馈（兴奋），用“+”号表示。生殖激素调节示意图如图 3-4-1 所示。

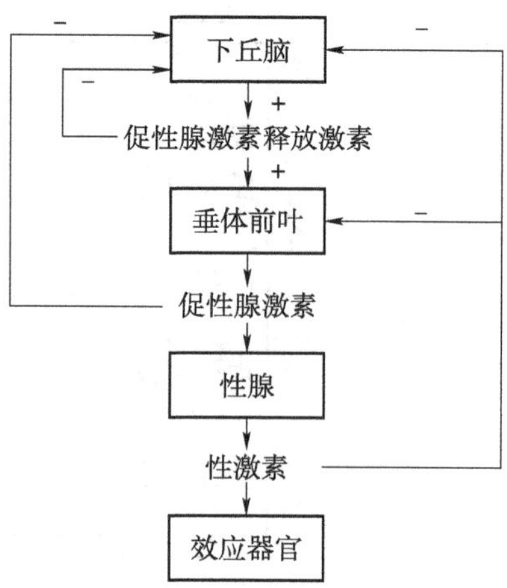

图 3-4-1　生殖激素调节示意图

当生殖激素分泌不足或过多时，使机体的激素系统发生紊乱，引发产科疾病或繁殖障碍，需要使用药物进行治疗或调节。对生殖系统用药的目的在于提高或抑制繁殖力、调节繁殖进程、增强抗病力。所用药物有性激素类、促性腺激素和促性腺激素释放激素类和催产素类等。

二、性激素类药物

（一）雌激素类药物

常用天然激素为雌二醇，人工合成品有己烯雌酚和己烷雌酚，详情见表3-4-1。

表3-4-1 雌激素类药物

药物名称	作用机理	应用及注意事项
雌二醇	1.促进母畜发情。雌激素能恢复生殖道的正常功能和形态结构，如促进生殖器官血管增生、黏膜腺体分泌，引起发情。牛对雌二醇很敏感，小剂量的雌二醇两次注射，就可使切除卵巢的青年母牛在3 d内发情。本品所诱导的发情不排卵，动物配种不怀孕。 2.对生殖道的作用。本品可促进性器官的发育和第二性征出现；对成熟母畜还能促进输卵管的肌肉和黏膜生长发育；加强输卵管和子宫平滑肌收缩；增强子宫对催产素的敏感性，使子宫颈周围的结缔组织松软，子宫颈口松弛。 3.对乳腺的作用。本品可促进母畜乳导管的发育和泌乳；与孕酮配合，效果更好；但大量使用，可抑制催乳素分泌，导致泌乳停止。 4.对代谢的影响。本品可增进食欲，促进蛋白质合成，增加体重，但由于肉品中残留的雌激素对人体有致癌作用及危害未成年人的生长发育，故禁止用雌激素作促生长剂和皮下埋植剂。 5.对公畜的作用。本品能对抗雄激素的作用，抑制第二性征发育，降低性欲。	应用：本品临床用于卵巢功能正常而发情不明显家畜的催情；治疗子宫内膜炎、子宫蓄脓、胎衣不下、死胎排出等；治疗老年犬或阉割犬的尿失禁、母畜性器官发育不全、犬过度发情、假孕犬的乳房胀痛等；还可用于诱导泌乳。 注意事项：本品妊娠早期的动物禁用，以免引起流产或胎儿畸形；大剂量或长期应用，可导致卵巢囊肿或慕雄狂、流产、卵巢萎缩及性周期停止等不良反应。
己烯雌酚	本品内服可由消化道吸收，易在肝内部分转化为雌酮及雌三醇，常采用肌内注射给药。 本品能促进性器官的发育，保持第二性征；使子宫内膜及肌肉增殖，为完成生殖机能提供必要的基础，能提高子宫肌对催产素的敏感性；加强输卵管和子宫肌的收缩。可使子宫口松弛，但对牛作用稍弱，因能引起子宫黏膜白细胞浸润，供血旺盛，腺体分泌增多，故可提高对入侵微生物的抵抗力；同时还可增加阴道黏膜上皮细胞内的糖原，糖原分解时，可使阴道呈酸性反应，有利于乳酸菌生长繁殖，从而抑制其他微生物；注射雌激素后可引起母畜发情，牛最为敏感，但大剂量时由于反馈性抑制使促性腺激素分泌减少并抑制排卵。本品还可对抗雄激素，抑制公畜促性腺素的分泌，使精子生成障碍，性兴奋降低。	应用：本品用于催情，治疗子宫炎、子宫蓄脓、胎衣不下、死胎排出等，或作冲洗子宫时的宫颈松弛药；还可用于持久黄体、慢性输卵管炎的治疗。 注意事项：家畜妊娠或肝、肾功能严重减退时忌用。本品用于催情时应尽量配合原有的发情周期。

扫码查看以上药物常用制剂及参考用量与用法。

（二）雄激素类药物

天然品为睾酮（也称睾丸素或睾丸酮），由睾丸间质细胞分泌，肾上腺皮质及卵巢也能分泌少量。临床应用多为人工合成睾酮及其衍生物，如甲睾酮、丙酸睾酮、苯丙酸诺龙，详情见表 3-4-2。

表 3-4-2 雄激素类药物

药物名称	作用机理	应用及注意事项
丙酸睾酮	本品能促进雄性器官的发育和成熟，并维持其正常活动功能，激发和维持雄性的副性征，促进性欲。本品大剂量注射，可抑制垂体前叶分泌促性腺激素，抑制精子生成。本品具有对抗雌激素的作用；有明显的促进蛋白质合成的作用，并可使体内蛋白质分解减少，增加氯、磷在体内潴留；促进肌肉发育和骨骼生长，体重增加；较大剂量可刺激骨髓造血机能，特别是促进红细胞生长。	应用：主要用于公畜睾丸发育不全和睾丸机能不足所致的性欲缺乏；再生障碍性贫血或其他原因贫血的辅助治疗；促进小动物疾病恢复或增重。 注意事项：能引起水钠潴留可致水肿；肾、心或肝功能不全者慎用。
苯丙酸诺龙	本品能促进蛋白质合成代谢，使肌肉发达，体重增加，促进生长，增加体内氮潴留；增加肾小管对 Na^{+}、Ca^{2+} 的重吸收，使体内的钙、钠增多，加速钙盐在骨中的沉积，促进骨骼的形成；还能直接刺激骨髓形成红细胞，促进肾分泌促红细胞生成素，增加红细胞的生成。	本品主要用于热性病及各种消耗性疾病引起的体质衰弱、严重的营养不良、贫血和发育迟缓的辅助治疗；还可用于手术后、骨折及创伤，以促进创口愈合。

扫码查看以上药物常用制剂及参考用量与用法。

（三）孕激素类药物

孕激素类药物见表 3-4-3。

表 3-4-3 孕激素类药物

药物名称	作用机理	应用及注意事项
黄体酮（孕酮）	1.对子宫的作用：在雌激素作用的基础上，黄体酮继续使子宫黏膜腺体增生，子宫内膜充血、增厚，由增长期转入分泌期，为受精卵着床及胚胎发育做好准备；抑制输卵管及子宫肌的收缩，降低子宫对催产素的敏感性，使子宫安静，因此有保胎的作用；同时还可使子宫颈口闭合，分泌黏稠液体，阻止精子或病原体进入子宫。 2.对卵巢的作用：本品可抑制发情及排卵。大剂量的黄体酮，可通过负反馈抑制腺垂体分泌黄体生成素，也能反馈性地抑制下丘脑促性腺激素释放激素的释放。孕激素的这一作用与雌激素协同，用于母畜同期发情。 3.对乳腺的作用：可促进乳腺腺泡发育，在雌激素的配合下使乳腺腺泡和腺管充分发育，为泌乳做准备。	应用：本品可用于预防或治疗因黄体分泌不足所引起的早期流产或习惯性流产，与维生素E同用效果更好；治疗牛卵巢囊肿所引起的慕雄狂；用于母畜同期发情等。 注意事项：孕畜应用本品后，预产期可能推迟。
醋酸氟孕酮	本品基本作用与黄体酮相似，但作用较强。本品常制成阴道海绵，主要用于绵羊、山羊的诱导发情或同期发情。本品禁用于泌乳期和食品动物。	

扫码查看以上药物常用制剂及参考用量与用法。

三、促性腺激素和促性腺激素释放激素类药物

常用促性腺激素和促性腺激素释放激素类药物见表 3-4-4。

表 3-4-4　促性腺激素和促性腺激素释放激素类药物

药物名称	作用机理	应用
促卵泡素（FSH）	本品能促进卵泡的生长和发育，与少量促黄体素合用，可使卵泡分泌雌激素，使母畜发情；与大剂量促黄体素使用能促进卵泡成熟和排卵。对公畜能促进精原细胞增生，在促黄体素的协同下，可促进精子的生成和成熟。	本品用于卵巢发育不良、多卵泡症及持久黄体等疾病的治疗；还可用于提高同期发情效果以及提高公畜精子密度。
促黄体素（LH）	本品在卵泡刺激素的作用基础上，可促进雌性成年动物卵泡成熟和排卵，形成黄体，分泌黄体酮，具有早期安胎作用，可作用于家畜间质细胞，促进睾酮的分泌，提高性欲，促进精子形成，增加精液量。	本品主要用于治疗成熟卵泡排卵障碍、卵巢囊肿、早期习惯性流产、不孕及雄性动物性欲减退、精液量减少等。
促黄体素释放激素	促黄体素释放激素能促使动物垂体前叶释放促黄体素和促卵泡素，兼有促黄体素和促卵泡素的作用。	本品主要用于治疗奶牛排卵迟滞、卵巢静止、持久黄体、卵巢囊肿及早期妊娠诊断，也可用于诱发鱼类排卵。
绒促性素	本品具有促卵泡素和促黄体素样作用。本品对母畜可促进卵泡成熟、排卵和黄体生成，并刺激黄体分泌孕激素；对未成熟卵泡无作用；对公畜可促进睾丸间质细胞分泌雄激素，促使性器官、副性征的发育、成熟，使隐睾病畜的睾丸下降，并促进精子生成。	本品临床主要用于诱导排卵、同期发情，治疗卵巢囊肿、习惯性流产和公畜性机能减退。
马促性素	本品对母畜主要表现卵泡刺激素样作用，促进卵泡的发育和成熟，引起母畜发情；也有轻度黄体生成素样作用，促使成熟卵泡排卵甚至超数排卵。本品对公畜主要表现黄体生成素样作用，能促进雄激素分泌，提高性欲。	临床用于母畜催情或促进卵泡发育，也用于胚胎移植时的超数排卵。

扫码查看以上药物常用制剂及参考用量与用法。

四、子宫收缩药

子宫收缩药是指一类能选择性地兴奋子宫平滑肌的药物，可用于催产、引产、产后出血或子宫复原等。常见药物见表 3-4-5。

表 3-4-5　子宫收缩药

药物名称	作用机理	应用
缩宫素（催产素）	本品能直接兴奋子宫平滑肌，加强其收缩。其作用强度与用药剂量、体内激素水平有关。本品对非妊娠子宫，小剂量缩宫素能加强子宫的节律性收缩；大剂量则可引起子宫的强直性收缩，使子宫肌层内的血管受压迫而起止血作用。本品对妊娠子宫，在妊娠早期不敏感；妊娠后期，敏感性逐渐加强；临产时作用最强；产后对子宫的作用逐渐降低。雌激素可提高子宫对缩宫素的敏感性，而孕激素则相反。催产时，缩宫素对子宫体的收缩作用强，对子宫颈的收缩作用较弱，有利于胎儿娩出。此外，本品还能增强乳腺平滑肌收缩，促进排乳。	本品临床主要用于子宫收缩无力时催产、引产及产后子宫出血、胎衣不下、子宫复原不全等的治疗。

（续表）

药物名称	作用机理	应用
垂体后叶素	垂体后叶素含缩宫素和加压素，对子宫的作用与缩宫素相同，其所含加压素有抗利尿和升高血压的作用。	本品用于催产、产后子宫出血和胎衣不下等。
麦角	本品对子宫平滑肌具有很强的选择性兴奋作用，与缩宫素不同的是作用强大而持久，且引起子宫体和子宫颈同时收缩，剂量稍大即可引起子宫强直性收缩，压迫胎儿难以娩出而使胎儿窒息，甚至子宫破裂，故不用于催产或引产。	本品用于产后子宫出血、产后子宫复原不全和胎衣不下等。胎儿未娩出前或胎盘未剥离排出前均禁用。
益母草	益母草常用于活血化瘀、调经、消水肿。本品主治月经不调、胎漏难产、胎衣不下、产后晕血、瘀血腹痛、崩中漏下、泻血、疮痈肿毒等。益母草中含有益母草碱，能增强子宫的收缩力、增加收缩频率，并提高其张力，作用较麦角弱，副作用较小，临床上常用益母草流浸膏代替麦角流浸膏。故本品可用于产后子宫出血、产后子宫复原不全和胎衣不下等。	

扫码查看以上药物常用制剂及参考用量与用法。

子宫收缩药的合理选用：难产时选用垂体后叶素、氨甲酰胆碱等拟胆碱药（仅用于猪）；产后出血时首选麦角新碱，次选垂体后叶素；排出死胎时选用垂体后叶素或小剂量的麦角新碱、氨甲酰胆碱、新斯的明等；治疗胎衣不下时可用大剂量的垂体后叶素；子宫内膜炎时使用麦角新碱或拟胆碱药等。

工具准备

网络查询设备、兽用处方笺、其他病例等。

人员准备

人员分组，每组 5 人，明确职责分工。

任务角色	任务内容
组长：	任务：
组员 1：	任务：
组员 2：	任务：
组员 3：	任务：
组员 4：	任务：

任务实施

第一步：了解成年母猪不发情的原因和成年母牛胎衣不下的原因及治疗的方法。

第二步：了解生殖系统类药物的概念及其类型；并熟悉生殖系统药物的应用及注意事项。

第三步：根据前期学习对本任务提出的疾病进行诊断并制订合理的用药方案。

第四步：熟练掌握生殖系统药物的应用后，再根据新的病例继续熟悉生殖系统用药。

任务检测

项目三任务四检测

任务评价

工作任务完成过程评价表

班级：＿＿＿＿＿＿＿＿　组别：＿＿＿＿＿＿＿＿　姓名：＿＿＿＿＿＿＿＿

项目	评分标准	自我评价	小组评价	教师评价
资料收集（50 分）	操作熟练，分析合理，判断准确（50 分）			
	操作较熟练，报告较准确清晰（40 分）			
	操作不太熟练，报告有少量错误（30 分）			
	操作不熟练，判断不准确（30 分以下）			
课前准备（20 分）	了解生殖系统类药物的概念（10 分）			
	熟悉生殖系统药物有哪些（10 分）			
课后评价（30 分）	熟悉生殖系统的理论知识（10 分）			
	能通过掌握的知识对本任务提出的病例进行准确的分析并制订合理的给药方案（10 分）			
	能在学习完本任务后，再根据新的病例继续熟悉生殖系统药物的使用（10 分）			
合计				
自我评价与总结				
教师点评				

任务五 血液循环系统药物

任务导入

病例 1：白色京巴犬，3 岁。该犬近日在陪主人散步时，运动过程中突然踏步不前，坐地咳嗽、气喘，在夜间偶尔可见呼吸困难，可视黏膜发绀。主人带病犬就医，临床检查听诊心脏有缩期杂音，叩诊心脏左右两侧浊音区扩大，颈静脉怒张，肺水肿。经诊断为心力衰竭。请根据诊断结果，制定治疗措施，并开具正确的处方。

病例 2：博美犬，1 岁，雌性，2 kg，随主人出去散步，在路上偶遇一只大型犬后被其咬伤。博美犬左侧后腿，流血不止。如果你是动物主人你会如何进行处理？

任务工单

班级：__________ 姓名：__________ 学号：__________

任务名称	合理使用血液循环系统药物
任务描述	根据实际情况，填写本任务的内容、目的、流程和方法。 任务内容：__________ 任务目的：__________ 任务流程：__________ 任务方法：__________
获取信息	要完成任务，需要掌握相关的知识。请收集资料，回答以下问题。 1. 简述充血性心力衰竭的发病原因及治疗药物。 2. 使心脏兴奋的药有哪些？各有何特点？ 3. 常见的促凝剂和抗凝剂有哪些？常见的抗贫血药有哪些？ 4. 简述促凝剂、抗凝剂和抗贫血药的药理作用、临床应用及注意事项。

（续表）

<table>
<tr><td>制订计划</td><td colspan="4"></td></tr>
<tr><td rowspan="6">任务实施</td><td colspan="4">按照预先制订的工作计划，完成本任务，并记录任务实施过程。</td></tr>
<tr><td>序号</td><td>完成的任务</td><td>遇到的问题</td><td>解决办法</td></tr>
<tr><td></td><td></td><td></td><td></td></tr>
<tr><td></td><td></td><td></td><td></td></tr>
<tr><td></td><td></td><td></td><td></td></tr>
<tr><td></td><td></td><td></td><td></td></tr>
</table>

任务准备

知识准备

血液循环系统药物的主要作用是改变心血管和血液的功能。虽然还有其他药物也能影响心血管的功能，但它们还有其他重要的药理作用，故分别在有关项目中讨论。根据兽医临床应用实际，本任务主要介绍作用于心脏的药物、止血药与抗凝血药、抗贫血药。

一、作用于心脏的药物

作用于心脏的药物种类繁多，常用的药物有肾上腺素、咖啡因、强心苷等。它们的作用机理、适应证均有所不同，如肾上腺素适用于心脏骤停时的急救，咖啡因则适用于过劳、中暑、中毒等所致的急性心力衰竭，而强心苷适用于急、慢性充血性心力衰竭。它们作用的强弱、快慢、作用机理和适应证均有不同，因此临床上必须根据药物的药理作用，结合疾病性质，合理选用。本任务主要讲解强心苷类药物。

（一）强心苷类药物的概述

强心苷是指对心脏具有高度选择性、能提高心肌兴奋性、加强心肌收缩力、改善心脏功能的药物，是治疗充血性心力衰竭的首选药。

心功能不全（心力衰竭），又称充血性心力衰竭，是指心肌因收缩力减弱或衰竭，致使心排出血量减少，静脉回流受阻等而呈现的全身血液循环障碍的一种临床综合征。此病以伴有静脉系统充血为特征，临床表现为以呼吸困难、水肿及发绀为主的综合症状。临床对本病的治疗除消除原发病外，主要是使用能改善心脏功能、增强心肌收缩力的药物。强心苷至今仍是治疗充血性心力衰竭的首选药物。强心苷类药物对心脏作用基本相似，主要是加强心肌收缩力，但其作用强弱、快慢、长短不同，为了便于临床选用，一般按作用快慢分为两类，见表 3-5-1。

表 3-5-1　强心苷类药物的分类

分类	特点	应用	代表药
快作用类	作用出现快，维持时间短，在体内代谢快，蓄积性小	适用于急性或慢性心功能不全发作	毒毛花苷K、毛花丙苷、地高辛等
慢作用类	作用出现慢，维持时间长，在体内代谢慢，蓄积性大	适用于慢性心功能不全	洋地黄、洋地黄毒苷等

（二）强心苷类药物

强心苷类药物见表 3-5-2。

表 3-5-2　强心苷类药物

药物名称	作用机理	应用
洋地黄毒苷	本品对心脏具有高度选择性，肌细胞内可利用Ca^{2+}量增加，进而使心肌收缩力增强。治疗剂量能明显加强衰竭心脏的收缩力（正性肌力作用），使心肌收缩敏捷，并通过植物神经介导，减慢心率和房室传导速率（负性心率和频率）。本品可增加肾脏的血流量和增强肾小球滤过功能，产生利尿作用。	本品适用于治疗各种原因所致的慢性心功能不全、阵发性室上性心动过速和心房颤动等。
毒毛花苷K	本品作用与洋地黄相似，但比洋地黄作用快而强，维持时间短。本品虽然蓄积性小，但对已应用过洋地黄的患病动物，必须经 1～2 周才能应用，以防发生中毒；皮下注射可引起局部炎症反应，只能静脉注射；心血管患有严重病变、细菌性心内膜炎者忌用。	本品适用于急性心功能不全或慢性心功能不全的急性发作，特别是因为心力衰竭而出现心率减慢的危急病例。

扫码查看以上药物常用制剂及参考用量与用法。

二、止血药（促凝血药）

（一）止血药的概述

止血药（促凝血药）是指能促进血液凝固和制止出血的药物。

凝血过程是机体的一种保护性反应，也是一个复杂的生化反应过程。它的重要环节首先是形成凝血酶原激活物——凝血活素，促使凝血酶原转变为凝血酶；然后在凝血酶的催化下，将纤维蛋白原转变为密集的纤维蛋白丝网，网住血小板和血细胞，形成血凝块。凝血过程可分三个步骤（图 3-5-1）。

（1）凝血活素的形成。凝血活素的形成有两个途径。①血液系统机制：当血管损伤，血液内原来无活性的接触因子Ⅻ与创面或异物接触被激活，并与血小板因子、Ca^{2+}及血液中的一些凝血因子（Ⅺ、Ⅸ、Ⅷ、Ⅹ、Ⅴ）作用，形成凝血活素。②组织系统机制：各种组织中含有一种能促进凝血的脂蛋白，称为组织因子。当组织受损伤，组织因子被释放而同血液相混合，并与Ca^{2+}及一些凝血因子（Ⅶ、Ⅹ、Ⅴ）起反应，形成凝血活素。

（2）凝血酶的形成。在凝血活素和Ca^{2+}的参与下，血浆中无活性的凝血酶原转变为有活性的凝血酶。

（3）纤维蛋白的形成。血浆中处于溶解状态的纤维蛋白原，在凝血酶的作用下转变为纤维蛋白单体。纤维蛋白单体经多分子聚合作用，形成纤维蛋白多聚体，即不溶性纤维蛋白细丝，将血细胞网在其中，形成血凝块，堵住创口，制止出血。

正常血液中还存在着纤维蛋白溶解系统，简称纤溶系统。其主要包括纤维蛋白溶酶原（纤溶酶原）及其激活因子，能使血液中形成的少量纤维蛋白溶解。机体内的凝血和抗凝血之间相互作用，保持着动态平衡。

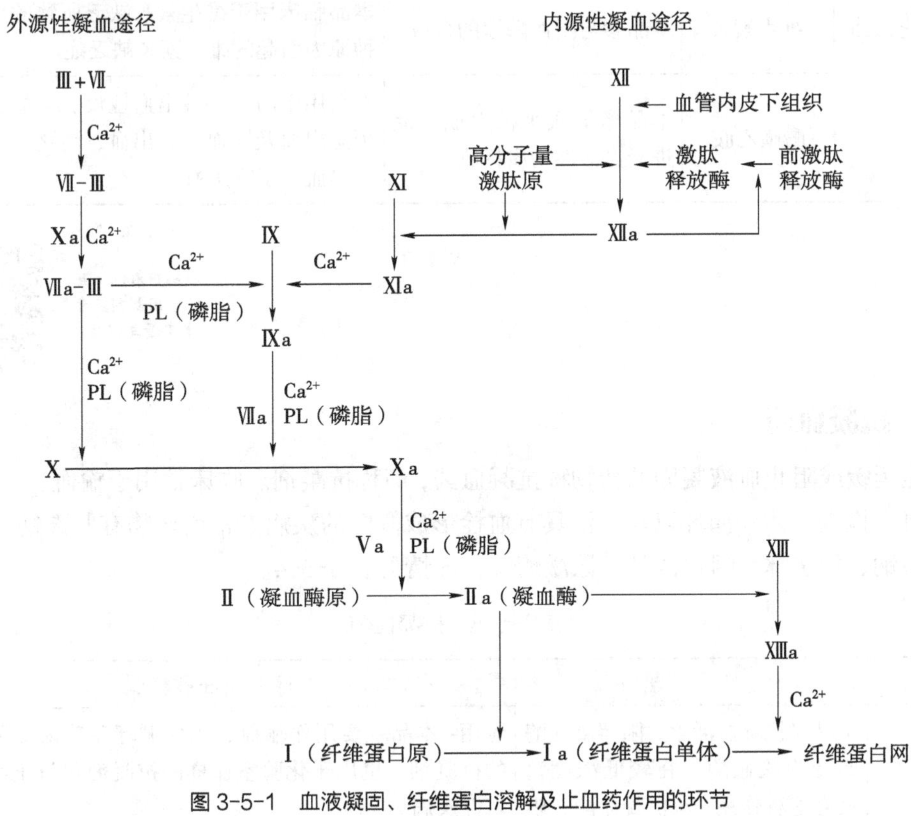

图 3-5-1　血液凝固、纤维蛋白溶解及止血药作用的环节

（二）止血药

止血药是指能加速血液凝固或降低毛细血管通透性，从而制止出血的药物。可通过影响某些凝血因子，促进或恢复凝血过程而止血，也可通过抑制纤维蛋白溶解系统而止血，后者亦称抗纤溶药，如氢甲环酸。能降低毛细血管通透性的药物（如肾上腺素色腙）也常用于止血。由于出血原因很多，各种止血药作用机理亦有所不同。在临床上应根据出血原因、药物功能、临床症状等而采用不同的处理方法。制止大血管出血需用压迫、包扎、缝合等方法；毛细血管和静脉渗血或凝血机制障碍等出血，除对因治疗外，还需选用止血药。

止血药根据其作用范围可分为全身作用止血药和局部作用止血药，详情见表 3-5-3。

表 3-5-3 止血药

分类	药物名称	作用机理	应用
局部止血药	明胶	本品具有多孔和表面粗糙的特点，敷于出血部位，能吸收大量血液，并促使血小板破裂释出凝血因子而促进血液凝固。	本品用于创口渗血区止血，如外伤性出血、手术止血、毛细血管渗血、鼻出血等。
全身性止血药	安络血	本品能增强毛细血管对损伤的抵抗力，促进断端毛细血管回缩止血。	本品适用于毛细血管出血损伤或通透性增加的出血，如鼻出血、紫癜等，也可用于产后出血、手术后出血、内脏出血和尿血等。
	维生素K	本品参与凝血酶原的合成。	本品临床用于维生素K缺乏所致的出血和各种原因引起的维生素K缺乏症。
	酚磺乙胺	本品增加血小板生成，促进凝血活性物质释放。	本品用于防治各种出血性疾病，如手术前后预防出血及止血、鼻出血、消化道出血、膀胱出血、子宫出血。

扫码查看以上药物常用制剂及参考用量与用法。

三、抗凝血药

凡能延缓或阻止血液凝固的药物称抗凝血药，简称抗凝剂。临床常用于输血、血样保存、实验室血样检查、体外循环以及防治具有血栓形成倾向的疾病。常用药物有肝素钠、枸橼酸钠、草酸钠、华法林、阿司匹林、尿激酶等，详情见表 3-5-4。

表 3-5-4 抗凝血药

代表药	作用机理	应用及注意事项
肝素钠	本品对抗凝血活素，阻碍凝血酶原变为凝血酶，在较低浓度时就有这种作用；对抗凝血酶，阻碍纤维蛋白原转变为纤维蛋白，其本身对抗凝血酶的作用不大，但能与血浆中的一种α-球蛋白共同作用，使凝血酶不能发挥作用，阻止血小板的凝集和裂解。	应用：本品主要用作输血、体外循环、动物交叉循环等的抗凝剂，也用于化验室血样的抗凝剂和防止血栓、栓塞性疾病。 注意事项：①应用过量，可引起各部位自发性出血；②连续应用可引起红细胞的显著减少；③出血性素质和伴有凝血迟缓的各种疾病，禁用；肾功能不全动物、孕畜，产后、流产、外伤及手术后动物，慎用；④当出现肝素过量引起的严重出血，可静脉注射鱼精蛋白注射剂急救。
枸橼酸钠	枸橼酸钠的枸橼酸根离子与血浆中钙离子形成难解离的可溶性复合体，使血浆中钙离子浓度迅速降低。	应用：本品主要用于体外抗凝血。 注意事项：①输血时，枸橼酸钠用量不可过大，否则血钙迅速降低，使动物中毒甚至死亡。此时可静脉注射钙剂缓解；②枸橼酸钠碱性较强，不适合血液生化检查。

（续表）

代表药	作用机理	应用及注意事项
草酸钠	本品作用机理与枸橼酸钠相似。	应用：本品用于实验室样血的抗凝，每 100 mL 血液中加入 2% 的草酸钠溶液 10 mL 即可。 注意事项：草酸钠毒性很大，仅供外用，严禁用于输血或体内抗凝。

扫码查看以上药物常用制剂及参考用量与用法。

四、抗贫血药

抗贫血药是指能增进机体造血机能，补充造血的必需物质，改善贫血状态的药物。贫血是指循环血液单位容积中红细胞数或血红蛋白量低于正常值的病理状态。兽医临床上常按其病因和发病原理，把贫血分为四种，即失血性贫血、溶血性贫血、营养不良性贫血（包括缺铁所致的低色素性小红细胞性贫血，缺乏维生素 B_{12} 或叶酸所致的巨幼红细胞性贫血）和再生障碍性贫血。在治疗上，前两者主要是消除病因。营养不良性贫血主要是补充铁及铜、钴、维生素 B_{12}、叶酸等造血物质。再生障碍性贫血治疗较为困难，在去除病因的同时输血，并采用中西结合的综合治疗手段，也可用氯化钴、皮质激素、同化激素（如苯丙酸诺龙）等治疗。兽医临床常见的抗贫血药见表 3-5-5。

表 3-5-5　抗贫血药

药物名称	作用机理	应用及注意事项
铁制剂（硫酸亚铁、富马酸亚铁等）	铁是构成血红蛋白、肌红蛋白和多种酶的重要成分。因此机体铁代谢异常及铁缺乏不但会贫血也可能影响其他生理功能。	应用：本品用于防治缺铁性贫血。本品与维生素C同服，有利于吸收。 注意事项：使用过量铁制剂，尤其注射给药时，可引起中毒。仔猪中毒表现为皮肤苍白、黏膜损伤、粪便发黑、腹泻等。
右旋糖酐铁	本品作用同硫酸亚铁，肌内注射后主要通过淋巴系统缓慢吸收。本品解离的铁痢疾与蛋白分子结合形成含铁血黄素、铁蛋白或转铁蛋白。右旋糖酐被代谢或排泄。	应用：本品主要用于重症缺铁性贫血或不宜内服铁制剂的缺铁性贫血。临床主要用于仔猪缺铁性贫血。 注意事项：猪注射偶尔会出现肌肉软弱、站立不稳，严重时可致死亡；本品肌内注射时可引起局部疼痛，宜深部肌内注射；本品需防冻，久置可发生沉淀。
叶酸	叶酸缺乏，会造成红细胞的成熟和分裂停滞、造成巨幼红细胞性贫血和白细胞减少；雏鸡发育停滞，羽毛稀疏，有色羽毛褪色；母鸡产蛋率和孵化率下降，食欲不振，腹泻等。	应用：本品主要用于防治叶酸缺乏所致的畜禽和犬、猫贫血症，与维生素 B_{12} 合用效果更好。 注意事项：长期与磺胺类药物合用，可引发叶酸缺乏症。

（续表）

药物名称	作用机理	应用及注意事项
维生素 B_{12}	维生素 B_{12} 具有广泛的生理作用，参与机体的蛋白质、脂肪和糖类代谢，帮助叶酸循环利用，促进核酸的合成，为动物生长发育、造血、上皮细胞生长及维持神经髓鞘完整性所必需。缺少维生素 B_{12} 时，常可导致猪的巨幼红细胞性贫血，犊牛发育停滞，猪、犬、鸡等生长发育障碍，鸡蛋孵化率降低，猪运动失调等。成年反刍兽瘤胃内能合成维生素 B_{12}，其他草食动物也可在肠内合成。	应用：本品主要用于治疗维生素 B_{12} 缺乏所致的巨幼红细胞性贫血和幼畜生长迟缓。 注意事项：本品对甲氧苄啶等所致的巨幼红细胞性贫血无效；对维生素 B_{12} 缺乏所致的“恶性贫血”，大剂量叶酸治疗可纠正血象，但不能改善神经症状。

扫码查看以上药物常用制剂及参考用量与用法。

工具准备

网络查询设备、兽医处方笺、新病例等。

人员准备

人员分组，每组 5 人，明确职责分工。

任务角色	任务内容
组长：	任务：
组员 1：	任务：
组员 2：	任务：
组员 3：	任务：
组员 4：	任务：

任务实施

第一步：上网查询充血性心力衰竭的发病原因及治疗药物。了解兴奋心脏的药及其特点。

第二步：学习常见的促凝剂、抗凝剂和抗贫血药，掌握促凝剂、抗凝剂和抗贫血药的药理作用、临床应用及注意事项。

第三步：根据前期学习对本任务提出的疾病进行诊断并制订合理的用药方案。

第四步：熟练掌握血液循环系统药物的应用后，再根据新的病例继续熟悉血液循环系统用药。

任务检测

项目三任务五检测

任务评价

工作任务完成过程评价表

班级：＿＿＿＿＿＿　组别：＿＿＿＿＿＿　姓名：＿＿＿＿＿＿

项目	评分标准	自我评价	小组评价	教师评价
资料收集（40分）	操作熟练，分析合理，判断准确（40分）			
	操作较熟练，报告较准确清晰（30分）			
	操作不太熟练，报告有少量错误（20分）			
	操作不熟练，判断不准确（20分以下）			
课前准备（30分）	1. 了解充血性心力衰竭的发病原因及治疗药物（10分）			
	2. 了解可以使心脏兴奋的药及其特点（10分）			
	3. 学会合理使用血液循环系统的药物（10分）			
课后评价（30分）	1. 熟悉血液循环系统药物的理论知识（10分）			
	2. 能通过掌握的知识对本任务提出的病例进行准确的分析并制订合理的给药方案（10分）			
	3. 能在学习完本任务后，再根据新的病例继续熟悉血液循环系统药物的使用（10分）			
合计				
自我评价与总结				
教师点评				

项目四

抗微生物药物

项目导读

本项目主要介绍兽医临床常用的消毒防腐药和兽医临床常用抗生素的作用机理、临床用药、不良反应、注意事项及制剂、用量和用法，重点介绍动物多发病、群发病所用药物，以及他们的临床合理选用。要求学生掌握在动物发病时如何进行消杀和疫情发生时如何对疫区的环境和器械、用具等进行消杀工作；学会在消杀作业时如何保护自身不被感染或被药物所伤。通过社会实践，要求学生调查当地居民抗生素的使用情况及对滥用抗生素的危害的了解情况。

知识目标

（1）理解消毒防腐药的概念、作用机理和临床合理选用。

（2）掌握影响消毒防腐药作用的因素。

（3）理解抗生素的相关概念、作用机理及其分类。

（4）掌握各类抗生素的作用特点、临床应用及不良反应等。

（5）掌握常见人工合成抗生素的抗菌机理、分类，掌握常用药物的临床应用及注意事项等。

技能目标

（1）能够针对不同情况合理选用消毒防腐药。如环境、器械、用具的消杀；皮肤黏膜及创伤的消毒等。

（2）能明确地说出各类抗生素的常见药物名称及其作用特点、临床应用及不良反应等。

（3）能够应用身边的病例说明合理使用本类药物的重要性和注意事项。

（4）会根据临床疾病应用不同种类的抗生素，掌握联合用药的方式，知道滥用抗生素的危害和避免或延长耐药性产生的方式等。

素质目标

（1）培养学生养成良好的卫生习惯和规范的临床操作技能。

（2）提高学生正确认识问题、分析问题和解决问题的能力。

（3）教导学生规范消杀作业和防疫工作，树立科学严谨的自我保护意识。

思政目标

(1)培养学生的团队意识，增强集体观念。

(2)提升依法应对重大突发公共卫生事件的能力。

(3)培养学生“懂农业、爱农村、爱农民”的情怀。

任务一 学会使用消毒防腐药物

任务导入

病例 1：一只流浪犬被好心人领养。某日发现该犬口流涎，食量减少，观察两日病情日益加重，遂带到宠物医院。经检查，病犬体重 5 kg，体温 39.5℃，心率 82 次/min，呼吸次数为 28 次/min。病犬口腔大量流涎，口腔黏膜潮红、充血、肿胀、发热、疼痛，咀嚼障碍，硬腭红肿，上皮脱落；口腔黏膜表面有鲜红色溃疡面。最终确诊为口炎。根据诊断结果，请分析讨论，制订治疗方案并开具正确的处方。

病例 2：某养殖场出现布鲁氏菌病病例，已完成必要的处理，但是患布鲁氏菌病牲畜污染的场地还没进行终末消毒，结合所学给出详细的消毒方案。

任务工单

班级：________ 姓名：________ 学号：________

任务名称	合理使用消毒药物
任务描述	根据实际情况，填写本任务的内容、目的、流程和方法。 任务内容：________ 任务目的：________ 任务流程：________ 任务方法：________
获取信息	要完成任务，需要掌握相关的知识。请收集资料，回答以下问题。 1. 适用于舍饲、运输工具及场地消毒的药物有哪些？

（续表）

<table>
<tr><td>获取信息</td><td colspan="4">2. 哪些药物适用于皮肤、黏膜和创伤的消毒？这几种情景的使用是否有区别？

3. 对上述病例进行诊断并制订合理的用药方案。</td></tr>
<tr><td>制订计划</td><td colspan="4"></td></tr>
<tr><td rowspan="6">任务实施</td><td colspan="4">按照预先制订的工作计划，完成本任务，并记录任务实施过程。</td></tr>
<tr><td>序号</td><td>完成的任务</td><td>遇到的问题</td><td>解决办法</td></tr>
<tr><td></td><td></td><td></td><td></td></tr>
<tr><td></td><td></td><td></td><td></td></tr>
<tr><td></td><td></td><td></td><td></td></tr>
<tr><td></td><td></td><td></td><td></td></tr>
</table>

任务准备

知识准备

一、消毒防腐药的概述

消毒防腐药是一类杀灭或抑制病原微生物生长繁殖的药物，根据作用强度，可分为消毒药和防腐药。

（一）理想消毒防腐药的条件

理想的消毒防腐药应具备广谱的抗菌作用；对黏膜和组织无刺激性；毒性低，无吸收作用；对脓液和坏死组织穿透力强；药效不受脓汁和坏死组织的影响；不影响正常的愈合过程；价格低廉，容易获得；对金属器械无腐蚀性；药液带色，能够区分用药的界限；性质稳定，作用持久。

（二）消毒防腐药的作用机理

各类消毒防腐药的作用机理各不相同，可归纳为以下三种，见表 4-1-1。

表 4-1-1 消毒防腐药的作用机理

使菌体蛋白变性或沉淀	大部分的消毒防腐药是通过这一机理起作用的，其作用不具选择性，可损害一切生活物质，由于不仅能杀菌，也能破坏宿主组织，因此适用于环境消毒。如酚类、醛类、醇类、重金属盐类等。
改变菌体细胞膜的通透性	表面活性剂等的杀菌作用是通过降低菌体的表面张力，增加菌体细胞膜的通透性，从而引起重要的酶和营养物质漏失，水则向菌体内渗入，使菌体溶解或破裂。
干扰或损害细菌的酶系统	当消毒防腐药的化学结构与菌体内的代谢物相似时，可竞争或非竞争性地与酶结合，从而抑制酶的活性，导致菌体的抑制或死亡；也可通过氧化、还原等反应损害酶的活性基因，如氧化剂、卤化物等。

（三）影响消毒防腐药作用的因素

消毒防腐药的抗菌作用不仅决定了其理化性质，而且还受许多因素的影响。为了正确使用和充分发挥消毒作用，必须全面了解各种能增强或减弱其作用的因素（表 4-1-2）。

表 4-1-2 影响消毒防腐药作用的因素

影响因素	具体表现
病原微生物类型	不同的菌种和处于不同状态的微生物，在形态结构和生理生化上各有特点，故对同一种消毒药的敏感性不同，如革兰氏阳性菌对消毒药一般比革兰氏阴性菌敏感；病毒对碱类很敏感，对酚类的抵抗力很大；适当浓度的酚类化合物几乎对所有不产生芽孢的繁殖型细菌均有杀灭作用，但对处于休眠期的芽孢作用不强。
浓度和作用时间	一般情况下，当其他条件一致时，消毒药的杀菌效力一般随其溶液浓度的增加而增强（乙醇例外），或者说，呈现相同杀菌效力所需的时间，一般随消毒药液浓度的增加而缩短，两者的关系是一种指数函数。为取得良好的消毒效果，应选择有效时间长的消毒药溶液，选取合适的浓度，按消毒药的理化特性，达到规定的消毒时间。
环境温度	消毒药的抗菌效果与环境温度呈正相关，即温度越高，杀菌力越强。一般规律是温度每增加 10℃时，消毒效果增强 1～2 倍。消毒防腐药抗菌效力的检定，通常都在 15～20℃气温下进行，以与实际的环境温度相近。对热稳定的药物，常用其热溶液消毒。
pH值	环境或病变部位的pH对有些消毒防腐药作用的影响较大。如戊二醛在酸性环境中较稳定，但杀菌能力较弱；当加入 0.3%的碳酸氢钠，使其溶液pH值为 7.5～8.5 时，杀菌活性显著增强，不仅能杀死多种繁殖型细菌，还能杀死芽孢。含氯消毒剂作用的最佳pH值为 5.0～6.0。以分子形式起作用的酚、苯甲酸等，当环境pH值升高时，其分子的解离程度相应增加，杀菌效力随之减弱或消失。环境pH值升高可使菌体表面负电基团相应地增多，从而导致其与带正电荷消毒药分子结合数量的增多，这是季铵盐类、洗必泰、染料类等防腐药作用增强的原因。
有机物	消毒环境中粪、尿等或创面上的脓、血、体液等有机物的存在，必然会影响杀菌效力，它们与消毒防腐药结合形成不溶性化合物，或将其吸附、发生化学反应或对微生物起机械性保护作用。有机物越多，对消毒防腐药抗菌效力影响越大。因此，在消毒前务必清扫消毒场所或清理创面。

（续表）

影响因素	具体表现
水质硬度	硬水中的Ca^{2+}和Mg^{2+}能与季铵盐类、洗必泰或碘等结合形成不溶性盐类从而降低其抗菌效力。
配伍禁忌	实践中常见到两种消毒药合用，或者消毒药与清洁剂或除臭剂合用时，消毒效果降低，这是由于物理性或化学性配伍禁忌造成的。例如，阴离子表面活性剂肥皂与阳离子表面活性剂合用时，发生置换反应，使消毒效果减弱，甚至完全消失。又如高锰酸钾、过氧乙酸等氧化剂与碘酊等还原剂之间可发生氧化还原反应，不但减弱消毒作用，而且会加重对皮肤的刺激性和毒性。
其他因素	消毒物表面的形状、结构和化学活性，消毒液的表面张力，消毒药的剂型，以及在溶液中的解离度等，都会影响抗菌作用。

二、环境消毒药

常用环境消毒药见表 4-1-3。

表 4-1-3 环境消毒药

药物名称	药理作用	应用
苯酚	本品为原浆毒，能使蛋白质变性，因此具有杀菌作用。	复合酚，配成 2%～5% 的溶液，用于器具、厩舍、排泄物和污物等消毒。
甲酚	本品为原浆毒，抗菌作用比苯酚强 3～10 倍，毒性大致相等，但消毒用药较苯酚安全，可杀灭一般繁殖型病原菌，对芽孢无效，对病毒作用不可靠。	3%～5% 的甲酚皂溶液用于厩舍、场地、排泄物、器具和器械等消毒。
甲醛溶液	本品在气态或溶液状态下均呈现强大的杀菌作用。甲醛能凝固蛋白和溶解类脂，能与蛋白质的氨基结合而使蛋白变性，因此具有强大的广谱杀菌作用，不仅能杀死繁殖型细菌，也能杀死芽孢（如炭疽芽孢）以及抵抗力强的结核杆菌、病毒及真菌等。	本品主要用于厩舍、仓库、孵化室、皮毛、衣物、器具等的熏蒸消毒，标本和尸体的防腐；亦用于胃肠道制酵。消毒温度应在 20℃以上。甲醛对皮肤和黏膜的刺激性很强，但不损坏金属、皮毛、纺织物和橡胶等。甲醛的穿透力差，不易透入物品深层发挥作用；具有滞留性，消毒结束后应立即通风或用水冲洗。甲醛的刺激性气味不易散失，故消毒空间仅需相对密闭。
戊二醛	本品原为病理标本固定剂，近年来发现其碱性水溶液具有较好的杀菌作用。当pH值为 1.5～8.5 时，作用最强，可杀灭细菌的繁殖体和芽孢、真菌、病毒，其作用较甲醛强 2～10 倍。本品的消毒作用不受有机物的影响，刺激性较弱；缺点是稳定性差，在碱性溶液中易分解。	本品用于动物厩舍及器具消毒。
氢氧化钠	本品属原浆毒，杀菌力强，能杀死繁殖型细菌、芽孢和病毒，还能皂化脂肪和清洁皮肤。	本品适合于厩舍、运输工具等消毒，也可用于牛、羊新生角的腐蚀。

（续表）

药物名称	药理作用	应用
碳酸钠	本品溶于水可解离出OH^-起抗菌作用，但杀菌效力较弱，很少单用于环境消毒，主要用于去污性消毒，也可用于皮肤清洁、去除痂皮等。	本品用于器械煮沸消毒和清洁皮肤、去除痂皮等。
过氧乙酸	本品兼具酸和氧化剂特性，是一种高效灭菌剂，其气体和溶液均具较强的杀菌作用，较一般的酸或氧化剂作用强。作用产生快，能杀死细菌、真菌、病毒和芽孢；在低温下仍有杀菌和抗芽孢能力。用本品消毒的表面，药物残留极微。	本品用于厩舍、食品厂的地面、墙壁、用具、车船及皮肤黏膜等消毒。
癸甲溴铵溶液	本品对多种细菌、真菌和藻类有杀灭作用，对亲脂性病毒也有效。本品低浓度抑菌、高浓度杀菌；还具有除臭和清洁作用。	本品用于动物厩舍、饲喂器具、饮水等消毒。
辛氨乙甘酸	本品为双离子表面活性剂，对化脓菌、肠道杆菌及真菌有良好的杀灭作用，对细菌芽孢无杀灭作用。结核分枝杆菌用1%的溶液需作用12 h。本品杀菌作用不受血清、牛乳等有机物影响。	本品用于厩舍、场地、器械、饮水及种蛋消毒。
漂白粉	本品遇水产生次氯酸，次氯酸可放出活性氯和新生态氧，而呈现杀菌作用，对细菌、芽孢及病毒都有杀灭作用。本品在酸性环境中抗菌作用增强，在碱性环境中杀菌力显著减小。本品的抗菌作用强但不持久，1%的澄清液作用0.5～1 min即可抑制炭疽杆菌、沙门菌、猪丹毒杆菌和巴氏杆菌等多数繁殖型细菌的生长；1～5 min抑制葡萄球菌和链球菌；对结核杆菌和鼻疽杆菌效果较差；30%的漂白粉混悬液作用7 min后，炭疽芽孢即停止生长。实际消毒时，漂白粉与被消毒物的接触需15～20 min。漂白粉的杀菌作用受有机物的影响。漂白粉中所含的氯可与氨和硫化氢发生反应，故有除臭的作用。	本品用于厩舍、畜栏、场地、车辆、排泄物等的消毒。
溴氯海因	本品为有机氯复合型消毒剂，有广谱杀菌作用，药效持久。本品对细菌繁殖体、芽孢、真菌和病毒有杀灭作用。	本品用于厩舍、运输工具、场地和养殖水体消毒。

扫码查看以上药物常用制剂及参考用量与用法。

环境消毒药的注意事项。①甲酚有臭味，不宜在肉联厂、乳牛厩舍、牛乳加工车间和食品加工厂等场所应用，以免影响食物品质。由于有色泽污染，不宜用于棉、毛纤维织品的消毒。对皮肤有刺激性，若用其1%～2%的溶液消毒水和皮肤，务必精确计量。②甲醛气体有强致癌作用，近年来已较少用于消毒。用其消毒后在物体表面形成一层具腐蚀作用的薄膜。动物误服大量甲醛溶液，应迅速灌服稀氨水解毒。药液污染皮肤，应立即用肥皂水清洗。③氢氧化钠对组织有腐蚀性，能损坏织物和铝制品。消毒人员应注意防护。④漂白粉对皮肤和黏膜有刺激作用，消毒人员应注意防护。

三、皮肤、黏膜消毒药

皮肤、黏膜消毒药见表 4-1-4。

表 4-1-4　皮肤、黏膜消毒药

药物名称	作用机理	应用
乙醇	本品为常用的消毒药，它的杀菌作用是能使菌体蛋白迅速地凝固与脱水，可杀死一般繁殖型的病原菌，对芽孢无效。浓度若超过 75% 时，消毒作用反而减弱，这是由于菌体表层蛋白质被凝固，阻碍了乙醇向细菌深部蛋白质渗透。此外，本品对组织有刺激作用，浓度愈大刺激性愈强；涂擦局部可促进炎性渗出物的吸收，减轻疼痛。	本品常用 75% 的乙醇消毒皮肤（例如注射部位、术野和伤口周围的皮肤消毒）及器械（刀、剪、体温计等）浸泡消毒，亦可用作溶媒。急性关节炎、腱鞘炎、肌炎等可用浓乙醇涂擦或热敷。
聚维酮碘	本品是一种高效低毒的杀菌药物，对细菌、病毒和真菌均有良好的杀灭作用。作用机理主要是通过不断释放游离碘，破坏菌体新陈代谢，而使细菌等微生物失活。	本品用于手术部位、皮肤、黏膜消毒。
碘仿	本品本身没有防腐作用，只有当它和组织液等接触时，能分解游离的碘，呈现防腐作用，但这种分解过程缓慢，因此碘仿的作用特点是防腐作用持久（1～3 d），对组织的刺激小，并能促进肉芽的形成。此外碘仿具有特殊气味，还可以防蝇。	本品用于创伤和瘘管的治疗。
苯扎溴铵	本品为常用的一种阳离子表面活性剂，有较强的消毒作用。本品对多数革兰氏阳性菌和阴性菌有杀菌作用，接触数分钟即能杀死；对病毒效果差；也不能杀死结核杆菌、霉菌和炭疽芽孢。	本品主要用于手术时手、臂消毒，手术器械及创面消毒等。
氯己定	本品为阳离子表面活性剂，对革兰氏阳性细菌、阴性细菌和真菌均有杀灭作用。本品抗菌作用强于苯扎溴铵，迅速且持久，毒性低，无局部刺激作用；不易被有机物灭活，但易被硬水中的阴离子沉淀而失去活性；与苯扎溴铵联用对大肠杆菌有协同杀菌作用。	本品用于皮肤、黏膜、手术创面、手及器械消毒等。
度米芬	本品为阳离子表面活性剂。本品对革兰氏阳性菌和革兰氏阴性菌均有杀菌作用，但对后者需要较高浓度；对细菌芽孢、结核杆菌和病毒效果不显著；具有抗真菌作用；在中性或碱性溶液中效果好，在酸性溶液中效果明显下降。	本品用于创面、黏膜、皮肤和器械消毒。
过氧化氢	本品有较强的氧化性，在与组织或血液中的过氧化氢酶接触时，迅速分解，释放出新生态氧，对细菌产生氧化作用，干扰其酶系统的功能而发挥抗菌作用。本品作用时间短，有机物能大大减弱其作用，杀菌力弱。本品在接触创面时，由于分解迅速，会产生大量气泡，机械地松动脓块、血块、坏死组织及组织粘连的敷料，有利于清洁创面。3% 的过氧化氢溶液常用于清洗化脓性创伤，去除痂皮，尤其对厌氧性感染更有效。本品具有除臭和止血作用，可用其 5% 的溶液（用浓过氧化氢溶液稀释而成）涂于出血的细小创面上止血。	本品用于化脓创面、深部创伤消毒，冲洗口腔或阴道等。

（续表）

药物名称	作用机理	应用
高锰酸钾	本品为强氧化剂，遇有机物、加热、加酸或碱等均释放出新生氧而呈现杀菌、除臭、氧化等作用。本品的抗菌作用较过氧化氢强。在发生氧化反应时，其本身还原为棕色的二氧化锰，后者可与蛋白结合成蛋白盐类复合物。因此高锰酸钾在低浓度时对组织有收敛作用，高浓度时有刺激和腐蚀作用，但它极易被有机物分解而作用减弱。本品在酸性环境中杀菌作用增强，如2%～5%的溶液能在24 h内杀死芽孢；在1%的溶液中加1.1%的盐酸，则能在30 s内杀死炭疽芽孢。本品还可使吗啡、士的宁等生物碱、苯酚、水合氯醛、氯丙嗪等化学药物，磷和氰化物等氧化而失去毒性。	本品用于皮肤创伤及腔道炎症；也用于有机毒物中毒等。
硼酸	本品通过释放氢离子而发挥抑菌作用，对细菌和真菌作用微弱。硼酸的特点是既无刺激性，也不损伤组织，故临床经常用于比较敏感部位（如黏膜）的防腐。	本品用于洗眼或冲洗黏膜。
甲紫	甲紫、龙胆紫、结晶紫是一类性质相似的碱性染料，对革兰氏阳性菌有强大的选择作用，也有抗真菌作用。本品毒性很小，对组织无刺激性，有收敛作用。	本品用于黏膜和皮肤的创伤、烧伤和溃疡的消毒。
松馏油	本品具有防腐、溶解角质、止痒、促进炎性物质吸收和刺激肉芽组织生长等作用。	本品用于治疗慢性皮肤病如湿疹、皮癣、过敏性皮炎、脂溢性皮炎和生长迟缓的肉芽创面等，还可用于蹄病（如蹄叉腐烂）等。
氯胺T	本品具有广谱杀菌作用，对细菌繁殖体、病毒、真菌及细菌芽孢均有杀灭作用。因其水解常数较低，消毒作用较次氯酸盐类慢且弱。	本品用于皮肤、黏膜消毒，也用于饮水消毒。
碘	本品具有强大的杀菌作用，也可杀灭细菌芽孢、真菌、病毒、原虫。碘主要以分子（I_2）形式发挥杀菌作用。其原理可能是碘化和氧化菌体蛋白的活性基因，并与蛋白的氨基结合而成导致蛋白变性和抑制菌体的代谢酶系统。碘在水中的溶解度很小，且有挥发性，但在有碘化物存在时，因形成可溶性的三碘化物，碘的溶解度增高数百倍，又能降低其挥发性。利用此原理，在配制碘溶液时，常加适量的碘化钾，以促进碘在水中的溶解。由于碘难溶于水，在水中不易水解形成次碘酸。在碘水溶液中具有杀菌作用的成分为元素碘（I_2）、三碘化物的离子和次碘酸（HIO），其中HIO的量较少，但杀菌作用最强；I_2次之；解离的碘离子的杀菌作用极微弱。在酸性条件下，游离碘增多，杀菌作用较强；在碱性条件下，则反之。	一般皮肤消毒用2%的碘酊。大家畜的皮肤和术野消毒用5%的碘酊。碘甘油刺激性较小，用于黏膜表面消毒。2%的碘溶液不含酒精，适用于皮肤浅表破损和创面，以防止细菌感染。本品在紧急条件下用于饮水消毒，可杀死水中各种致病菌、原虫和其他生物。

扫码查看以上药物常用制剂及参考用量与用法。

工具准备

消毒药、喷壶、水、防护服、防护眼镜等。

人员准备

人员分组，每组 5 人，明确职责分工。

任务角色	任务内容
组长：	任务：
组员 1：	任务：
组员 2：	任务：
组员 3：	任务：
组员 4：	任务：

任务实施

第一步：学习消毒药的分类及基本概念。

第二步：根据所学知识和前期查找的资料，能够掌握环境消毒药和皮肤黏膜消毒药的分类及代表药物。

第三步：根据皮肤、黏膜和创伤消毒药的特点，给出创面消毒的最优方案。

第四步：根据环境消毒药的药理作用，结合布鲁氏菌的特性，讨论最优的消毒方案。

第五步：小组间进行讨论，把成果分享给其他小组。

任务检测

项目四任务一检测

任务评价

工作任务完成过程评价表

班级：__________ 组别：__________ 姓名：__________

<table>
<tr><th>项目</th><th>评分标准</th><th>自我评价</th><th>小组评价</th><th>教师评价</th></tr>
<tr><td rowspan="4">资料收集
（50分）</td><td>操作熟练，分析合理，判断准确（50分）</td><td rowspan="4"></td><td rowspan="4"></td><td rowspan="4"></td></tr>
<tr><td>操作较熟练，报告较准确清晰（40分）</td></tr>
<tr><td>操作不太熟练，报告有少量错误（30分）</td></tr>
<tr><td>操作不熟练，判断不准确（30分以下）</td></tr>
<tr><td rowspan="2">课前准备
（20分）</td><td>寻找适用于舍饲、运输工具及场地消毒的药物（10分）</td><td></td><td></td><td></td></tr>
<tr><td>了解适用于皮肤、黏膜和创伤消毒的药物，了解其使用方法区别（10分）</td><td></td><td></td><td></td></tr>
<tr><td rowspan="3">课后评价
（30分）</td><td>熟悉消毒防腐药的理论知识（10分）</td><td></td><td></td><td></td></tr>
<tr><td>能通过掌握的知识对本任务提出的病例进行准确的分析并制订合理的给药方案（10分）</td><td></td><td></td><td></td></tr>
<tr><td>能在学习完本任务后，根据新的病例学会消毒防腐药的使用及不同场景的消杀知识（10分）</td><td></td><td></td><td></td></tr>
<tr><td colspan="2">合计</td><td></td><td></td><td></td></tr>
<tr><td>自我评价与总结</td><td colspan="4"></td></tr>
<tr><td>教师点评</td><td colspan="4"></td></tr>
</table>

任务二 抗生素类药物的基本概念

任务导入

2019年农业农村部发布第194号公告。公告称，自2020年元旦起，我国饲料中全面禁止添加抗生素，减少因滥用抗生素造成的危害，维护动物源食品安全和公共卫生安全。随着畜禽养殖业和宠物行业的迅速发展，规模的不断壮大，抗生素的使用已成普遍现象，而抗生素的滥用给我国畜禽业带来严重危害。如残留和超标的抗生素存在于动物体内及其产品中，人在食用后会在体内逐渐蓄积，达到一定的蓄积量后，会对人类造成过敏反应，甚至致畸、致癌等；养殖户长期滥用抗生素导致畜禽细菌耐药性增强，畜禽免疫力逐渐下降，出现用药不治病的现象，甚至会产生超级细菌，对我国畜牧产品的出口也造成一定的影响；当动物体内的抗生素含量超标时，随动物的代谢产物排出体外，由于其性质稳定且不易被分解，对环境中的微生物、动植物等的生长发育产生副作用，增加原生微生物的耐药性，最终危害人类身体健康。

由此可知，滥用抗生素的后果是十分严重的。调研周边的养殖户、检疫站、宠物医院、兽药店和兽医站，了解当地动物用抗生素的使用情况及他们是否了解滥用抗生素的危害。最后小组讨论，找出有效的解决方法或建议，形成调研报告。

任务工单

班级：__________　姓名：__________　学号：__________

任务名称	调研了解周边居民、检疫站、宠物医院、兽药店和兽医站等对抗生素的销售、使用情况及如何有效预防滥用抗生素
任务描述	根据实际情况，填写本任务的内容、目的、流程和方法。 任务内容：__________ __________ 任务目的：__________ __________ 任务流程：__________ __________ 任务方法：__________ __________

（续表）

<table>
<tr><th>任务名称</th><th colspan="4">调研了解周边居民、检疫站、宠物医院、兽药店和兽医站等对抗生素的销售、使用情况及如何有效预防滥用抗生素</th></tr>
<tr><td>获取信息</td><td colspan="4">要完成任务，需要掌握相关的知识。请收集资料，回答以下问题。
1. 调查周边居民对抗生素的了解情况，以及养殖户或农牧民对抗生素的使用情况。
2. 居民是否清楚抗生素滥用的危害？他们是如何获得这些信息的？
3. 中国实施“禁抗令”后，对居民及商家等的影响有哪些？
4. 哪些措施可以帮助居民有效地补救因滥用抗生素造成的后果？
5. 通过此次调研，对你有何启示？</td></tr>
<tr><td>制订计划</td><td colspan="4"></td></tr>
<tr><td rowspan="6">任务实施</td><td colspan="4">按照预先制订的工作计划，完成本任务，并记录任务实施过程。</td></tr>
<tr><td>序号</td><td>完成的任务</td><td>遇到的问题</td><td>解决办法</td></tr>
<tr><td></td><td></td><td></td><td></td></tr>
<tr><td></td><td></td><td></td><td></td></tr>
<tr><td></td><td></td><td></td><td></td></tr>
<tr><td></td><td></td><td></td><td></td></tr>
</table>

任务准备

知识准备

一、基本概念

抗微生物药物是指能选择性地抑制或杀灭细菌、真菌、支原体和病毒等病原微生物的化学物质，可分为抗生素、合成抗菌药、抗真菌药、抗病毒药等。

化学治疗药物（简称化疗药）是指对病原微生物具有明显的选择性作用，而对动物机体没有或只有轻度毒性作用的化学物质。在应用化疗药防治动物疾病的过程中，动物机体、病原体、化疗药物三者之间存在复杂的相互作用关系（图 4-2-1），被称为“化疗三角”。因此，在用药时要注意处理好三者的关系，一方面要针对病原微生物选药，考虑药物的药动学特征，给予充足的剂量和疗程，充分发挥药物的作用，同时也要重视动物机体的防御机能；另一方面还要注意药物对机体产生的不良反应以及防止病原体产生耐药性。

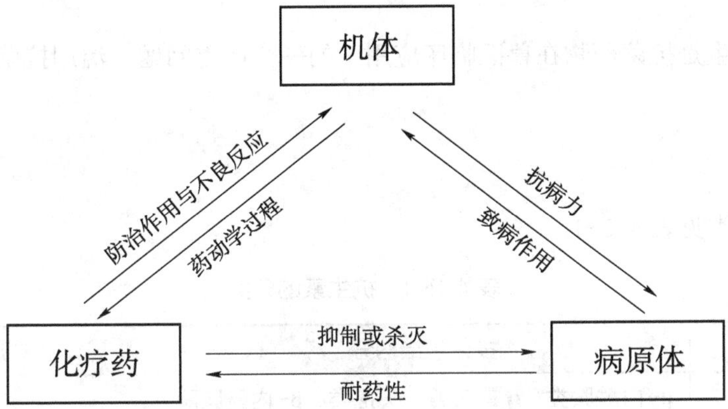

图 4-2-1　化疗药、机体、病原体的相互作用关系

（1）化疗指数是评价化疗药的安全度及治疗价值的标准，以动物的半数致死量（LD_{50}）与治疗感染动物的半数有效量（ED_{50}）的比值表示，即 $CI=I=LD_{50}/ED_{50}$；或以动物的 5% 致死量（LD_{50}）与治疗感染动物的 95% 有效量（ED_{95}）的比值来衡量。一般认为，化疗指数越大，药物的毒性越低，疗效越好，临床应用价值越高。化疗指数大于 3 才有实际应用价值（抗血液原虫药除外）。但化疗指数越大，并不意味着绝对安全，如青霉素的化疗指数高达 1 000 以上，但仍可引起过敏反应甚至休克。

（2）抗菌谱指抗菌药物抑制或杀灭病原微生物的范围，分为窄谱抗菌药和广谱抗菌药。凡仅作用于单一菌种或某属细菌的药物称窄谱抗菌药，如青霉素、链霉素；凡能抑制或杀灭多种不同种类细菌的药物，称广谱抗菌药，如四环素类、酰胺醇类、氟喹诺酮类等。

（3）抗菌活性指抗菌药抑制或杀灭病原微生物的能力，可用体外和体内两种方法来测定。体外抑菌试验对临床选药有重要参考意义，常以最低抑菌浓度（MIC）、最低杀菌浓度（MBC）衡量。MIC 指在体外试验中能够抑制培养基内细菌生长的药物最小浓度。MBC 指能够杀灭培养基内细菌生长的药物最小浓度。抑菌和杀菌作用是相对的，有些抗菌药在低浓度时呈现抑菌作用，高浓度呈现杀菌作用。临床上所指的抑菌药是指仅能抑制病原菌的生长繁殖，而无杀灭作用的药物，如磺胺类、四环素类等。杀菌药是指具有杀灭病原菌作用的药物，如β-内酰胺类、氨基糖苷类等。

（4）抗菌药后效应（PAE）指细菌与抗菌药短暂接触后，将药物完全除去，细菌的生长仍然受到持续抑制的效应。PAE 以时间的长短来表示。能产生 PAE 的药物主要有β-内酰胺类、氨基糖苷类、大环内酯类、林可胺类、四环素类、酰胺醇类、氟喹诺酮类等。处于 PAE 期的细菌，再与亚抑菌浓度的抗菌药接触后，其生长繁殖可以进一步被抑制。

（5）耐药性又称抗药性，分为天然耐药性和获得耐药性。天然耐药性是由细菌染色体基因决定并可代代相传，如肠道杆菌对青霉素的耐药；获得耐药性是指病原菌与抗菌药多次接触后对药物的敏感性逐渐降低甚至消失，致使抗菌药对耐药病原菌的作用降低或无效，如金黄色葡萄球菌对青霉素的耐药。某种病原菌对一种药物产生耐药性后往往对同一类的药物也具有耐药性，这种现象称为交叉耐药性。交叉耐药性包括完全交叉耐药性及部分交叉耐药性。

完全交叉耐药性是双向的，如多杀性巴氏杆菌对磺胺嘧啶产生耐药后，对其他磺胺类药物均有耐药性；部分交叉耐药性是单向的，如氨基糖苷类之间，对链霉素耐药的细菌，对庆大霉素、卡那霉素、新霉素仍敏感，而对庆大霉素、卡那霉素、新霉素耐药的细菌，对链霉素也耐药。

耐药性的产生是抗菌药物在兽医临床应用中的一个严重问题，滥用抗菌药是耐药性产生的重要原因。

二、分类

抗生素的分类见表 4-2-1。

表 4-2-1　抗生素的分类

分类	按化学结构分	按抗菌谱分
抗生素	β-内酰胺类（青霉素类、头孢类、β-内酰胺酶抑制剂）	作用于革兰氏阳性菌的抗生素
	大环内酯类	
	林可胺类	
	截短侧耳类	
	氨基糖苷类	作用于革兰氏阴性菌的抗生素
	多肽类	
	四环素类	广谱抗生素
	酰胺醇类	
化学合成抗菌药	磺胺类	—
	抗菌增效剂	—
	喹诺酮类	—
	喹恶啉类	—
	硝基咪唑类	—

三、作用机理

抗生素主要通过干扰细菌的生理生化系统影响其结构和功能，使其失去繁殖能力而达到抑制或杀灭病原菌的作用。根据主要作用靶位的不同，抗生素的作用机理可分为下列 4 种类型（图 4-2-2）。

（1）影响细菌细胞壁的合成。大多数细菌细胞（如革兰氏阳性菌）的细胞膜外有一层坚韧的细胞壁，主要由黏肽组成，具有维持细胞形状、保护细菌不受周围环境渗透压的影响和机械损伤的作用。青霉素类、头孢菌素类、杆菌肽等能分别抑制黏肽合成过程中的不同环节。这些抗生素的作用均可使细菌细胞壁缺损。菌体内的高渗压在等渗环境中，外面的水分不断地渗入菌体内，引起菌体膨胀变形，加上激活自溶酶，使细菌裂解而死亡。抑制细菌细胞壁合成的抗生素对革兰氏阳性菌的作用强，而对革兰氏阴性菌的作用弱。革兰氏阳性菌的细胞壁主要成分为黏肽，占胞壁质量的 65%～95%；而革兰氏阴性菌细胞壁的主要成分是磷脂，黏肽仅占1%～10%。它们主要影响正在繁殖的细菌细胞，故这类抗生素称为繁殖期杀菌剂。

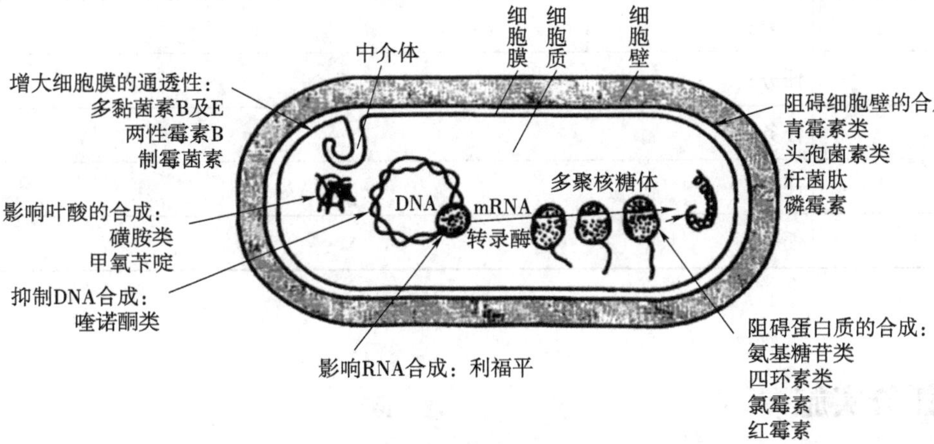

图4-2-2　细菌的基本结构及抗生素作用原理示意图

（2）增加细菌细胞膜的通透性。细胞膜是包围在菌体原生质外的一层半透性生物膜。它的功能在于维持渗透屏障、运输营养物质和排泄菌体内的废物，并参与细胞壁的合成等。当细胞膜损伤时，通透性将增加，导致菌体内细胞中的重要营养物质（如核酸、氨基酸、酶、磷酸、电解质）外漏而死亡，产生杀菌作用，如两性霉素B、制霉菌素、多黏菌素。

（3）抑制细菌蛋白质的合成。细菌蛋白质的合成场所在细胞质的核糖体上。蛋白质的合成可分为三个阶段，即起始阶段、延长阶段和终止阶段。不同抗生素对三个阶段的作用不完全相同，有的可作用于三个阶段，如氨基糖苷类；有的作用于延长阶段，如林可胺类。细菌细胞与哺乳动物细胞合成蛋白质的过程基本相同，两者最大的区别在于核糖体的结构及蛋白质、RNA组成不同。细菌核糖体的沉降系数为70S，由30S和50S亚基组成；哺乳动物细胞核糖体的沉降系数为80S，由40S和60S亚基组成。二者的生理、生化功能均可影响细菌蛋白质的合成，但作用部位与阶段不完全相同。四环素类主要作用于30S亚基。酰胺醇类、大环内酯类、林可胺类则主要作用于50S亚基。由于这些药物在核糖体50S亚基上的结合点相同或相连，故合用时可发生拮抗作用。

（4）抑制细菌核酸的合成核酸是机体重要的遗传物质，具有调控蛋白质合成的重要功能。喹诺酮类药物、利福平、新生霉素、灰黄霉素和抗肿瘤抗生素可抑制细菌核酸的合成。如喹诺酮类药物与DNA双链中非配对碱基结合，抑制DNA回旋酶的A亚单位，使DNA超螺旋结构不能封口，导致mRNA与蛋白合成失控；利福平则与DNA依赖的RNA多聚酶的β亚单位牢固结合，从而抑制RNA的转录；新生霉素影响DNA聚合酶的作用，从而影响DNA的合成；灰黄霉素可阻止鸟嘌呤进入DNA分子而阻碍DNA的合成。由于这些药物抑制了细菌细胞的核酸合成，从而引起细菌死亡。

工具准备

调研问卷、自制宣传册、网络查询设备、养殖户、检疫站、宠物医院、兽药店和兽医站等。

人员准备

人员分组，每组5人，明确职责分工。

任务角色	任务内容
组长：	任务：
组员 1：	任务：
组员 2：	任务：
组员 3：	任务：
组员 4：	任务：

任务实施

第一步：上网查抗生素的概念，以及抗生素被发现的过程。了解抗生素能治疗疾病的种类；中国实施“禁抗令”的原因，了解滥用抗生素的危害。

第二步：学习关于抗生素的相关知识，并能够正确地说出这些内容。

第三步：走访周边居民、检疫站、兽医站、兽药店和宠物医院等，调查大家对抗生素的了解情况、滥用抗生素及“禁抗令”等相关知识的了解程度及抗生素的使用情况。

第四步：通过派发提前准备的宣传资料，将合理使用抗生素的知识教给大家，告诉大家如何才能在治好畜禽疾病的同时，避免滥用抗生素带来的危害。

第五步：根据调研情况进行小组讨论，找出有效的解决方法或建议，形成调研报告。

任务检测

项目四任务二检测

任务评价

工作任务完成过程评价表

班级：________________　组别：________________　姓名：________________

项目	评分标准	自我评价	小组评价	教师评价
资料收集（30分）	操作熟练，分析合理，判断准确（30分）			
	操作较熟练，报告较准确清晰（20分）			
	操作不太熟练，报告有少量错误（10分）			
	操作不熟练，判断不准确（10分以下）			
调研内容（30分）	调查周边居民对抗生素的了解情况，以及养殖户或农牧民对抗生素的使用情况（10分）			
	了解居民是否清楚抗生素滥用的危害，以及他们是如何获得这些信息的（10分）			
	了解中国实施“禁抗令”后，对居民及商家等的影响（10分）			
课后评价（40分）	熟悉任务内容（10分）			
	能准确地对居民进行科普宣传（10分）			
	掌握关于抗生素的相关理论知识（10分）			
	调研结束后有调研报告（10分）			
合计				
自我评价与总结				
教师点评				

拓展阅读

中华人民共和国农业农村部公告　第194号

任务三 不同类型的抗生素

任务导入

某家庭饲养的幼猫，2.5 月龄，体重 1.3 kg，雄性，已完成一次“妙三多”免疫。幼猫最近 1 周出现精神沉郁，睡眠时间增多，食欲减退，频繁打喷嚏，偶见咳嗽，鼻部有较多的黄绿色分泌物，球结膜红肿，叫声嘶哑，口腔舌面可见溃疡，排尿正常，近两日未见排便。

听诊猫咪呼吸音粗粝，结合猫咪的临床症状，怀疑为呼吸系统感染。给猫咪采血进行血常规和血清淀粉样蛋白 A（SAA）的检测，血常规白细胞和中性粒细胞明显升高，SAA 明显升高，提示炎症。拍摄胸腔 X 射线，提示支气管肺炎。采集猫咪的眼鼻口分泌物，进行实验室病原学检测，利用猫呼吸道病原体核酸 5 联检测，确诊为杯状病毒、疱疹病毒及支原体的混合感染。

请根据诊断制订合理的用药方案。

任务工单

班级：__________ 姓名：__________ 学号：__________

任务名称	正确利用抗生素治疗疾病
任务描述	根据实际情况，填写本任务的内容、目的、流程和方法。 任务内容：________ 任务目的：________ 任务流程：________ 任务方法：________
获取信息	要完成任务，需要掌握相关的知识。请收集资料，回答以下问题。 1. 论述不同种类抗生素的优缺点，找出日常生活中常见的抗生素并说出其属于哪种类型。 2. 哪些抗生素属于动物专用药？

（续表）

<table>
<tr><td>获取信息</td><td colspan="4">3. 简述各类型抗生素的代表药及其药动学特征、临床使用方法和注意事项。

4. 请对上述病例进行分析并制订合理的用药方案。</td></tr>
<tr><td>制订计划</td><td colspan="4"></td></tr>
<tr><td rowspan="6">任务实施</td><td colspan="4">按照预先制订的工作计划，完成本任务，并记录任务实施过程。</td></tr>
<tr><td>序号</td><td>完成的任务</td><td>遇到的问题</td><td>解决办法</td></tr>
<tr><td></td><td></td><td></td><td></td></tr>
<tr><td></td><td></td><td></td><td></td></tr>
<tr><td></td><td></td><td></td><td></td></tr>
<tr><td></td><td></td><td></td><td></td></tr>
</table>

任务准备

知识准备

一、β-内酰胺类抗生素

（一）青霉素类

本类抗生素包括天然青霉素和半合成青霉素。天然青霉素以青霉素G（又称苄青霉素）为代表，具有杀菌力强、疗效高、毒性低、价格低廉等优点，是许多敏感菌感染的首选药，但抗菌谱窄、在水溶液中极不稳定、易被胃酸和青霉素酶（β-内酰胺酶）水解破坏、易产生过敏反应；半合成青霉素系是对天然青霉素进行结构改造而得，包括广谱、耐酸不耐酶的氨苄西林、阿莫西林，耐酸又耐酶的氯唑西林和苯唑西林。

1. 天然青霉素

1928年，亚历山大·弗莱明（Alexander Fleming）首次报道了青霉素的发现。1940年，恩斯特·保罗斯·钱恩（Ernst Boris Chain）和霍华德·瓦尔特·佛罗理（Howard Walter Florey）从青霉菌的培养液中获得大量的青霉素且成功地将其作为第一个抗生素应用于临床。从青霉素的培养液中可获得青霉素F、青霉素G、青霉素X、青霉素K和双氢F共5种组分。它们的基本化学结构是由母核6-氨基青霉烷酸和侧链组成。其中以青霉素G（表4-3-1）的作用最强，性质较稳定，产量也较高。

表 4-3-1　青霉素

药物名称	青霉素（苄青霉素、青霉素G）
药动学	本品内服易破坏，注射（肌内注射、皮下注射）给药迅速吸收；分布广泛，半衰期短；多以原型经肾排出，故可以治疗尿路感染。
作用机理	本品属窄谱的繁殖期杀菌剂，对革兰氏阳性和革兰氏阴性球菌、革兰氏阳性杆菌、放线菌和螺旋体等抗菌活性强；对葡萄球菌、猪丹毒杆菌、炭疽杆菌、破伤风杆菌敏感；对大多数阴性杆菌不敏感。
应用及注意事项	应用：本品主要用于敏感菌引起的各种感染，如败血症、肺炎、肾炎、乳腺炎、子宫内膜炎、创伤感染、猪丹毒、猪淋巴结肿胀、链球菌病、炭疽、恶性水肿、气肿疽、马腺疫、肠球菌感染性心包炎、梭状芽孢杆菌所致的破伤风和气性坏疽、流行性脑脊髓膜炎、李斯特菌病、放线菌病及钩端螺旋体病等。内服大剂量的青霉素可治疗鸡球虫病并发的肠道梭菌感染，与抗破伤风血清合用可治疗破伤风。 注意事项：除金黄色葡萄球菌外，一般细菌不易产生耐药性。本品毒性较小，主要的不良反应是过敏反应。主要临床表现：流汗、兴奋、不安、肌肉震颤、呼吸困难、心率加快、站立不稳；偶见荨麻疹，眼睑和头面部水肿，阴门、直肠肿胀等，严重时休克，甚至死亡。因此，用药时应注意观察，若出现过敏反应，要立即进行对症治疗，严重者可静脉注射肾上腺素，必要时可加用糖皮质激素等以增强或稳定疗效。

扫码查看以上药物常用制剂及参考用量与用法。

为了克服青霉素钠或钾在动物体内的有效药物浓度维持时间短的缺点，制成一些难溶于水的青霉素胺盐。其肌内注射后，吸收缓慢，维持时间较长，称为青霉素长效制剂，如普鲁卡因青霉素、苄星青霉素（青霉素的二苄基乙二胺盐），详情见表 4-3-2。

表 4-3-2　其他青霉素（长效青霉素）

药物名称	作用与应用
普鲁卡因青霉素	本品肌内注射后，局部水解释放出青霉素，缓慢吸收，因此用于慢性和轻度感染，或作维持剂量用。
苄星青霉素	本品为长效青霉素，吸收和排泄缓慢，血药浓度低，维持时间长，主要用于轻度和慢性感染性疾病及需长期用药的疾病，如牛肾盂肾炎、肺炎、子宫蓄脓、复杂骨折及预防长途运输时呼吸道感染等。

扫码查看以上药物常用制剂及参考用量与用法。

2. 半合成青霉素

半合成青霉素以青霉素结构中的母核为原料，在烃链处连接不同的侧链，合成的一系列衍生物，具有耐酸、耐酶、广谱或抗铜绿假单胞菌等特点，详情见表 4-3-3。

表 4-3-3　半合成青霉素

药物名称	作用与应用	不良反应
氨苄西林	本品具有广谱抗菌作用，耐酸不耐酶。对革兰氏阳性菌的作用与青霉素相近或略差，对多数革兰氏阴性菌如大肠杆菌、沙门菌、变形杆菌、巴氏杆菌、副溶血性嗜血杆菌等的作用，与氯霉素、四环素相似或略强，不及卡那霉素、庆大霉素和多黏菌素；对铜绿假单胞菌、耐药金黄色葡萄球菌无效。 本品内服和肌内注射均易吸收。半衰期短，主要经肾排泄。 本品主要用于敏感菌所致的呼吸系统、尿道系统感染，以及革兰氏阴性杆菌引起的某些感染，如马驹、牛犊肺炎，牛巴氏杆菌病，猪传染性胸膜肺炎，鸡白痢，禽伤寒等。严重感染时，本品可与氨基糖苷类抗生素合用以增强疗效。	本品可产生过敏反应，犬容易发生。长期或超量应用，可发生二重感染，马属动物不宜长期服用，成年反刍动物禁止内服。氨苄西林混悬注射液使用前需先将药液摇匀，注射后应在注射部位轻轻按摩。
阿莫西林	本品的作用、应用、抗菌谱与氨苄西林相似，对肠球菌属和沙门菌的作用较氨苄西林强 2～3 倍。细菌对本品和氨苄西林有完全交叉耐药性。 本品可用于犬、猫的尿道，皮肤和软组织细菌感染。	本品在胃酸中较稳定，单胃动物内服后有 74%～92% 被吸收，食物会影响吸收速率，但不影响吸收量。本品与克拉维酸按 4：1 比例制成复合片剂或混悬液，可提高对耐药金黄色葡萄球菌感染的治疗。
苯唑西林（苯唑青霉素、新青霉素Ⅱ）	本品耐酸、耐酶，对青霉素耐药的菌株有效，但对青霉素敏感菌株的作用小于青霉素。本品主要用于对青霉素耐药的金黄色葡萄球菌感染，如败血症、肺炎、乳腺炎、烧伤创面感染等。	本品与氨苄西林或庆大霉素合用，可增强对肠球菌的抗菌活性。本品内服耐酸，肌内注射后体内分布广泛；主要经肾排泄；其他同青霉素G。
氯唑西林（邻氯青霉素）	本品耐酸、耐酶。对青霉素耐药的菌株有效，尤其对耐青霉素金黄色葡萄球菌有很强的杀灭作用，故称为“抗葡萄球菌青霉素”，但对青霉素敏感菌的作用不如青霉素。本品内服耐酸，吸收不完全，胃内容物影响其吸收；吸收后分布广泛，可透过胎盘屏障。 本品主要用于治疗动物的骨、皮肤和软组织的葡萄球菌感染，以及对青霉素耐药的金黄色葡萄球菌感染，如奶牛乳腺炎。	参见苯唑西林。

扫码查看以上药物常用制剂及参考用量与用法。

（二）头孢菌素类

头孢菌素类又称先锋霉素类，是一类广谱半合成抗生素，与青霉素一样被称为β-内酰胺类抗生素。它是7-氨基头孢烷酸的衍生物。根据其发现的先后可分为一、二、三、四代头孢菌素，各代药物特点见表4-3-4。头孢菌素类具有杀菌力强，抗菌谱广，毒性小，过敏反应少。对酸和β-内酰胺酶比青霉素类稳定等优点。头孢菌素的抗菌谱与广谱青霉素相似，对革兰氏阳性菌、阴性菌及螺旋体有效。常见的动物专用头孢菌素药物有头孢噻呋、头孢喹诺、头孢洛宁、头孢维星等，详情见表4-3-5。

表4-3-4 头孢菌素类药物的特点

分类	药物名称	特点
第一代	头孢噻吩、头孢唑林、头孢氨苄、头孢羟氨苄	第一代对革兰氏阳性菌（包括耐药金黄色葡萄球菌）的作用强于第二、第三、第四代，对革兰氏阴性菌的作用较差，对铜绿假单胞菌无效。第一代对β-内酰胺酶较敏感，并且不能有效地对抗厌氧菌。
第二代	头孢西丁、头孢克洛等	与第一代相比，第二代对革兰氏阳性菌的作用相似或较弱，对革兰氏阴性菌的作用则更强，部分药物对厌氧菌有效，但对铜绿假单胞菌无效。
第三代	头孢噻肟、头孢曲松、头孢哌酮、头孢噻呋等	第三代对革兰氏阳性菌的作用比第一、第二代弱，对革兰氏阴性菌的作用比第二代强，尤其对铜绿假单胞菌、肠杆菌、厌氧菌有较强的杀菌作用；对β-内酰胺酶的耐受力很高，具有较好的穿透脑脊液的能力，主要经肾小球滤过和肾小管分泌排泄。
第四代	头孢吡肟、头孢喹诺等	第四代比第三代头孢菌素对革兰氏阴性菌更强的抗菌作用，抗菌谱更广，对β-内酰胺酶稳定性更高，血浆半衰期较长，无肾毒性。

表4-3-5 常见头孢菌素类药物

药物名称	作用与应用	不良反应
头孢氨苄	本品具有广谱抗菌作用。本品对革兰氏阳性菌作用较强（肠球菌除外），对部分大肠杆菌、变形杆菌、克雷伯菌、沙门菌、志贺菌有抗菌作用，对铜绿假单胞菌耐药。 本品主要用于耐药金黄色葡萄球菌及某些革兰阴性杆菌引起的呼吸道、泌尿生殖道、皮肤和软组织感染。	过敏反应：本品犬肌内注射有时出现严重的过敏反应，甚至死亡。 胃肠道反应：犬、猫能引起厌食，呕吐或腹泻等胃肠道反应。 肾毒性：长期或大量使用本品可引起肾小管坏死。注意肾功能不良者慎用。本品与氨基糖苷类、利尿药等合用时应注意调整剂量。
头孢噻呋	本品抗菌谱广，对革兰氏阳性菌、革兰氏阴性菌及一些厌氧菌都有很强的抗菌活性，对大肠杆菌、巴氏杆菌、伤寒沙门菌、链球菌属均有很强的抗菌活性，对铜绿假单胞菌、肠杆菌属、厌氧菌也有很好的作用。 本品主要用于治疗牛急性呼吸系统感染，尤其是溶血性巴氏杆菌或出血性败血巴氏杆菌引起的支气管肺炎、牛乳腺炎、猪放线杆菌性胸膜炎等。	本品有肾毒性，可引起胃肠道菌群紊乱或二重感染；本品内服不吸收，肌内注射和皮下注射吸收迅速且分布广泛，有效血药浓度维持时间长。本品可引起牛特征性的脱毛和瘙痒。本品与氨基糖苷类联合用药有协同作用，但肾毒性会增加。

（续表）

药物名称	作用与应用	不良反应
头孢喹诺	本品抗菌谱广，对革兰氏阳性菌、革兰氏阴性菌及一些厌氧菌都有很强的抗菌活性。对金黄色葡萄球菌、链球菌、绿铜假单胞菌以及肠杆菌科如大肠杆菌、肺炎克雷伯菌、异性柠檬酸菌、沙门菌、奇异变形杆菌、摩根菌杀灭效果好。 本品常用剂型为注射剂和混悬剂。本品用于治疗多杀性巴氏杆菌或胸膜肺炎放线杆菌等引起的猪、牛呼吸道疾病和奶牛乳腺炎（急性乳房炎发作时有优势）。	头孢喹诺属酸性药物，故其脂溶性不高。本品在机体内分布不广泛，口服吸收不好，但注射吸收迅速，生物利用度较高。奶牛乳房内给药，头孢喹诺可迅速扩散至整个乳区而发挥良好疗效。

扫码查看以上药物常用制剂及参考用量与用法。

（三）β- 内酰胺酶抑制剂

β- 内酰胺酶抑制剂是一类能与革兰氏阳性菌、革兰氏阴性菌所产生的β- 内酰胺酶结合而抑制β- 内酰胺酶活性的β- 内酰胺类药物。它不单独用于抗菌，临床上常与β- 内酰胺类抗生素合用以克服细菌耐药性的产生，常用于治疗敏感菌所致的呼吸道、泌尿道、皮肤软组织、骨和关节等感染。常见药物见表 4-3-6。

表 4-3-6　β- 内酰胺酶抑制剂

药物名称	作用与应用
克拉维酸（棒酸）	本品仅有微弱的抗菌活性，是一种革兰氏阳性菌和革兰氏阴性菌所产生的β- 内酰胺酶的“自杀”抑制剂（不可逆结合者），故称为β- 内酰胺酶抑制剂；内服吸收好，也可注射。本品不单独用于抗菌治疗，通常与其他β- 内酰胺类抗生素合用以克服细菌的耐药性。 本品主要用于对阿莫西林敏感的畜禽细菌性感染和β- 内酰胺酶的耐药金黄色葡萄球菌感染，如鸡的禽霍乱、鸡白痢、大肠杆菌病等，家畜的巴氏杆菌病、肺炎、乳腺炎、子宫炎、大肠杆菌病、沙门菌病等。
舒巴坦（青霉烷砜）	本品为不可逆性竞争型β- 内酰胺酶抑制药，抗菌作用略强于克拉维酸。本品可抑制β- 内酰胺酶对青霉素、头孢菌素类的破坏；与氨苄西林联合应用可使葡萄球菌、嗜血杆菌、巴氏杆菌、大肠杆菌、克雷伯菌等对氨苄西林的最低抑菌浓度下降而增效，并可使产酶菌株对氨苄西林恢复敏感。本品与氨苄西林联合，在兽医临床用于上述菌株所致的呼吸道、消化道及尿道感染。本品可静脉注射。

扫码查看以上药物常用制剂及参考用量与用法。

二、大环内酯类抗生素

大环内酯类抗生素是由链霉菌产生或半合成的一类弱碱性抗生素，具有 14～16 元内酯环基本化学结构。按照来源，其分为天然和半合成两类。第一个用于临床的大环内酯类抗生素是红霉素，于 1952 年上市，属第一代大环内酯类抗生素。克拉霉素和阿奇霉素是新一代的大环内酯衍生物。泰利菌素是首个批准上市的半合成大环酮内酯类抗生素，其抗菌谱与大环内酯类相似，对耐大环内酯类的革兰氏阴性菌有抗菌作用，属第三代药物。

我国农业农村部批准兽医临床应用的本类抗生素有红霉素、吉他霉素、泰乐菌素、替米考星、泰万菌素、泰拉霉素等，国外已上市的品种还有格米霉素和泰地罗新。泰乐菌素、替米考星、泰万菌素、泰拉霉素、格米霉素和泰地罗新均是动物专用的大环内酯类抗生素。其中，近几年研发出的两种新的动物专用大环内酯类抗生素，是泰拉霉素和格米霉素。

大环内酯类抗生素抗菌谱较窄，为速效抑菌剂，主要对多数革兰氏阳性菌、部分革兰阴性球菌、厌氧菌、支原体、衣原体、立克次体和密螺旋体等有抑制作用，尤其对支原体作用强，但对沙门菌、克雷伯菌、变形杆菌、巴氏杆菌、嗜血杆菌、铜绿假单胞菌、结核分枝杆菌、放线菌、钩端螺旋体等一般无抑制作用。大环内酯类抗生素通常被认为是抑菌药，在高浓度时也可杀菌，碱性环境中抗菌活性增强、毒性低，无严重不良反应。本类药物的作用机理均相同，为抑制细菌蛋白质的合成，药物详情见表 4-3-7。

表 4-3-7　大环内酯类抗生素

药物名称	药理作用	应用及不良反应
红霉素	本品一般起抑菌作用，高浓度对敏感菌有杀菌作用。红霉素的抗菌谱与青霉素相似，对革兰氏阳性菌如金黄色葡萄球菌（包括耐青霉素的金黄色葡萄球菌）、链球菌、肺炎链球菌、猪丹毒杆菌、梭状芽孢杆菌、炭疽芽孢杆菌、棒状杆菌等有较强的抗菌作用；对某些革兰氏阴性菌如巴氏杆菌、布鲁氏菌的作用较弱，但对大肠杆菌、克雷伯菌、沙门菌等肠杆菌属无作用。此外，本品对某些支原体、立克次体和螺旋体亦有效。	应用：本品主要用于治疗耐青霉素的金黄色葡萄球菌引起的轻、中度感染及对青霉素过敏的病例，如肺炎、败血症、子宫内膜炎、乳腺炎、猪丹毒等。对支原体引起的禽慢性呼吸道病、猪支原体性肺炎也有较好的疗效。 不良反应：刺激性强。本品注射时可引起局部炎症，故采用深部肌内注射；静脉注射速度要缓慢，并避免漏出血管外。本品犬、猫内服可引起呕吐、腹泻、腹痛等胃肠道反应，应慎用；2～4 月龄的驹使用本品后，可出现体温升高、呼吸困难，在高温环境中易出现。
泰乐菌素	本品为畜禽专用抗生素，对革兰氏阳性菌、支原体、螺旋体等均有抑制作用，对革兰氏阴性菌作用弱；对革兰氏阳性菌作用比红霉素弱，对支原体作用强。此外，对牛、猪、鸡有促生长作用。本品与其他大环内酯类有交叉耐药现象。	本品主要用于防治鸡、火鸡等动物的支原体感染，猪弧菌性痢疾、传染性胸膜肺炎，犬的结肠炎等；也可用于浸泡种蛋预防支原体传播及作为猪的生长促进剂。 不良反应：肌内注射有局部刺激性；可引起兽医接触性皮炎。牛静脉注射可引起震颤、呼吸困难和精神沉郁等。马属动物注射可致死，禁用。本品与聚醚类抗生素合用可导致后者毒性增强。
替米考星	本品抗菌作用与泰乐菌素相似，对革兰氏阳性菌、某些革兰氏阴性菌、支原体、螺旋体等均有抑制作用，对胸膜肺炎放线杆菌、巴氏杆菌及畜禽支原体具有比泰乐菌素更强的抗菌活性。	应用：本品主要用于防治敏感菌引起的家畜肺炎（胸膜肺炎放线杆菌、巴氏杆菌、支原体等引起），禽的支原体病及泌乳动物的乳腺炎。 不良反应：本品肌内注射可产生局部刺激。牛一次静脉注射 5 mg/kg 即可致死；皮下注射 50 mg/kg 可引起心肌毒性，150 mg/kg 则致死；猪肌内注射 10 mg/kg 可引起呼吸增数、呕吐和惊厥，20 mg/kg 可使大部分试验猪死亡；本品对灵长类和马也易致死。因此，本品仅供内服和皮下注射。本品对动物的毒性作用主要是心血管系统，可引起心动过速和收缩力减弱；本品与肾上腺素合用可增加猪的死亡，需慎用。

（续表）

药物名称	药理作用	应用及不良反应
吉他霉素	本品抗菌谱与红霉素相似，但对革兰氏阳性菌的作用较红霉素弱；对耐药金黄色葡萄球菌的效力强于红霉素；对某些革兰氏阴性菌、衣原体、立克次体也有抗菌作用。	本品主要用于革兰氏阳性菌（包括耐药金黄色葡萄球菌）所致的感染、支原体病及猪的弧菌性痢疾等。

扫码查看以上药物常用制剂及参考用量与用法。

三、林可胺类抗生素

林可胺类抗生素是从链霉菌发酵液中提取的一类抗生素。本类抗生素均是具有高脂溶性的碱性化合物。作用机理与大环内酯类很相似，主要作用于细菌核糖体 50S 亚基，通过抑制肽链的延长而抑制细菌蛋白质的合成。本类药物与大环内酯类抗生素合用可产生拮抗作用，对革兰氏阳性菌和支原体有较强的抗菌活性，对厌氧菌有作用，但对大多数需氧型革兰氏阴性菌耐药，药物详情见表 4-3-8。

表 4-3-8 林可胺类抗生素

药物名称	药理作用	应用及不良反应
林可霉素	本品抗菌谱与大环内酯类相似，对革兰氏阳性菌如葡萄球菌、溶血性链球菌和肺炎球菌等有较强的抗菌作用，对破伤风梭菌、产气荚膜梭菌、支原体、猪痢疾密螺旋体也有抑制作用，对革兰氏阴性菌无效。	应用：本品主要用于敏感的革兰氏阳性菌，尤其是对黄色葡萄球菌、链球菌、厌氧菌引起的感染，以及猪、鸡的支原体病。本品与大观霉素合用有协同作用。 不良反应：本品能引起马、兔和其他草食动物严重的腹泻，甚至致死。马内服或注射可引起出血性结膜炎、腹泻，可能致死。牛内服可引起厌食、腹泻、酮血症、乳产量减少。本品具有神经肌肉阻断作用。
克林霉素	本品抗菌作用、应用与林可霉素相同。本品抗菌效力比林可霉素强 4～8 倍；内服吸收比林可霉素好，达峰时间比林可霉素快，生物利用度比林可霉素高，且不受食物的影响；分布、代谢特征与林可霉素相似，但血浆蛋白结合率高，可达 90%。	

扫码查看以上药物常用制剂及参考用量与用法。

四、截短侧耳类抗生素

本类抗生素主要包括泰妙菌素和沃尼妙林（表 4-3-9），它们都是畜禽专用的抗生素。

表 4-3-9　截短侧耳类抗生素

药物名称	药理作用	应用及不良反应
泰妙菌素	本品抗菌谱与大环内酯类抗生素相似，对金黄色葡萄球菌、链球菌等均有较强抑制作用，对革兰氏阴性菌尤其肠道菌作用较弱，对支原体、猪胸膜肺炎放线杆菌、猪痢疾短螺旋体等均有较强抑制作用，对支原体的作用优于大环内酯类抗生素。	应用：本品用于防治鸡慢性呼吸道病、猪支原体肺炎和放线菌性胸膜肺炎，也可用于猪短螺旋体痢疾。 不良反应：本品禁止与莫能菌素、盐霉素等聚醚类离子载体抗生素合用，因可增强后者的毒性，使鸡生长缓慢、运动失调、麻痹瘫痪，甚至死亡。本品与金霉素以 1:4 配伍混饲，可治疗猪细菌性肠炎、细菌性肺炎、猪短螺旋体痢疾。本品应避免使用者的眼睛和皮肤与药物接触。含药饲料在环境温度超过 40℃时，储存期不得超过 7 d。本品可导致马结肠炎，禁用。猪食用过量，可引起短暂流涎、呕吐和中枢神经抑制。单胃动物内服吸收良好，而反刍动物则可被胃肠道菌群灭活。
沃尼妙林	本品抗菌谱较广，对革兰氏阳性菌和少数革兰氏阴性菌有效，对支原体和螺旋体有高效，对肠杆菌科细菌如大肠杆菌、沙门菌的作用很弱，本品作用机理同泰妙菌素。	应用：本品主要用于治疗和预防猪短螺旋体痢疾、猪支原体肺炎、猪结肠螺旋体病（结肠炎）和细胞内劳森菌感染引起的猪增生性肠炎（回肠炎）。本品于 1999 年被批准用于预防和治疗由猪痢疾短螺旋体感染引起的猪短螺旋体痢疾和由肺炎支原体感染引起的猪气喘病；2004 年 1 月被批准用于预防由结肠菌毛样短螺旋体感染引起的猪结肠螺旋体病和治疗由细胞内劳森菌感染引起的猪增生性肠炎。 不良反应：沃尼妙林可影响莫能菌素、盐霉素等聚醚类离子载体抗生素的代谢，联合应用时可导致动物出现生长缓慢、运动失调、麻痹瘫痪等不良反应。

扫码查看以上药物常用制剂及参考用量与用法。

五、氨基糖苷类抗生素

氨基糖苷类抗生素的化学结构由氨基糖分子和非糖部分的苷原结合而成，属静止期杀菌药。本类抗生素抗菌谱较广，大部分药对需氧革兰氏阴性杆菌作用强，对革兰氏阳性菌（葡萄球菌属除外）和革兰氏阴性球菌作用较弱，对厌氧菌、立克次体、衣原体、支原体（大观霉素、安普霉素有效）、放线菌、密螺旋体（安普霉素有效）一般无效；部分药对分枝杆菌属（如结核分枝杆菌）作用强。本类抗生素有明显的抗生素后效应。临床常用的药物有链霉素、双氢链霉素、卡那霉素、庆大霉素、新霉素、阿米卡星、大观霉素及安普霉素等，详情见表 4-3-10。

表 4-3-10 氨基糖苷类抗生素

药物名称	药理作用	应用及不良反应
链霉素	本品抗菌谱较广，抗分枝杆菌的作用在氨基糖苷类抗生素中最强，对大多数革兰氏阴性杆菌和革兰氏阳性球菌有效。例如，对大肠杆菌、沙门菌、布鲁氏菌、巴氏杆菌、变形杆菌、痢疾杆菌、鼠疫杆菌、产气荚膜梭菌、鼻疽杆菌等均有较强的抗菌作用，对金黄色葡萄球菌等多数革兰氏阳性球菌效果差，对钩端螺旋体、放线菌也有效。链球菌、铜绿假单胞菌和厌氧菌对本品固有耐药。	应用：本品主要用于敏感菌所致的急性感染，例如大肠杆菌所引起的各种腹泻、乳腺炎、子宫炎、败血症、膀胱炎等；巴氏杆菌所引起的牛出血性败血症、犊牛肺炎、猪肺疫、禽霍乱等；猪布鲁氏菌病；鸡传染性鼻炎；马志贺菌引起的脓毒败血症（化脓性肾炎和关节炎）；马棒状杆菌引起的幼驹肺炎。本品常作为结核病、鼠疫、大肠杆菌病、巴氏杆菌病和钩端螺旋体病的首选药。 不良反应：过敏反应；耳肾毒性；神经肌肉阻滞；猫对链霉素较敏感，常用量即可造成恶心、呕吐等；与β-内酰胺类抗生素合用，可增强抗菌效力。
庆大霉素	本品在氨基糖苷类抗生素中抗菌谱较广，抗菌活性最强，对革兰氏阴性菌和阳性菌均有作用。本品在革兰氏阴性菌中，对大肠杆菌、变形杆菌、嗜血杆菌、铜绿假单胞菌、沙门菌和布鲁氏菌等均有较强的作用，特别是对肠道菌及铜绿假单胞菌高效；在革兰氏阳性菌中，对耐药金黄色葡萄球菌的作用最强，对耐药的葡萄球菌、多数链球菌（如化脓链球菌、肺炎链球菌、粪链球菌等）、炭疽芽孢杆菌等亦有效；此外，对支原体亦有一定作用。本品对厌氧菌（类杆菌属）、结核分枝杆菌不敏感，对立克次体不敏感。	本品主要用于耐药金黄色葡萄球菌、铜绿假单胞菌、变形杆菌和大肠杆菌等所引起的各种感染，例如呼吸道感染、肠道感染、尿道感染、胆道感染、乳腺炎、皮肤和软组织感染、败血症等；鸡传染性鼻炎。本品内服还可用于肠炎和细菌性腹泻。本品已广泛应用于兽医临床，耐药菌株逐渐增加，但不如链霉素、卡那霉素耐药菌株普遍，与链霉素单向交叉耐药，对链霉素耐药菌有效。本品耐药性维持时间较短，停药一段时间后易恢复其敏感性。 不良反应：本品与链霉素相似。本品长期或大量应用引起可逆性肾毒性的发生率增高，对肾有较严重的损害作用，这与其在肾皮质部蓄积有关，与头孢菌素合用肾毒性增强。本品静脉推注时，神经肌肉传导阻滞作用明显，可引起呼吸抑制作用。
新霉素	本品抗菌谱与链霉素相似。在氨基糖苷类抗生素中，本品毒性最大，一般禁止注射给药。	应用：本品内服给药后很少吸收，在肠道内呈现抗菌作用，内服用于葡萄球菌、痢疾杆菌、大肠杆菌、变形杆菌等引起的畜禽的肠炎；子宫或乳管内注入，治疗奶牛、母猪的子宫内膜炎和乳腺炎；局部外用（0.5%溶液或软膏），治疗葡萄球菌和革兰氏阴性杆菌引起的皮肤、眼、耳感染。 不良反应：本品在氨基糖苷类抗生素中毒性最大，而常量内服或局部用药很少出现毒性反应，临床一般只供内服或局部应用；本品对猫、犬、牛注射易引起肾毒性和耳毒性，猪注射出现短暂性后躯麻痹及呼吸骤停的神经肌肉阻滞症状；本品内服影响洋地黄类药物、维生素A或维生素B_2的吸收。与大环内酯类抗生素合用，可治疗革兰氏阳性菌所致的乳腺炎；与甲溴东莨菪碱配伍制成硫酸新霉素甲溴东莨菪碱溶液，用于治疗革兰氏阴性菌引起的仔猪腹泻。

（续表）

药物名称	药理作用	应用及不良反应
大观霉素	本品对大肠杆菌、沙门菌、志贺菌、变形杆菌等多种革兰氏阴性杆菌有中度抑制作用；对化脓链球菌、肺炎链球菌、表皮葡萄球菌敏感；对铜绿假单胞菌不敏感；对支原体敏感；对密螺旋体不敏感。本品易产生耐药性，与链霉素无交叉耐药性。	应用：本品主要用于治疗畜禽的大肠杆菌病、沙门菌病、巴氏杆菌病。本品与林可霉素联用比单独使用效果好，常将盐酸大观霉素或硫酸大观霉素与盐酸林可霉素混合成复方制剂，增加对支原体的抗菌活性。 不良反应：本品的肾毒性和耳毒性较轻，而神经肌肉传导阻滞作用明显，不能静脉给药；与四环素合用呈拮抗作用。本品皮下或肌内注射吸收良好，但药物的组织浓度低于血浆浓度，且不易进入脑脊液。本品主要以原型经肾排出。

扫码查看以上药物常用制剂及参考用量与用法。

本类药物的主要共同特征：①均为有机碱，能与酸形成盐。常用制剂为硫酸盐，易溶于水，性质稳定。在碱性环境中抗菌作用增强；②作用机理相似，能抑制细菌蛋白质合成的全过程；③内服吸收很少，几乎完全从粪便排出，有利于作为肠道感染用药。注射给药后吸收迅速，大部分以原型从尿中排出，适用于尿道感染；④属静止期杀菌剂、抗菌，对需氧革兰氏阴性杆菌的作用强，对厌氧菌无效；对革兰氏阳性菌的作用较弱，但对金黄色葡萄球菌包括耐药菌株较敏感；⑤不良反应主要是损害第八对脑神经（致前庭功能失调及耳蜗神经损害）、肾毒性（可损害肾小管上皮细胞，出现蛋白尿、管型尿、血尿和肾功能减退）及对神经肌肉有阻断作用（出现四肢肌无力、心肌抑制和呼吸衰竭等症状）、二重感染（损害肠壁绒毛而影响肠道对脂肪、蛋白质、糖类、铁等的吸收，引起肠道菌群失调，致使厌氧菌、真菌大量繁殖从而出现二重感染），偶见过敏反应。

六、多肽类抗生素

多肽类抗生素是一类具有多肽结构的化学物质。兽医临床常用的多肽类抗生素有杆菌肽、黏菌素、维吉尼亚霉素和恩拉霉素等，详情见表 4-3-11，此类药物抗菌谱较窄，但抗菌活性强，均属杀菌药。其中，黏菌素仅对革兰氏阴性杆菌有作用，其他则均对革兰氏阳性菌有作用。多数药物由于毒性较大，尤其是肾毒性和对神经系统的损害较明显，临床上一般不作为治疗的首选药物。但是随着耐药性问题日益严重，本类药物的临床价值又重新得到重视。

表 4-3-11　多肽类抗生素

药物名称	药理作用	应用及不良反应
黏菌素	本品为窄谱型杀菌抗生素。对革兰氏阴性杆菌作用强，尤以铜绿假单胞菌最为敏感，对大肠杆菌、沙门菌、巴氏杆菌、痢疾杆菌、布鲁氏菌和弧菌等的作用较强，对变形杆菌属、厌氧杆菌属、革兰氏阴性球菌和革兰氏阳性菌等无效。本品的杀菌机制是其带正电荷的游离氨基能与革兰氏阴性杆菌胞质膜磷脂中带负电荷的磷酸根结合，降低胞质膜的表面张力，增加通透性，使菌体内氨基酸、嘌呤、嘧啶、磷酸盐等成分外漏；还可进入细胞质内干扰正常功能，导致细菌死亡。细菌对本品不易产生耐药性，但与多黏菌素B之间有交叉耐药性。本类药物与其他抗菌药物间没有交叉耐药性。	应用：本品主要用于防治猪、鸡的革兰氏阴性菌所致的肠道感染；外用治疗烧伤和外伤引起的铜绿假单胞菌感染。由于耐药性的风险问题，我国已禁止其作为饲料药物添加剂促进畜禽生长。 不良反应：本品常作为铜绿假单胞菌和大肠杆菌引起的感染性疾病的首选药。本品注射给药刺激性强，局部疼痛显著，并可引起肾毒性和神经毒性，故多用于内服或局部用药。本品不宜与麻醉药和镁制剂等骨骼肌松弛药、庆大霉素与链霉素等氨基糖苷类抗生素合用，因能引起蛋白尿，血尿、管型尿、肌无力和呼吸暂停；与杆菌肽锌、磺胺药和甲氧苄啶合用对大肠杆菌、肺炎杆菌和铜绿假单胞菌等有协同作用。本品内服不易吸收，吸收后主要以原型经肾排泄，本品易引起肾毒性和神经系统的毒性反应。本品注射已少用。
杆菌肽	本品的抗菌谱和青霉素G相似，对金黄色葡萄球菌（包括耐青霉素的金黄色葡萄球菌）、链球菌、肺炎链球菌、肠球菌等大多数革兰氏阳性菌作用强，对脑膜炎双球菌和流感杆菌等少数革兰氏阴性菌有效，对螺旋体和放线菌也有效。本品细菌不易产生耐药性，与其他抗生素无交叉耐药性。	应用：本品局部应用治疗革兰氏阳性菌及耐青霉素葡萄球菌所引起的皮肤创伤、眼部感染和乳腺炎。 不良反应：本品注射给药的肾毒性大，一般用于内服和外用。本品与青霉素、链霉素、新霉素、多黏菌素及有机砷制剂等合用有协同作用；和多黏菌素组成的复方制剂，不宜与土霉素、金霉素、吉他霉素、恩拉霉素、维吉尼亚霉素等合用。本品内服吸收很差，肌内注射易吸收。本品乳管内注入，在乳中残留时间不超过 72 h。
恩拉霉素	本品对金黄色葡萄球菌、表皮葡萄球菌、化脓链球菌等革兰氏阳性菌有抗作用，对革兰氏阴性菌无效。本品低浓度可促进猪、禽生长，但禁止作为饲料添加剂使用。	应用：本品用于预防革兰氏阳性菌感染。 不良反应：本品禁止与四环素、吉他霉素、杆菌肽、维吉尼亚霉素等配伍应用，可与黏杆菌素联合应用。本品内服难吸收。
维吉尼亚霉素	本品对金黄色葡萄球菌、肠球菌等革兰氏阳性菌均有较强作用，对大多数革兰氏阴性菌无效，对支原体有作用。本品不易产生耐药性，与其他抗生素无交叉耐药性。	应用：本品低剂量能促生长和提高饲料转化率，但禁止将其作为饲料药物添加剂促进畜禽生长；中高剂量则用于防治梭状芽孢杆菌所致的肠炎和猪痢疾。 不良反应：本品内服不易吸收，主要随粪排出。

扫码查看以上药物常用制剂及参考用量与用法。

七、四环素类抗生素

四环素类抗生素（表 4-3-12）为一类具有共同多环并四苯羧基酰胺母核的衍生物，仅在5、6、7位取代基有所不同。它们对革兰氏阳性菌和革兰氏阴性菌、螺旋体、立克次体、支原体、衣原体、原虫（球虫、阿米巴原虫）等均可产生抑制作用，故称为广谱抗生素。兽医临床常见的有四环素、土霉素、金霉素、去甲金霉素、多西环素（强力霉素）等。本类药物的主要共同特征见表 4-3-13。

表 4-3-12　四环素类抗生素

药物名称	药理作用	应用及不良反应
土霉素	本品内服吸收不规则且不完全，主要在小肠的上段被吸收。胃肠道内的镁、钙、铝、铁、锌、锰等多价金属离子，能与本品形成难溶的螯合物，而使药物吸收减少，因此不宜与含多价金属离子的药品、饲料或乳制品共服。反刍动物对本品吸收差，并且能抑制胃内微生物的活性，不宜内服给药。本品吸收后主要分布于细胞外液，可进入胸腔、腹腔、胎儿循环及乳汁中，但不能通过血脑屏障进入脑脊液中。本品在体内储存于胆，脾，尤其易沉积于骨骼和牙齿；有相当一部分可由胆汁进入肠道，被再次吸收利用，形成肠肝循环，从而延长药物在体内的时间。本品主要由肾排泄，在胆汁和尿中浓度高，有利于胆道及泌尿道感染的治疗；当肾功能障碍时，则排泄减慢，半衰期延长，对肝的毒性加重。 本品为广谱抗生素，除对革兰氏阳性菌和阴性菌有作用外，对立克次体、衣原体、支原体、螺旋体、放线菌和某些原虫亦有抑制作用。本品在革兰氏阳性菌中，对葡萄球菌、溶血性链球菌、炭疽杆菌、破伤风梭菌和梭状芽孢杆菌等的作用较强，但其作用不如青霉素类和头孢菌素类；在革兰氏阴性菌中，对大肠杆菌、沙门菌、布鲁氏菌和巴氏杆菌等较敏感，但其作用不如氨基糖苷类和酰胺醇类。细菌对本品能产生耐药性，但产生较慢。天然四环素类之间存在交叉耐药性。	应用：本品主要用于治疗大肠杆菌或沙门菌引起的下痢，如犊牛白痢、羔羊痢疾、仔猪黄痢和白痢、雏鸡白痢；多杀性巴氏杆菌引起的牛出血性败血症、猪肺疫、禽霍乱等；支原体引起的牛肺炎、猪气喘病、鸡慢性呼吸道病等；对血孢子虫感染的泰勒焦虫病、放线菌病、钩端螺旋体病等也有一定疗效；局部用于坏死杆菌所致的坏死、子宫蓄脓、子宫内膜炎等。 不良反应：①局部刺激。其盐酸盐水溶液属强酸性，刺激性大，不宜肌内注射，静脉注射时勿漏出血管外，注射速度应缓慢。②二重感染。成年草食动物长期内服后，易引起肠道菌群紊乱，导致消化机能失常-造成肠炎或腹泻。③影响牙齿与骨发育。四环素进入机体后与钙结合，随钙沉积于牙齿和骨骼中，还易透过胎盘进入乳汁，孕畜、哺乳母畜、幼小动物禁用。④肝毒性。长期应用可导致肝脂肪变性，甚至坏死，应注意肝功能检查。
四环素	本品内服后血药浓度较土霉素或金霉素高，对组织的渗透率较高，易透入胸腹腔、胎畜循环及乳汁中。本品抗菌谱与土霉素相似，但对革兰氏阴性杆菌的作用较好，对革兰氏阳性球菌，如葡萄糖球菌的效力则不如金霉菌。	应用：本品治疗某些革兰氏阳性菌和革兰氏阴性菌、支原体、立克次体、螺旋体、衣原体等引起的感染。 不良反应同土霉素。
金霉素	本品抗菌谱与土霉素相似，但抗菌作用优于土霉素和四环素。	本品可防治鸡慢性呼吸道病、大肠杆菌病、猪细菌性肠炎、犊牛细菌性痢疾、滑膜炎、巴氏杆菌病等。

（续表）

药物名称	药理作用	应用及不良反应
多西环素	本品内服后吸收迅速，生物利用度高，维持有效血药浓度时间长，对组织渗透力强，分布广泛，易进入细胞内，有显著的肠肝循环。本品在肝内大部分以结合或络合方式灭活，再经胆汁分泌入肠道，随粪便排出。经肾脏排出时，由于本品具有较强的脂溶性，易被肾小管重吸收，因而有效药物浓度维持时间较长。本品抗菌谱与其他四环素类相似，体内外抗菌活性较土霉素、四环素强。细菌对本品与土霉素、四环素等存在交叉耐药性。	应用：本品主要用于治疗畜禽的支原体病、大肠杆菌病、沙门菌病、巴氏杆菌病和鹦鹉热等；本品在四环素类中毒性最小。 不良反应：马属动物静脉注射可能导致心律不齐、虚脱和死亡。

扫码查看以上药物常用制剂及参考用量与用法。

表 4-3-13　四环素类抗生素的共同特征

类别	内容
体内过程	吸收：四环素类抗生素口服能吸收但不完全，影响口服吸收率的因素如下。①多价阳离子Mg^{2+}、Ca^{2+}、Al^{3+}、F^{+}与四环素类抗生素形成难溶难吸收的络合物，因此含这些离子的药物、食物及奶制品等均可妨碍其吸收。本品宜空腹服用，服用铁剂后胃液中酸度增高，药物溶解完全，吸收较好。②本品与碱性药如碳酸氢钠、H受体阻断药或抗酸药合用，可使四环素类抗生素吸收减少；酸性药如维生素C则可促进四环素类抗生素吸收。
	分布：血浆蛋白结合率差异性较大（40%～80%），组织分布广泛，本品主要集中于肝、肾、脾、皮肤、骨、骨髓、牙齿及牙釉质等组织；能透过胎盘屏障，沉积于新形成的牙齿和骨骼，与这些部位的钙离子结合而影响其发育，并产生损害作用；易渗透到大多数组织和体液中，但除多西环素和米诺环素外在脑脊液中均难达到有效治疗浓度。
	代谢与排泄：四环素类抗生素部分在肝代谢，并经胆道和肾排泄；大多数四环素类抗生素存在肝肠循环，胆汁中药物浓度较高，有利于治疗胆道感染；部分以原型经肾小球滤过排泄，尿液中药物浓度较高，有利于治疗尿道感染。
抗菌作用	四环素类抗生素属广谱抗生素，其抗菌谱包括常见的革兰氏阳性与革兰氏阴性需氧菌和厌氧菌、立克次体、螺旋体、支原体、衣原体及某些原虫等。大多数常用四环素类抗生素的抗菌活性近似，但多西环素、米诺环素、替加环素对耐四环素菌株仍有较强抗菌活性。四环素类抗生素对革兰氏阳性菌的抗菌活性较革兰氏阴性菌强。
作用机理	四环素类抗生素能特异性地与细菌核糖体30S亚基A位结合，阻止蛋白质合成中始动复合物的形成和阻断氨酰RNA（亦称氨基能RNA）进入A位，从而抑制肽链的延长和蛋白质的合成；还可引起细菌细胞膜通透性的改变，使细胞内核苷酸等重要成分外漏，从而抑制DNA的复制，故属于快速抑菌药，高浓度时具有杀菌作用。
耐药性	对四环素类抗生素耐药菌株的日益增加限制了它们的临床应用。天然的四环素类抗生素之间存在交叉耐药性，但天然的与半合成的四环素类抗生素之间交叉耐药性不明显。

（续表）

类别	内容
临床应用	四环素类抗生素对立克次体引起的斑疹伤寒和恙虫病等有特效，可作为衣原体感染如鹦鹉热衣原体引起的鹦鹉热、肺炎衣原体引起的肺炎、沙眼衣原体引起的淋巴结性肉芽肿、非特异性尿道炎、输卵管炎及沙眼等的首选药；对螺旋体感染如回归热鼠疫，霍乱弧菌引起的霍乱，布鲁氏菌引起的布鲁氏菌病，幽门螺杆菌引起的消化性溃疡等也有疗效。使用本类药物时首选多西环素。
不良反应	胃肠道反应、二重感染、对牙齿和骨骼发育的影响、肝毒性、肾毒性、光敏反应和前庭反应等。

八、酰胺醇类抗生素

酰胺醇类抗生素又称氯霉素类，是一类广谱速效抑菌剂，包括氯霉素、甲砜霉素、氟苯尼考等，详情见表 4-3-14。其中，氯霉素可引起人和动物的可逆性血细胞减少和不可逆的再生障碍性贫血，因此世界各国都禁止用于所有食品动物。细菌对本类药物可产生耐药性，但发生较缓慢，耐药菌以大肠杆菌最常见。氯霉素、甲砜霉素、氟苯尼考之间存在完全交叉耐药性。

表 4-3-14　酰胺醇类抗生素

药物名称	药理作用	应用及不良反应
甲砜霉素	本品内服、肌内注射吸收迅速而完全，体内分布广泛。本品在肝内代谢少，大多数药物（70%～90%）以原型从尿中排出，故可用于治疗泌尿道的感染。 本品属广谱速效抑菌剂，对革兰氏阳性菌和革兰氏阴性菌均有抑制作用，但对革兰氏阴性菌的作用较革兰氏阳性菌强。敏感菌主要有伤寒杆菌、副伤寒杆菌、沙门菌、大肠杆菌、巴氏杆菌、布鲁氏菌等革兰氏阴性菌，以及链球菌、炭疽杆菌、肺炎球菌、棒状杆菌、葡萄球菌等革兰氏阳性菌。此外，本品对钩端螺旋体、衣原体和立克次体亦有一定作用，对铜绿假单胞菌无效。	应用：本品主要用于治疗敏感菌引起的肠道感染，尤其是沙门菌感染，如仔猪、幼驹副伤寒，禽副伤寒、雏鸡白痢，仔猪黄痢、白痢，幼驹大肠杆菌病等；也用于厌氧菌引起的犬（猫）脑脓肿，革兰氏阴性菌引起的犬（猫）前列腺炎等。 不良反应：本品不引起再生障碍性贫血，但能可逆性地抑制红细胞、白细胞和血小板生成，有较强的免疫抑制作用；本品禁用于疫苗接种期的动物和免疫功能严重缺损的动物；有胚胎毒性，妊娠期及哺乳期家畜慎用。
氟苯尼考	本品为动物专用抗生素，内服和肌内注射吸收快，体内分布广，半衰期长，有效血药浓度维持时间较长。本品大多数药物以原型从尿中排出，抗菌谱与甲砜霉素相似，但抗菌活性优于甲砜霉素。猪胸膜肺炎放线杆菌、溶血性巴氏杆菌、多杀性巴氏杆菌对其高度敏感，对耐甲砜霉素的大肠杆菌、伤寒沙门菌、克雷伯菌也有效。	应用：主要用于牛、猪、鸡和鱼类的细菌性疾病，如牛的呼吸道感染、乳腺炎，猪传染性胸膜肺炎、黄痢、白痢，鸡大肠杆菌病、禽霍乱、鱼疖病。 不良反应：不引起骨髓抑制或再生障碍性贫血，但对胚胎有一定毒性，故妊娠动物禁用。

扫码查看以上药物常用制剂及参考用量与用法。

工|具|准|备

网络查询设备、兽医处方笺、新病例、各类抗生素等。

人|员|准|备

人员分组，每组 5 人，明确职责分工。

任务角色	任务内容
组长：	任务：
组员 1：	任务：
组员 2：	任务：
组员 3：	任务：
组员 4：	任务：

任务实施

第一步：查询各类文献、资料，了解不同种类抗生素的优缺点，找出日常生活中常见的抗生素并说出其属于的类型；了解不同种类的抗生素中属于动物专用的药物。

第二步：熟悉各类型抗生素的代表药及其药动学特征、临床使用方法和注意事项。

第三步：根据前期学习对本任务提出的病例进行诊断并制订合理的用药方案。

第四步：熟练掌握抗生素的用药机理后，再根据新的病例继续熟悉抗生素的应用。

任务检测

项目四任务四检测

任务评价

工作任务完成过程评价表

班级：__________ 组别：__________ 姓名：__________

<table>
<tr><th>项目</th><th>评分标准</th><th>自我评价</th><th>小组评价</th><th>教师评价</th></tr>
<tr><td rowspan="4">资料收集（50 分）</td><td>操作熟练，分析合理，判断准确（50 分）</td><td rowspan="4"></td><td rowspan="4"></td><td rowspan="4"></td></tr>
<tr><td>操作较熟练，报告较准确清晰（40 分）</td></tr>
<tr><td>操作不太熟练，报告有少量错误（30 分）</td></tr>
<tr><td>操作不熟练，判断不准确（30 分以下）</td></tr>
<tr><td rowspan="2">课前准备（20 分）</td><td>了解不同种类抗生素的优缺点，找出日常生活中常见的抗生素并说出其属于的类型（10 分）</td><td></td><td></td><td></td></tr>
<tr><td>了解不同种类的抗生素中属于动物专用的药物（10 分）</td><td></td><td></td><td></td></tr>
<tr><td rowspan="3">课后评价（30 分）</td><td>熟悉不同种类抗生素的理论知识（10 分）</td><td></td><td></td><td></td></tr>
<tr><td>能够通过掌握的知识对本任务提出的病例进行准确的分析并制订合理的给药方案（10 分）</td><td></td><td></td><td></td></tr>
<tr><td>能在学习完本任务后，再根据新的病例继续熟悉不同种类抗生素的用药（10 分）</td><td></td><td></td><td></td></tr>
<tr><td colspan="2">合计</td><td></td><td></td><td></td></tr>
<tr><td>自我评价与总结</td><td colspan="4"></td></tr>
<tr><td>教师点评</td><td colspan="4"></td></tr>
</table>

任务四 化学合成抗菌药

任务导入

猫，1 岁，雄性，3.2 kg，近 1 个月一直挠两只耳朵，并将耳朵在地上来回磨蹭。经临床检查发现两耳均出现褐色分泌物，取分泌物时耳朵里有恶臭味。将分泌物通过镜检发现有耳螨。诊断为耳螨病。请根据诊断结果，制定治疗措施，并开具正确的处方。

任务工单

班级：________ 姓名：________ 学号：________

任务名称	合理使用化学合成抗菌药
任务描述	根据实际情况，填写本任务的内容、目的、流程和方法。 任务内容：________ 任务目的：________ 任务流程：________ 任务方法：________
获取信息	要完成任务，需要掌握相关的知识。请收集资料，回答以下问题。 1. 论述化学合成抗菌药与任务三中抗生素的异同。 2. 常见的化学合成抗菌药种类有哪些？ 3. 各类化学合成抗菌药的代表药物、药动学特征、临床使用方法及注意事项有哪些？ 4. 对上述病例进行分析并制订合理的用药方案。
制订计划	

（续表）

任务实施	按照预先制订的工作计划，完成本任务，并记录任务实施过程。			
	序号	完成的任务	遇到的问题	解决办法

任务准备

知识准备

一、磺胺类药物

自 1935 年发现第一个磺胺类药物（百浪多息）以来，先后合成的这类药已达上千种，而临床上常用的只有二三十种。磺胺类药具有抗菌谱较广、性质稳定、使用方便、价格低廉、国内能大量生产等优点。甲氧苄啶和二甲氧苄啶等抗菌增效剂与磺胺类药联合使用后，抗菌谱扩大、疗效显著提高。因此，磺胺类药至今在抗微生物药物中仍有重要地位。

（一）理化性质

磺胺类药一般为白色或淡黄色结晶性粉末，在水中溶解度差，易溶于稀碱溶液中。其钠盐易溶于水，水溶液呈碱性。

（二）构效关系及分类

磺胺类药物的基本化学结构是对氨基苯磺酰胺（图 4-4-1），简称磺胺。抑菌作用与化学结构之间的关系是：①磺酰胺基上的一个氢原子（R_1）如被不同杂环取代，可获得一系列内服易吸收用于防治全身性感染的磺胺药，如磺胺嘧啶、磺胺甲恶唑等；②磺酰胺基对位的游离氨基是抗菌活性的必需基团，如氨基上的一个氢原子（R_2）被酰胺化，则失去抗菌活性；③对位氨基的一个氢原子被其他基团取代，则成为内服难吸收用于肠道感染的磺胺药，如酞磺胺噻等，其在肠道内水解，使氨基游离后、才发挥抑菌作用。磺胺类的药物根据内服后的吸收情况分为肠道易吸收、肠道难吸收和外用三类，详情见表 4-4-1。

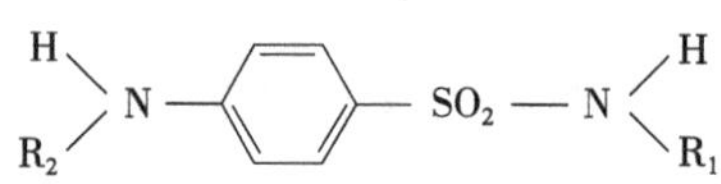

图 4-4-1　磺胺类药物的基本化学结构

表 4-4-1　磺胺类药物的分类及常用药物名称、英文缩写

分类	药物名称	英文缩写
肠道易吸收磺胺类药物	氨苯磺胺	SN
	磺胺噻唑	ST

（续表）

分类	药物名称	英文缩写
肠道易吸收磺胺类药物	磺胺嘧啶	SD
	磺胺二甲嘧啶	SM2
	磺胺甲恶唑（新诺明、新明磺）	SMZ
	磺胺对甲氧嘧啶（磺胺-5-甲氧嘧啶、消炎磺）	SMD
	磺胺间甲氧嘧啶（磺胺-6-甲氧嘧啶、制菌磺）	SMM、DS-36
	磺胺地索辛（磺胺-2,6-二甲氧嘧啶）	SDM
	磺胺多辛（磺胺-5,6-二甲氧嘧啶、周效磺胺）	SDM'
	磺胺喹恶啉	SQ
肠道难吸收磺胺类药物	磺胺脒	SG
	柳氮磺吡啶（水杨酰偶氮磺胺吡啶）	SASP
	酞磺噻唑（酞酰磺胺噻唑）	PST
	酞磺醋胺	PSA
	琥磺噻唑（琥磺胺噻唑、琥珀酰磺胺噻唑）	SST
外用磺胺类药物	磺胺醋酰钠	SA-Na
	醋酸磺胺米隆（甲磺灭脓）	SML
	磺胺嘧啶银（烧伤宁）	SD-Ag

（三）药动学

磺胺类药物的药动学过程见表 4-4-2。

表 4-4-2 磺胺类药物的药动学过程

类别	特点
吸收	磺胺类药物用于全身性感染的磺胺药内服均易吸收，用于消化道感染的磺胺药为内服不易吸收的药物。各种内服易吸收的磺胺药，其生物利用度的大小因药物和动物种类而有差异。其顺序分别为SM2＞SDM'＞SN＞SD＞ST；禽＞犬＞猪＞马＞羊＞牛。肉食动物内服后 3～4 h吸收完全，草食动物为 4～6 h，反刍动物为 12～24 h，无反刍机能的犊牛、羔羊的生物利用度比成年动物快而完全。此外，磺胺药的生物利用度也受胃肠内容物充盈度及胃肠蠕动快慢的影响。磺胺类药的钠盐可经肌内注射、腹腔注射或由子宫和乳管内注入而迅速吸收。
分布	磺胺类药物吸收后可分布于全身各组织和体液中，以血液、肝、肾含量较高，神经，肌肉及脂肪中的含量较低，可进入乳腺、胎盘、胸膜、腹膜及滑膜腔。磺胺类药物吸收后，大部分与血浆蛋白结合，绝大多数磺胺药在脑脊液中的浓度极低。常用磺胺药中以磺胺嘧啶与血浆蛋白的结合率较低，因而进入脑脊液的浓度较高（为血药浓度的 50%～80%），故可作为脑部细菌感染的首选药。磺胺药与血浆蛋白结合率因药物和动物种属的不同而有很大的差异，各种家畜的血浆蛋白结合率，通常以牛为最高，羊、猪、马等次之。磺胺类药物与血浆蛋白结合率高的磺胺药排泄较缓慢，血中有效物浓度维持时间也较长。
代谢	磺胺类药物主要在肝代谢，最常见的方式是对位氨基的乙酰化。磺胺乙酰化后失去抗菌活性，保持原有毒性，且溶解度下降。肉食及杂食动物，由于尿液偏酸性，较易引起磺胺及乙酰化磺胺的沉淀结晶，损害肾功能。若同时内服碳酸氢钠碱化尿液，则可提高其溶解度，促进其从尿中排出。
排泄	内服难吸收的磺胺类主要随粪便排出；被吸收的磺胺类主要通过肾排出，少量由乳汁、消化液及其他分泌液排出。治疗泌尿道感染时，应选用乙酰化率低、原型排出多的磺胺药。

（四）药理作用

磺胺药抗菌作用范围广泛，对大多数革兰氏阳性菌和某些革兰氏阴性菌都有抑制作用，为广谱抑制剂。对磺胺药高度敏感的病原菌：链球菌、肺炎球菌、沙门菌、化脓棒状杆菌、大肠杆菌；次敏感菌：葡萄球菌、变形杆菌、巴氏杆菌、产气荚膜梭菌、炭疽杆菌、李斯特菌、痢疾杆菌、铜绿假单胞菌等。磺胺药对某些放线菌、衣原体和某些原虫（如球虫、阿米巴原虫、弓形虫）也有较好的抑制作用，但对螺旋体、结核杆菌、立克次体、病毒等无效。

不同磺胺药对病原菌的抑制作用亦有明显差异。一般来说，磺胺药抗菌作用强度的顺序为：SMM＞SMZ＞SD＞SDM＞SMD＞SM2＞SDM'＞SN。

（五）作用机理

磺胺类药物的作用机理是抑制二氢叶酸的合成，抗菌增效剂（如甲氧苄啶、二甲氧苄啶）的作用机理是抑制二氢叶酸还原酶。它们抑制了这些酶的合成，无法进一步形成四氢叶酸，从而阻碍了菌体核酸的合成，从而引起细菌死亡。正常情况下服用磺胺类药物需要补充叶酸。磺胺类药物能抑制二氢叶酸合成酶是因为微生物的叶酸是对氨基苯甲酸（PABA）、碟啶环和谷氨酸构成的，磺胺类药物和对氨基苯甲酸的结构非常相似，当服用磺胺类药物以后，会和对氨基苯甲酸形成竞争性抑制。微生物的二氢叶酸合成酶被抑制后，对氨基苯甲酸就不能被活化，代谢过程中二氢叶酸的合成就受到抑制。但是对氨基苯甲酸是微生物叶酸的前体形式，在动物体内不存在，就不会发生竞争抑制，内服叶酸也不会受磺胺类药物的影响。但是在内服磺胺类药物的同时不能使用含有对氨基苯甲酸的药物，如普鲁卡因、丁卡因等，会影响磺胺类药物等的作用（图 4-4-2）。

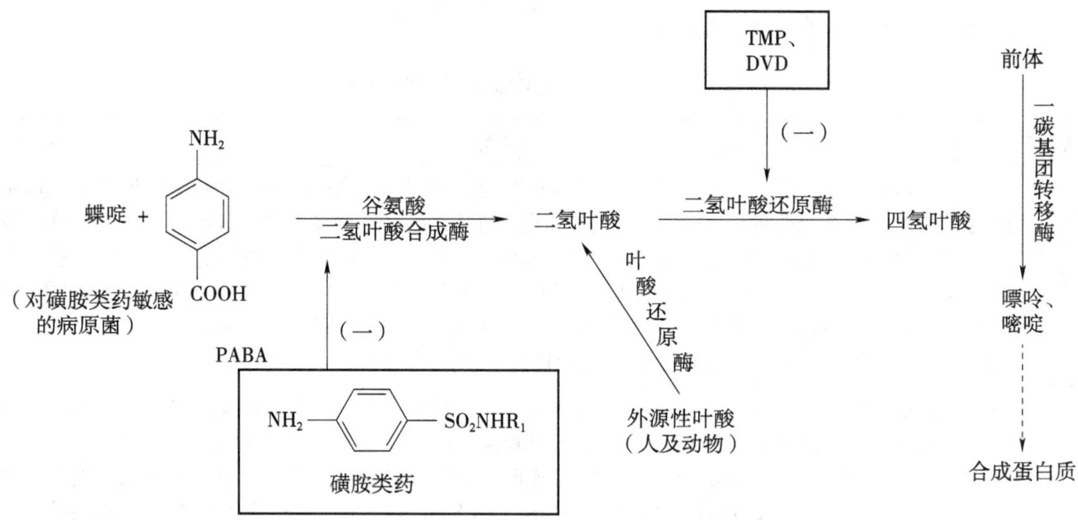

图 4-4-2　磺胺类药物的作用机理

（六）耐药性

细菌对磺胺类易产生耐药性，以葡萄球菌为最易，大肠杆菌、链球菌等次之。各磺胺药之间可产生程度不同的交叉耐药性，但与其他抗菌药之间无交叉耐药现象。

（七）不良反应

（1）急性中毒。多见于静脉注射速度过快或剂量过大。主要表现神经症状，如共济失调、痉挛性麻痹、呕吐、昏迷、食欲降低和腹泻等，严重者迅速死亡。牛、山羊还可见视物障碍、散瞳。雏鸡中毒时大批死亡。

（2）慢性中毒。常见于剂量较大或连续用药超过 1 周。主要症状为：损害泌尿系统，出现结晶尿、血尿和蛋白尿等；抑制胃肠道菌群，导致消化系统障碍和草食动物的多发性肠炎等；破坏造血机能，出现溶血性贫血、凝血时间延长和毛细血管渗血；幼畜及幼禽免疫系统抑制、免疫器官出血及萎缩；家禽慢性中毒时，增重减慢、蛋鸡产蛋量下降、破蛋率和软蛋率增加。

（八）注意事项

（1）选用疗效高、作用强、溶解度大、乙酰化率低的磺胺药。

（2）足够的剂量和疗程。首次用量加倍，以后用维持量，症状消失后维持 2～3 d。连续用药不超过 1 周。

（3）用药期间给予充足的饮水，以增加尿量、促进排出。同时，要补充B族维生素和维生素K。

（4）碱化尿液。幼畜、杂食或肉食动物使用磺胺类药物时，宜与碳酸氢钠同服，以碱化尿液，促进排出。

（5）局部外用时，要清创。因在脓汁和坏死组织中含有大量的PABA，能减弱磺胺类药物的作用。

（6）不与普鲁卡因合用。因其在体内能水解生成PABA，可减弱磺胺类药物的疗效。

（7）肌内注射刺激性强，宠物不宜肌内注射，一般应静脉注射。

（8）蛋鸡产蛋期禁用。

（九）常见磺胺类药物的应用

常见磺胺类药物的应用见表 4-4-3。

表 4-4-3　常见磺胺类药物的应用

药物名称	应用
磺胺嘧啶	本品与血浆蛋白结合率低，易渗入组织和脑脊液，故为脑部感染的首选药，也用于各种动物敏感菌所致的全身感染。
磺胺二甲嘧啶	本品抗菌作用比SD弱，但乙酰化率低，不良反应少，除用于治疗敏感菌所致的全身感染外，还可防治球虫病。
磺胺间甲氧嘧啶	本品抗菌力最强，不良反应少，可治疗各种全身和局部感染，尤其对猪弓形虫病、猪水肿病和家禽球虫病疗效较好，对猪萎缩性鼻炎亦有一定防治作用。
磺胺甲唑	本品抗菌力与SMM相似，内服后吸收和排泄慢，主要用于严重的呼吸道和泌尿道感染，与TMP配用，其抗菌效力可增强数倍至数十倍。
磺胺对甲氧嘧啶	本品疗效不如SDM，但由于乙酰化率低、毒性小，适用于泌尿道感染。
磺胺脒	本品内服大部分不吸收，肠内浓度高，适用于肠道感染，如肠炎、白痢和球虫病。
磺胺嘧啶银	本品对铜绿假单胞菌和大肠杆菌作用强，且有收敛创面和促进愈合的作用，主要用于烧伤感染，可敷于烧伤创面或配成 2% 混悬液湿敷。

二、抗菌增效剂

抗菌增效剂是一类新型广谱抗菌药，由于能增强磺胺药和多种抗生素的疗效，故称为抗菌增效剂。国内常用甲氧苄啶（TMP）、二甲氧苄啶（DVD，动物专用药），详情见表 4-4-4。

表 4-4-4　抗菌增效剂

<table>
<tr><th>药物名称</th><th>作用机理</th><th>应用及不良反应</th></tr>
<tr><td>甲氧苄啶（TMP）</td><td rowspan="2">本品主要是通过抑制二氢叶酸还原酶，使二氢叶酸不能还原成四氢叶酸，因而切断了敏感菌叶酸的代谢途径，从而妨碍菌体核酸合成。TMP与磺胺类药物合用时，可从两个不同环节同时阻断叶酸合成，而起双重阻断作用，使抗菌作用增强数倍至几十倍，甚至使抑菌作用变为杀菌作用。</td><td>应用：本品临床按 1：5 的比例，与SMD、SMM、SMZ、SD、SM2、SQ等合用，用于敏感菌引起的呼吸道、泌尿道感染及蜂窝组织炎、腹膜炎、乳腺炎、创伤感染等；亦用于幼畜肠道感染、猪萎缩性鼻炎、猪传染性胸膜肺炎。本品对家禽大肠杆菌病、鸡白痢、鸡传染性鼻炎、禽伤寒及霍乱等均有良好的疗效。
不良反应：单用易产生耐药性。本品偶尔引起白细胞、血小板减少。孕畜和出生仔畜应用可引起叶酸摄取障碍，应慎用。</td></tr>
<tr><td>二甲氧苄啶（DVD）</td><td>应用：本品抗菌活性弱于TMP。本品内服吸收较少，在肠道内浓度较高，主要用作肠道的抗菌增效剂。本品常以 1：5 的比例与SQ、SM2、SMD等合用，防治禽、兔的球虫病和肠道感染。DVD单用也具有防治球虫病的作用。</td></tr>
</table>

扫码查看以上药物常用制剂及参考用量与用法。

三、喹诺酮类药物

喹诺酮类是人工合成的具有 4 喹诺酮环结构的抗菌药物，按发明先后及其抗菌性能的不同，分为四代，见表 4-4-5。

表 4-4-5　喹诺酮类药物的分类及特点

<table>
<tr><th>分类</th><th>特点</th></tr>
<tr><td>第一代</td><td>1962 年首先应用于临床的第一代喹诺酮类是萘啶酸，因抗菌谱窄、抗菌力弱、毒性大，现已被淘汰。</td></tr>
<tr><td>第二代</td><td>第二代的代表药物是 1974 年合成的吡哌酸，抗菌活性有所增强，主要抗革兰氏阴性菌，但内服难吸收，主要以原型从尿中排出，不良反应较大。仅用于泌尿道、肠道感染。</td></tr>
<tr><td>第三代</td><td>1979 年合成了第三代的第一个药物诺氟沙星，由于它具有 6-氟-7-哌嗪-4-喹诺酮环结构，又名为氟喹诺酮类药物。
这类药物具有下列特点：①抗菌谱广，对革兰氏阳性菌和革兰氏阴性菌、铜绿假单胞菌、支原体、衣原体等均有作用；②杀菌力强，在体外很低的药物浓度即可显示较高的抗菌活性，临床疗效显著；③吸收快、体内分布广泛，可治疗各个系统或组织的感染；④抗菌机制独特，与其他抗菌药之间无交叉耐药性；⑤使用方便，不良反应小。</td></tr>
</table>

（续表）

分类	特点
第四代	第四代是20世纪90年代后期研制的格帕沙星、克林沙星、莫西沙星、加替沙星等新型氟喹诺酮类，与第三代相比，抗厌氧菌的作用更强，不良反应更小，但价格较贵，目前兽医临床无应用。

我国批准在兽医临床应用的氟喹诺酮类（第三代）药物有诺氟沙星、培氟沙星、氧氟沙星、环丙沙星、洛美沙星、恩诺沙星、达氟沙星（单诺沙星）、二氟沙星、沙拉沙星等，其中后面4种药物为动物专用，国外上市的动物专用药还有麻保沙星、奥比沙星、依巴沙星等。

（一）抗菌作用

氟喹诺酮类为广谱杀菌性抗菌药，对革兰氏阳性菌、革兰氏阴性菌、支原体、某些厌氧菌均有效。如对大肠杆菌、沙门菌、巴氏杆菌、克雷伯菌、变形杆菌、铜绿假单胞菌、嗜血杆菌、支气管败血波氏杆菌、丹毒杆菌、金黄色葡萄球菌、链球菌、化脓棒状杆菌等均敏感。本品对耐甲氧苯青霉素的金黄色葡萄球菌、耐磺胺类和TMP的细菌、耐庆大霉素的铜绿假单胞菌、耐泰乐菌素或泰妙菌素的支原体也有效。

（二）作用机理

氟喹诺酮类能抑制细菌脱氧核糖核酸（DNA）回旋酶，干扰DNA复制而产生杀菌作用。

（三）不良反应与应用注意

（1）对负重关节的软骨组织生长影响不良，禁用于幼龄动物和孕畜。

（2）大剂量或长期用药，尿中可形成结晶，损伤尿道，也可损害肝和出现胃肠道反应。因此，要严格控制给药剂量和疗程，给予充足的饮水。肝肾功能不良患畜慎用。

（3）有潜在的中枢神经系统兴奋作用，尤其是犬、鸡中毒时，兴奋症状较明显。因此，患癫痫的犬、肉食动物慎用。

（4）皮肤反应有红斑、瘙痒、荨麻疹、光敏反应等。

（四）耐药性

耐药菌株随着本类药物的广泛应用逐渐增多，且本类药物之间存在交叉耐药性。常见的耐药菌有金黄色葡萄球菌、链球菌、大肠杆菌、沙门菌等。

（五）常用药物作用特点

氟喹诺酮类药物的作用特点见表4-4-6。

表4-4-6　氟喹诺酮类药物的作用特点

药物名称	作用特点
恩诺沙星	本品为动物专用广谱杀菌药，内服、肌内注射吸收快而完全，应用后除中枢神经系统外，几乎所有组织中的药物浓度都高于血浆，有利于全身和深部组织感染的治疗。本品对支原体有特效；对大肠杆菌、克雷伯菌、沙门菌、变形杆菌、嗜血杆菌、多杀性巴氏杆菌、溶血性巴氏杆菌、副溶血性弧菌金黄色葡萄球菌、化脓放线菌、丹毒杆菌、衣原体等作用较强；对铜绿假单胞菌、链球菌作用较弱；对厌氧菌作用微弱。本品主要用于敏感菌引起的各种感染。

（续表）

药物名称	作用特点
诺氟沙星	本品内服、肌内注射吸收迅速，体内分布广，消除半衰期较长，对革兰氏阴性菌如大肠杆菌、沙门菌、巴氏杆菌及铜绿假单胞菌的作用较强，大多数厌氧菌不敏感。本品主要用于敏感菌引起的消化系统、呼吸系统、泌尿道和支原体感染等的治疗。
环丙沙星	本品内服、肌内注射吸收快，生物利用度在种属间差异较大。对革兰氏阴性菌的抗菌活性是目前临床应用的氟喹诺酮类中较强的一种，对革兰氏阳性菌、支原体、厌氧菌、铜绿假单胞菌也有较强的抗菌作用。本品主要用于全身各系统的感染，禁用于水生食品动物的所有用途。
达氟沙星	本品为动物专用广谱杀菌药，抗菌谱与恩诺沙星相似，并且在肺组织中的药物浓度可达血浆的 5～7 倍，因此，对敏感菌引起的畜禽呼吸系统感染具有良好的疗效。
二氟沙星	本品为动物专用广谱杀菌药，抗菌谱与恩诺沙星相似，但抗菌活性略低；对畜禽呼吸道致病菌的抗菌活性较大，尤其对葡萄球菌有较强的作用。

扫码查看以上药物常用制剂及参考用量与用法。

四、喹恶啉类药物

本类药物为合成抗菌药，均属喹恶啉-N-1,4-二氧化物的衍生物，应用于畜禽，主要有卡巴氧和乙酰甲喹，常见药物见表 4-4-7。

表 4-4-7　喹恶啉类药物

药物名称	作用与应用	不良反应
乙酰甲喹	本品具有广谱抗菌作用，对革兰氏阴性菌的作用强于革兰氏阳性菌，对猪痢疾蛇形螺旋体作用尤为突出。本品主要用于猪痢疾（为首选药）及细菌性肠炎，如仔猪黄痢和白痢、犊牛副伤寒、鸡白痢、禽大肠杆菌病。	本品高于治疗量的 3～5 倍，或长期应用，可导致中毒或死亡；家禽敏感。

扫码查看以上药物常用制剂及参考用量与用法。

五、硝基咪唑类药物

硝基咪唑类药物是一组具有抗原虫和抗厌氧菌活性的药物。包括甲硝唑、地美硝唑、替硝唑、氯甲硝唑等。兽医临床常用甲硝唑和地美硝唑，详情见表 4-4-8。

表 4-4-8 硝基咪唑类药物

药物名称	作用与应用	不良反应
甲硝唑	本品对大多数专性厌氧菌具有较强的作用，对需氧菌或兼性厌氧菌无效；对滴虫和阿米巴原虫有效。本品主要用于治疗阿米巴痢疾、牛毛滴虫病、贾第虫病、小袋虫病等原虫感染；手术后厌氧菌感染；肠道和全身的厌氧菌感染。本品易进入中枢神经系统，故为脑部厌氧菌感染的首选防治药物。	本品剂量过大，可出现以震颤、抽搐、共济失调、惊厥等为特征的神经系统紊乱的症状。
地美硝唑	本品具有广谱抗菌和抗原虫作用，主要有抗组织滴虫、纤毛虫、阿米巴原虫作用，对厌氧菌、大肠弧菌和猪痢疾蛇形螺旋体亦有作用。本品用于禽组织滴虫病，猪痢疾蛇形螺旋体病、畜禽肠道和全身的厌氧菌感染。	鸡对本品敏感，大剂量可引起平衡失调、肝肾功能损害。

扫码查看以上药物常用制剂及参考用量与用法。

工具准备

网络查询设备、兽医处方笺、新病例等。

人员准备

人员分组，每组 5 人，明确职责分工。

任务角色	任务内容
组长：	任务：
组员 1：	任务：
组员 2：	任务：
组员 3：	任务：
组员 4：	任务：

任务实施

第一步：查询各类文献、资料了解化学合成抗菌药与前面学过的抗生素有何异同。

第二步：了解常见的化学合成抗菌药的种类、代表药、药动学特征、临床使用方法及注意事项。

第三步：根据前期学习对本任务提出的病例进行诊断并制订合理的用药方案。

第四步：熟练掌握化学合成抗菌药的应用后，再根据新的病例继续熟悉化学合成抗菌药的用药。

任务检测

项目四任务四检测

任务评价

工作任务完成过程评价表

班级：________ 组别：________ 姓名：________

项目	评分标准	自我评价	小组评价	教师评价
资料收集（40分）	操作熟练，分析合理，判断准确（40分）			
	操作较熟练，报告较准确清晰（30分）			
	操作不太熟练，报告有少量错误（20分）			
	操作不熟练，判断不准确（20分以下）			
课前准备（30分）	了解化学合成抗菌药与前面学过的抗生素有何异同（10分）			
	了解常见的化学合成抗菌药种类（10分）			
	学习并熟悉各类化学合成抗菌药的代表药物、药动学特征、临床使用方法及注意事项（10分）			
课后评价（30分）	熟悉化学合成抗菌药的理论知识（10分）			
	能通过掌握的知识对本任务提出的病例进行准确的分析并制订合理的给药方案（10分）			
	能在学习完本任务后，再根据新的病例继续熟悉化学合成抗菌药的使用（10分）			
合计				
自我评价与总结				
教师点评				

任务五　抗真菌药

任务导入

美国短毛猫，雄性，已经绝育，常规免疫、驱虫，3.2 kg，4 岁。猫耳背部、颈背部有脱毛，且脱毛区域边缘有些红肿，表现出较频繁的舔咬、抓挠患处现象，症状持续 2～3 周。临床检查可以看到该猫全身毛发暗淡，脱落程度不同，其中耳背、前肢和颈后最为明显，肩胛上方、髋关节上方及背部多处皮肤有挠痕、发红，局部结痂。血常规检查各项指标均在正常范围内，无明显炎症和贫血等情况。经伍德氏灯照射患部，发现大量的绿色荧光；显微镜检查可见大量呈纺锤状的大分生孢子，壁厚粗糙带刺。经诊断为猫癣。请根据诊断结果，制定治疗措施，并开具正确的处方。

任务工单

班级：＿＿＿＿＿＿＿＿　姓名：＿＿＿＿＿＿＿＿　学号：＿＿＿＿＿＿＿＿

任务名称	合理使用抗真菌药
任务描述	根据实际情况，填写本任务的内容、目的、流程和方法。 任务内容：＿＿＿＿＿＿＿＿ ＿＿＿＿＿＿＿＿ 任务目的：＿＿＿＿＿＿＿＿ ＿＿＿＿＿＿＿＿ 任务流程：＿＿＿＿＿＿＿＿ ＿＿＿＿＿＿＿＿ 任务方法：＿＿＿＿＿＿＿＿ ＿＿＿＿＿＿＿＿
获取信息	要完成任务，需要掌握相关的知识。请收集资料，回答以下问题。 1. 动物常见的真菌病有哪些？分析感染的原因。 2. 抗真菌药分为哪几种类型？都有何特点？ 3. 简述常见的抗真菌药的代表药物、临床使用方法及注意事项。 4. 对上述病例进行分析并制订合理的用药方案。

（续表）

制订计划				
任务实施	按照预先制订的工作计划，完成本任务，并记录任务实施过程。			
	序号	完成的任务	遇到的问题	解决办法

任务准备

知识准备

一、概述

真菌种类繁多，可引起动物多种感染。真菌感染根据感染部位不同可分为两类。一为浅表真菌感染，如皮肤、羽毛、趾甲、鸡冠、肉髯等，可引起多种癣病，有的人和动物之间可以相互传染；二为深部真菌感染，主要侵犯机体的深部组织及内脏器官，如念珠菌病、犊牛真菌性肠炎、牛真菌性子宫炎和雏鸡霉菌性肺炎等。

抗真菌药是指具有抑制真菌生长或杀灭真菌作用的药物。

二、常用药物

兽医临床用于浅表真菌感染的药物主要有酮康唑、制霉菌素、灰黄霉素、克霉唑；用于深部（全身）真菌感染的药物主要有酮康唑、两性霉素B（治疗深部真菌感染的首选药）。详情见表4-5-1。

表4-5-1　抗真菌药

药物名称	药理作用	应用及不良反应
灰黄霉素	本品内服易吸收，生物利用度高，吸收后广泛分布于全身各组织，在皮肤、毛发、爪、甲、肝、脂肪和肌肉中含量较高；在肝内代谢，经肾排泄。本品内服可有效地抑制毛癣菌属、小孢子菌属和表皮癣菌属等真菌的生长，对白色念珠菌等深部真菌感染、放线菌属及细菌无效，对曲霉菌属作用也很小，本品不易透过表皮角质层，外用无效。	应用：本品主要用于小孢子菌、毛癣菌及表皮癣菌引起的各种皮肤真菌病，如犊牛、马属动物、犬的毛癣。 不良反应：有致癌和致畸作用，禁用于怀孕动物，尤其是母马及母猫。

（续表）

药物名称	药理作用	应用及不良反应
制霉菌素	本品为广谱抗真菌药，作用与两性霉素B相似，注射给药毒性较大，故不用于全身感染。	本品可用于治疗胃肠道真菌感染，如犊牛真菌性胃炎、禽曲霉菌病、禽念珠菌病；也可用于治疗皮肤、黏膜真菌感染，如念球菌和曲霉菌引起的乳腺炎、子宫炎。
酮康唑	本品为广谱抗真菌药，对全身及浅表真菌均有抗菌活性；对芽生菌、球孢子菌、隐形菌、念珠菌、组织胞浆菌、小孢子菌和毛癣菌等真菌有抑制作用，疗效优于两性霉素B；对曲霉菌、孢子丝菌作用弱；对白色念珠菌无效。	本品主要用于消化道、呼吸道及全身性真菌感染，亦可防治皮肤真菌感染。
两性霉素B	本品内服和肌内注射均不吸收，肌内注射刺激性大，一般缓慢静脉注射。本品体内分布广泛，但不易进入脑脊液；大部分经肾缓慢排泄，少部分经胆汁排泄。本品为广谱抗真菌药，对隐球菌、白色念珠菌、球孢子菌、芽生菌等真菌都有抑制作用；尤其对深部真菌有强烈的抑制作用。	应用：本品主要用于敏感真菌感染，如犬组织胞浆菌病、芽生菌病、球孢子菌病；可预防白色念珠菌感染及局部真菌感染，如甲或爪的浅表真菌感染、雏鸡嗉囊真菌感染等；因内服不易吸收，也用于消化系统真菌感染。 不良反应：本品毒性较大，治疗过程中可引起肝、肾损害，贫血和白细胞减少等。

扫码查看以上药物常用制剂及参考用量与用法。

工具准备

网络查询设备、调查问卷、兽医处方笺、新病例等。

人员准备

人员分组，每组 5 人，明确职责分工。

任务角色	任务内容
组长：	任务：
组员 1：	任务：
组员 2：	任务：
组员 3：	任务：
组员 4：	任务：

任务实施

第一步：调查走访当地宠物医院或兽医站等地，了解动物常见的真菌病，分析其感染原因。

第二步：了解抗真菌药分为哪几种类型，都有何特点；熟悉常见的抗真菌药的代表药物、临床使用方法及注意事项。

第三步：根据前期学习能够对本任务提出的病例进行诊断并制订合理的用药方案。

第四步：熟练掌握抗真菌药的应用后，再根据新的病例继续熟悉抗真菌药的应用。

任务检测

项目四任务五检测

任务评价

工作任务完成过程评价表

班级：__________ 组别：__________ 姓名：__________

项目	评分标准	自我评价	小组评价	教师评价
资料收集（40 分）	操作熟练，分析合理，判断准确（40 分）			
	操作较熟练，报告较准确清晰（30 分）			
	操作不太熟练，报告有少量错误（20 分）			
	操作不熟练，判断不准确（20 分以下）			
调研内容（30 分）	调查走访当地宠物医院或兽医站等地，了解动物常见的真菌病，分析感染的原因（10 分）			
	了解抗真菌药类型及其特点（10 分）			
	熟悉常见的抗真菌药的代表药物、临床使用方法及注意事项（10 分）			
课后评价（30 分）	熟悉抗真菌药的理论知识（10 分）			
	能通过掌握的知识对本任务提出的病例进行准确的分析并制订合理的给药方案（10 分）			
	能在学习完本任务后，再根据新的病例继续熟悉抗真菌药的使用（10 分）			
合计				
自我评价与总结				
教师点评				

任务六　抗微生物药的合理应用

任务导入

八哥犬，5 月龄，3.7 kg，雄性。主诉：该犬 5 天前晚上洗澡后未吹干，早上眼屎增多，食欲不好，经小区动物诊所治疗不见好转，故前来求治。临床检查：体温 41.4℃，脉搏 136 次/min，呼吸 28 次/min，咳嗽，支气管听到干、湿啰音。X 射线可见较粗纹理的支气管阴影。经诊断为支气管炎。请选择两种以上的抗微生物药进行联合用药，并正确开具处方。

任务工单

班级：__________　姓名：__________　学号：__________

任务名称	合理使用抗微生物药
任务描述	根据实际情况，填写本任务的内容、目的、流程和方法。 任务内容：__________ 任务目的：__________ 任务流程：__________ 任务方法：__________
获取信息	要完成任务，需要掌握相关的知识。请收集资料，回答以下问题。 1. 论述目前抗微生物药的使用情况，以及由于滥用抗生素对社会造成的影响。 2. 给药方案包括哪些内容？ 3. 论述联合用药的目的、原则和方法，以及常见药物之间的配伍禁忌。 4. 了解目前抗微生物药的使用情况后，对你有何启示？该如何合理地使用抗微生物药？

（续表）

制订计划				
任务实施	按照预先制订的工作计划，完成本任务，并记录任务实施过程。			
	序号	完成的任务	遇到的问题	解决办法

任务准备

知识准备

抗微生物药物是目前我国兽医临床使用最广泛和最重要的抗感染药物，对控制畜禽的传染性疾病起着重要的作用。但由于目前国家对抗微生物药物用于畜禽的政策规定和执业兽医师制度尚未完善，养殖户可从多种渠道获得抗生素和合成抗菌药，给抗微生物药物的临床应用带来许多新的问题。不合理使用尤其是滥用的现象较为突出，不仅造成药品的浪费，而且导致畜禽不良反应增多、细菌耐药性的产生、兽药残留超标等，给兽医工作、公共卫生及人类健康带来危害。耐药菌株的增加，药物选用不当，剂量与疗程的过大与不足，不恰当的联合用药，以及忽视药物的药动学因素对药效学的影响等，往往导致抗菌药物临床治疗的失败。为了充分发挥抗菌药的疗效，降低药物的不良反应，减少细菌耐药性的产生，提高药物治疗水平，必须切实合理地使用抗菌药物。

一、正确诊断、准确选药、严格掌握适应证

正确诊断是选择药物的前提，有了确切的诊断，方可了解其致病菌，从而选择对病原菌高度敏感的药物。细菌学的诊断针对性更强，细菌的药敏试验及联合药敏试验与临床疗效的符合率为70%～80%。若有条件，可做细菌的分离鉴定来选用抗菌药。应尽量避免对无指征或指征不强使用抗菌药，例如各种病毒性感染不宜使用抗菌药，真菌性感染也不宜选用一般的抗菌药。因为目前多数抗菌药对病毒和真菌无作用，但合并细菌性感染者除外。应根据致病菌及其引起的感染确诊，选择作用强、疗效好、不良反应少的药物。应确定病原微生物后，根据药物的抗菌谱、活性、药动学特征、不良反应、药源、价格等情况，选用合适药物。当病原菌确定时，可选用窄谱抗菌药；病原不明或疑似有合并感染时，可选用广谱抗菌药。

二、掌握药物动力学特征，制订合理的给药方案

抗菌药在机体内要发挥杀灭或抑制病原菌的作用，必须在靶组织或器官内达到有效的

浓度，并能维持一定的时间。兽医临床药理学中通常是以有效血药浓度作为衡量剂量是否适宜的指标，其浓度应至少大于最小抑菌浓度（MIC）。临床试验表明，一般对轻、中度感染，最大稳态血药浓度宜超过MIC的 4～8 倍，而重度感染则应在 8 倍以上，同时，血中有效浓度维持时间受药物在体内的吸收、分布、代谢和排泄的影响。因此，应在考虑各药的药物动力学、药效学特征的基础上，结合畜禽的病情、体况，制订合理的给药方案，包括药物品种、给药途径、剂量、间隔时间及疗程等。此外，兽医临床药理学提倡按药物动力学参数制订给药方案，特别是对毒性大、用药时间长的药物，应进行血药浓度监测，作为用药的参考，以保证药物的疗效，减少不良反应的发生。

三、避免耐药性的产生

随着抗菌药物在兽医临床和畜牧养殖业中的广泛应用，细菌耐药率逐年升高，细菌耐药性的问题变得日益严重，其中以金黄色葡萄球菌、大肠杆菌、铜绿假单胞菌、痢疾杆菌及分枝杆菌最易产生耐药性。为了防止耐药菌株的产生，应注意以下几点。

（1）严格掌握适应证，不滥用抗菌药物。凡属不一定要用的尽量不用，禁止将兽医临床治疗用的或人兽共用的抗菌药用作动物促生长剂。用单一抗菌药物有效的就不采用联合用药。

（2）严格掌握用药指征，剂量要够，疗程要恰当。

（3）尽可能避免局部用药，并杜绝不必要的预防应用。

（4）病因不明者，不要轻易使用抗菌药。

（5）发现耐药菌株感染，应改用对病原菌敏感的药物或采用联合用药。

（6）尽量减少长期用药，局部地区不要长期固定使用某一类或某几种药物，要有计划地分期、分批交替使用不同类或不同作用机理的抗菌药。

四、防止药物的不良反应

应用抗菌药治疗畜禽疾病的过程中，除了要密切注意药效外，同时还要注意可能出现的不良反应，一经发现应及时停药、更换药物和采取相应解救措施。肝功能或肾功能不全的病例，易引起由肝代谢（如红霉素、氟苯尼考）或肾清除（如β-内酰胺类、氨基糖苷类、四环素类、磺胺类、氟喹诺酮类）的药物蓄积，产生不良反应。对于这样的患病动物，应调整给药剂量或延长给药间隔时间，以尽量避免药物的蓄积性中毒。动物机体的机能状态不同，对药物的反应亦有差异。营养不良、体质衰弱或孕畜对药物的敏感性较高，容易产生不良反应。新生仔畜或幼龄动物。由于肝脏酶系发育不全，血浆蛋白结合率和肾小球滤过率较低，血脑屏障机能尚未完全形成，对药物的敏感性较高。与成年动物比较，药动学参数有较大的差异。例如马驹使用氯霉素在 1 日龄、3 日龄、1周龄、2 周龄及 6 周龄时的半衰期分别为 5.29 h、1.35 h、0.61 h、0.51 h和 0.34 h，体清除率随日龄增长而增大，表观分布容积随日龄增长而减少，故不少药物对幼龄动物可能出现明显的不良反应。此外，随着畜牧业的高度集约化，大量使用抗菌药物防治疾病，动物性食品（肉、蛋、乳）中抗菌药物的残留问题日益严重；另一方面，各种饲养场大量粪、尿或排泄物向周围环境排放，抗菌药又成为环境的污染物，给生态环境带来许多不良影响。

五、抗微生物药的联合应用

联合应用抗微生物药的目的主要在于扩大抗菌谱、增强疗效、减少用量、降低或避免毒副作用，减少或延缓耐药菌株的产生。多数细菌性感染只需用一种抗菌药物进行治疗，即使细菌的合并感染，目前也有多种广谱抗菌药可供选择。联合用药仅适用于少数情况，一般两种药物联合即可，三四种药物联合并无必要。

联合应用抗菌药必须有明确的指征：①用一种药物不能控制的严重感染或混合感染，如败血症、慢性尿道感染、腹膜炎、创伤感染、鸡支原体-大肠杆菌混合感染、牛支原体-巴氏杆菌混合感染；②病因未明的严重感染，先进行联合用药，待确诊后，再调整用药；③长期用药治疗容易出现耐药性的细菌感染，如慢性乳腺炎、结核病；④联合用药使毒性较大的抗菌药减少剂量，如两性霉素B或黏菌素与四环素合用时可减少前者的用量，并减轻毒性反应。在兽医临床联合应用取得成功的实例不少，如磺胺药与抗菌增效剂TMP和DVD合用，抗菌作用增强，抗菌范围也有扩大；青霉素与链霉素合用，使抗菌作用增强，同时扩大抗菌谱；阿莫西林与克拉维酸合用，能有效地治疗由产生β-内酰胺酶的致病菌引起的感染；林可霉素与大观霉素合用；泰妙菌素与金霉素合用等。

为了获得联合用药的协同作用，必须根据抗菌药的作用特性和机理进行选择，防止盲目组合。目前，一般将抗微生物药按其作用性质分为四大类，详情见表4-6-1。

表4-6-1　分类

分类	代表药物
Ⅰ类：繁殖期或速效杀菌药	青霉素类、头孢菌素类、喹诺酮类
Ⅱ类：静止期或慢效杀菌药	氨基糖苷类、氟喹诺酮类、多黏菌素类
Ⅲ类：速效抑菌药	四环素类、酰胺醇类、大环内酯类
Ⅳ类：慢效抑菌	磺胺类

Ⅰ类与Ⅱ类合用一般可获得增强作用（协同作用），如青霉素和链霉素合用，前者破坏细菌细胞壁的完整性，有利于后者进入菌体内作用于其靶位。

Ⅰ类与Ⅲ类合用出现拮抗作用，例如青霉素与四环素合用，在四环素的作用下，细菌蛋白质合成迅速抑制，细菌停止生长繁殖，使青霉素的作用减弱。

Ⅰ类与Ⅳ类合用，可出现相加或无关，因Ⅳ类对Ⅰ类的抗菌活性无重要影响，如在治疗脑膜炎时，青霉素与SD合用可获得相加作用而提高疗效。

其他类合用多出现相加或无关作用。

六、采取综合治疗措施

机体的免疫力是协同抗菌药物的重要因素，外因通过内因起作用，在治疗中过分强调抗菌药的功效而忽视机体内在因素，往往是导致治疗失败的重要原因之一。因此，在使用抗菌药物的同时，根据病畜的种属、年龄、生理、病理状况，采取综合治疗措施，增强抗病能力，如纠正机体酸碱平衡失调、补充能量、扩充血容量等辅助治疗、促进疾病康复。

工|具|准|备

网络查询设备等。

人|员|准|备

人员分组，每组 5 人，明确职责分工。

任务角色	任务内容
组长：	任务：
组员 1：	任务：
组员 2：	任务：
组员 3：	任务：
组员 4：	任务：

任务实施

第一步：了解目前抗微生物药的使用情况及由于滥用抗生素对社会造成的影响。

第二步：了解给药方案包括的内容，熟练掌握联合用药的目的、原则和方法，明确常见药物之间的配伍禁忌。

第三步：了解目前抗微生物药的使用情况，思考有何启示，以及合理使用抗微生物药的措施。

任务检测

项目四任务六检测

任务评价

工作任务完成过程评价表

班级：__________ 组别：__________ 姓名：__________

项目	评分标准	自我评价	小组评价	教师评价
资料收集（40分）	操作熟练，分析合理，判断准确（40分）			
	操作较熟练，报告较准确清晰（30分）			
	操作不太熟练，报告有少量错误（20分）			
	操作不熟练，判断不准确（20分以下）			
调研内容（30分）	调研目前抗微生物药的使用情况及由于滥用抗生素对社会造成的影响（10分）			
	明确给药方案包括的内容（10分）			
	熟练掌握联合用药的目的、原则和方法，明确常见药物之间的配伍禁忌（10分）			
课后评价（30分）	熟悉任务内容（10分）			
	能通过掌握的知识对本任务提出的病例进行准确的分析并制订合理的联合用药方案（10分）			
	了解目前抗微生物药的使用情况，思考其有何启示，以及合理使用抗微生物药的措施（10分）			
合计				
自我评价与总结				
教师点评				

项目五

抗寄生虫药

项目导读

本项目主要介绍兽医临床常用抗寄生虫药的作用机理、临床用药、不良反应、注意事项及制剂、用量和用法，重点介绍动物多发病、群发病所用药物，以及它们的临床合理选用。

知识目标

（1）掌握主要抗蠕虫药、抗原虫药及杀虫药的作用，掌握抗蠕虫药、抗原虫药的合理应用，掌握杀虫药的分类及主要药物。

（2）了解抗蠕虫药的分类与作用机理，了解抗球虫药的作用机理；了解抗寄生虫药的使用注意事项。

技能目标

（1）能够设计、实施驱虫方案。

（2）能够做到合理选用药物防控寄生虫感染。

素质目标

重视人兽共患病，引导学生把人民群众的生命安全和身体健康放在首位。

思政目标

（1）培养学生服务农牧民的责任感和使命感。

（2）树立救死扶伤、甘于奉献的医者精神。

任务一 抗蠕虫药

任务导入

病例 1：某羔羊食欲减退、消瘦、贫血、腹泻，死前数日排水样血色便，并有脱落的黏膜。粪便见有大量腰鼓形棕黄色虫卵，两端有卵塞。经诊断，该病的病原是毛首线虫。根据诊断，选择合适的药物进行防治。

病例 2：张三，男，牧民，常年在西北地区生活，之前其无身体不适症状。近日出现上腹部隐隐作痛、食欲减退、腹胀、消瘦等症状，用手触摸有坚硬无疼痛的肿块。随着病情不断加剧，出现了呼吸困难、腹水及黄疸症状。经诊断，张三感染的寄生虫为棘球蚴（肝包虫）。根据诊断，选择合适的药物进行防治。

任务工单

班级：__________ 姓名：__________ 学号：__________

任务名称	合理使用抗蠕虫药
任务描述	根据实际情况，填写本任务的内容、目的、流程和方法。 任务内容：__________ 任务目的：__________ 任务流程：__________ 任务方法：__________
获取信息	要完成任务，需要掌握相关的知识。请收集资料，回答以下问题。 1. 动物感染寄生虫后有哪些危害？常见的蠕虫有哪些？ 2. 抗蠕虫药的分类。 3. 简述常见抗蠕虫药的代表药物、药理作用、临床应用和使用注意事项等。 4. 对上述病例进行分析并制订合理的用药方案。

（续表）

<table>
<tr><td>制订计划</td><td colspan="4"></td></tr>
<tr><td rowspan="6">任务实施</td><td colspan="4">按照预先制订的工作计划，完成本任务，并记录任务实施过程。</td></tr>
<tr><td>序号</td><td>完成的任务</td><td>遇到的问题</td><td>解决办法</td></tr>
<tr><td></td><td></td><td></td><td></td></tr>
<tr><td></td><td></td><td></td><td></td></tr>
<tr><td></td><td></td><td></td><td></td></tr>
<tr><td></td><td></td><td></td><td></td></tr>
</table>

任务准备

知识准备

一、抗寄生虫药的概述

（一）概念及分类

抗寄生虫药是用于驱除和杀灭身体内、外寄生虫的药物。根据药物抗虫作用和寄生虫分类，可将抗寄生虫药物分为抗蠕虫药、抗原虫药和杀虫药三大类，见表 5-1-1。

表 5-1-1　抗寄生虫药的分类

分类	种类及常用药物
抗蠕虫药	抗线虫药：阿苯达唑、芬苯达唑、左旋咪唑；伊维菌素、阿维菌素、多拉菌素
	抗绦虫药：氯硝柳胺、硫双二氯酚、丁萘脒
	抗吸虫药：硝氯酚、碘醚柳胺、三氯苯达唑
	抗血吸虫药：吡喹酮
抗原虫药	抗球虫药：聚醚类离子载体（莫能菌素、盐霉素、马杜霉素、甲基盐霉素）、地克珠利、妥曲珠利、尼卡巴嗪、氨丙啉、氯羟吡啶、常山酮
	抗锥虫药：三氮脒、喹嘧胺
	抗梨形虫药：双咪苯脲、硫酸喹啉脲
杀虫药	有机磷类：敌百虫、敌敌畏、二嗪农、马拉硫磷
	拟除虫菊酯类：溴氰菊酯、氰戊菊酯
	其他类：双甲脒、环丙氨嗪、非泼罗尼

（二）理想抗寄生虫药的条件

（1）安全。抗寄生虫药的治疗指数大于 3 时，一般认为才有临床应用意义。凡是对虫体毒性大，对宿主毒性小或无毒性的抗寄生虫药是安全的。

（2）高效、广谱。高效是指应用剂量小、驱杀寄生虫的效果好，而且对成虫、幼虫，甚至虫卵都有较高的驱杀效果。广谱是指驱虫范围广。动物寄生虫病多是混合感染，特别是不同类别寄生虫的混合感染，因此在生产实践中需要能同时驱杀多种不同类别寄生虫的药物。

（3）具有适于群体给药的理化特性。以内服途径给药的驱内寄生虫药应无味、无特臭、适口性好，若还能溶于水，则更为理想；用于注射给药者，对局部应无刺激性；杀外寄生虫药应能溶于一定溶媒中，以喷雾等方法群体杀灭外寄生虫。更为理想的广谱抗寄生虫药在溶于一定溶媒中后，以浇淋方法给药或涂擦于动物皮肤上，既能杀灭外寄生虫，又能经透皮吸收后，驱杀内寄生虫。

（4）价格低廉，不易产生耐药性，可在畜牧生产上大规模推广应用。

（5）无残留。食品动物应用后，药物不残留于肉、蛋和乳及其制品中，或可通过遵守休药期等措施，控制药物在动物性食品中的残留。

（三）作用机理

抗寄生虫药的种类繁多，其作用机理亦各不相同。从蠕虫的生化过程和药物的构效关系研究，大概可以归纳为以下几个方面，见表 5-1-2。

表 5-1-2　抗寄生虫药的作用机理

作用机理	特点
抑制虫体内的某些酶	某些抗寄生虫药通过抑制虫体内酶的活性，而使虫体的代谢过程发生障碍。如左旋咪唑、硫双二氯酚、硝氯酚、硝硫氰胺等能抑制虫体内延胡索酸还原酶（琥珀酸脱氢酶）的活性，阻断延胡索酸还原为琥珀酸，减少能量的产生；有机磷酸酯类能与胆碱酯酶结合，阻碍乙酰胆碱的降解，使虫体内乙酰胆碱蓄积增多，引起虫体兴奋痉挛，最后麻痹死亡。
干扰虫体的代谢	某些抗寄生虫药能直接干扰虫体的物质代谢过程。如三氮脒等能抑制DNA的合成，从而影响原虫的生长繁殖；氯硝柳胺能干扰虫体氧化磷酸化过程，影响ATP的合成，使绦虫缺乏能量，头节脱离肠壁而排出体外；氨丙啉化学结构和硫胺相似，在球虫的代谢过程中取代硫胺而使虫体的代谢不能正常进行。
作用于虫体的神经肌肉系统	有些抗寄生虫药可直接作用于虫体的神经肌肉系统，影响其运动功能或导致虫体麻痹死亡。如噻嘧啶能与虫体的胆碱受体结合，产生与乙酰胆碱相似的作用，使虫体肌肉剧烈收缩，导致痉挛性麻痹；阿维菌素类则能促进 γ-氨基丁酸（GABA）的释放，阻断神经冲动传导，导致虫体神经麻痹，使肌肉细胞丧失收缩能力，最终虫体死亡或排出体外。
干扰虫体内离子的平衡或转运	聚醚类抗球虫药能与钠、钾、钙等金属阳离子形成亲脂性复合物，使其能自由穿过细胞膜，使子孢子和裂殖子中的阳离子大量蓄积，导致水分过多地进入细胞，使细胞膨胀变形、细胞膜破裂，引起虫体死亡。

（四）应用注意

（1）正确认识药物、寄生虫和宿主三者之间的关系，合理使用抗寄生虫药物。

在选用抗寄生虫药时，不仅要了解药物对虫体的作用及其在宿主体内代谢过程和对宿主的毒性，还要了解寄生虫的寄生方式、生活史、流行病学特点，熟悉药物的理化性状、剂型、剂量、疗程和给药方法等，才能达到最好的治疗效果。

（2）在进行大规模畜禽驱虫时，应严格遵守《中国兽药典》或其他兽药质量标准规定的药物剂量和疗程，不能随意增加剂量和疗程，以免发生中毒。

（3）预防寄生虫病时，应定期更换不同类型的抗寄生虫药，防止产生耐药性。

（4）要熟悉抗寄生虫药物在食品动物体内的分布状况，遵守有关药物最高残留限量和休药期的规定，避免动物性食品中药物残留，以确保人类生命健康和维护公共卫生安全。

二、抗蠕虫药

抗蠕虫药是指能驱除或杀灭寄生于畜禽体内蠕虫的药物。根据寄生于动物体内的蠕虫的不同，抗蠕虫药分为抗线虫药、抗绦虫药、抗吸虫药和抗血吸虫药，详情见表 5-1-3 至表 5-1-6。这种分类是相对的，有的药物兼有多种驱虫功能，如苯并咪唑类具有抗线虫、抗吸虫和抗绦虫的作用。

表 5-1-3 抗蠕虫药——抗线虫药

药物名称	药理作用	应用与不良反应
伊维菌素	本品具有广谱、高效、低毒和用量小等优点，为新型大环内酯类驱虫药。本品对体内外寄生虫，特别是线虫如蛔虫、钩虫、肾虫及心状丝虫、肺线虫，节肢动物如螨虫、虱子等均有良好驱杀作用；但对吸虫、绦虫及原虫无效。本品内服、皮下注射，均能吸收完全。进入体内的伊维菌素能分布在大多数组织，包括皮肤。	应用：本品主要用于防治动物的胃肠道线虫病、马胃蝇蛆和牛皮蝇蛆以及犬心丝虫、微丝蚴，动物疥螨、痒螨、毛虱、血虱等引起的外寄生虫病。 不良反应：本品肌内或静脉注射易引起中毒反应，一般采用皮下注射或内服给药，分点注射。伊维菌素注射给药时，通常一次即可，对患有严重螨病的家畜每隔 7～9 d 再用药 2～3 次。柯利牧羊犬对本品异常敏感，忌用。伊维菌素对虾、鱼及水生生物有剧毒，临床用药时不得污染水体。泌乳期禁用。
阿维菌素	本品作用、应用与伊维菌素基本相似，但毒性比伊维菌素略大，价格较低。	本品临床主要用于治疗动物的线虫病、螨病及蜱、虱、蝇等寄生性昆虫病。
多拉菌素	本品的主要作用和抗虫谱与伊维菌素类基本相似，但抗虫作用稍强，毒性较小。	应用：本品可用于治疗和控制动物的体内和体外寄生虫病。体内寄生虫如胃肠道线虫、奥氏奥斯特他氏线虫、竖琴奥斯特线虫、帕莱斯（氏）血矛线虫感染，肺线虫如胎生网尾线虫感染，眼丝虫和心丝虫感染等；体外寄生虫如牛皮蝇、蜱、蚤、虱、痒螨、疥螨等。 不良反应：犬用本品可见严重的不良反应而致死亡。本品对鱼类及水生生物有毒，肌内注射导致的注射部位残留会高于皮下注射。

（续表）

药物名称	药理作用	应用与不良反应
阿苯达唑	本品为广谱、高效、低毒的新型驱虫药。对动物肠道线虫、绦虫、多数吸虫等均有效，可同时驱除混合感染的多种寄生虫。本品对马的大型圆线虫如普通圆形线虫、无齿圆形线虫、马圆形线虫和多数小型圆形线虫的成虫及幼虫均有药效；对牛、羊消化道寄生的主要线虫的成虫及其幼虫均有较好的驱除作用；治疗剂量时，对牛、羊肝片型吸虫及莫尼茨绦虫亦有良好的作用；对猪蛔虫、后圆线虫、食道口线虫、毛首线虫均有良好效果；对犬蛔虫及犬钩虫、绦虫有特效；对鸡蛔虫成虫及未成熟虫体、鸡赖利绦虫成虫有较好效果；对鹅剑带绦虫、裂口线虫、棘口吸虫有较好疗效。	应用：本品用于动物线虫病、绦虫病和吸虫病。 不良反应：本品可引起犬、猫再生障碍性贫血，并已证实，有致畸作用。
芬苯达唑	本品抗虫谱与阿苯达唑相似，但作用略强于阿苯达唑，怀孕动物亦可应用。	应用：本品临床主要用于动物线虫病和绦虫病。 不良反应：在常规推荐剂量下，本品一般不会产生不良反应，但由于死亡的虫体释放抗原，可继发产生过敏反应，特别是在高剂量时，犬、猫内服时偶见呕吐。
左旋咪唑	本品属广谱抗线虫药，对马、牛、绵羊、猪、犬、鸡的大多数线虫具有活性；对牛和绵羊的皱胃线虫（血矛线虫、奥斯特线虫），小肠的毛圆线虫、仰口线虫，大肠的食道口线虫和胎生网尾线虫的成虫期具有良好活性，对尚未发育成熟的虫体作用差，对类圆线虫、毛首线虫和鞭虫作用差或不确切；对牛的滞留幼虫无效。此外，本品还具有明显的免疫调节功能，特别是对老龄或慢性病动物等免疫功能受损的动物作用更明显。	应用：本品主要用于治疗牛、羊、猪、犬、猫、禽的胃肠道线虫、肺线虫、犬心丝虫、猪肾虫病，也用于免疫功能低下动物的辅助治疗和提高疫苗的免疫效果。 不良反应：由于左旋咪唑对动物机体有拟胆碱样作用，若出现M样和N样中毒反应，可用阿托品解救。本品对马和骆驼较敏感，马慎用，骆驼禁用；在动物极度衰弱或有明显的肝肾损伤时，牛因免疫、去角、阉割等发生应激时，应慎用或推迟使用；泌乳期动物禁用。

扫码查看以上药物常用制剂及参考用量与用法。

表 5-1-4　抗蠕虫药——抗绦虫药

药物名称	药理作用	应用与不良反应
氯硝柳胺	本品内服后难以吸收，在肠道内保持较高的药物浓度，故毒性较小，安全范围较大。犬、猫稍敏感，用 2 倍治疗量，则出现暂时性下痢；鱼类敏感，易中毒死亡。	应用：本品对牛、羊多种绦虫均高效，而且对绦虫头节和体节作用相同；对前后盘吸虫驱虫效果亦较好；对犬、猫绦虫有明显驱杀效果；治疗量对鸡各种绦虫几乎全部驱净。本品主要用于畜禽绦虫病、反刍动物同盘吸虫感染，此外，还有较强的杀钉螺作用，对螺卵和尾蚴也有杀灭作用。
硫双二氯酚（别丁）	本品对吸虫成虫及囊蚴均有明显杀灭作用，对绦虫也有效。本品对宿主的肠道有拟胆碱效应，故还具有下泻作用。	应用：本品主要用于治疗牛、羊肝片吸虫病、前后盘吸虫病、姜片吸虫和绦虫病。 不良反应：本品安全范围较小，多数动物用药后有食欲降低和轻度腹泻的现象，但多在 2 d内可自愈，为减少不良反应，可小剂量连用 2～3 次；马属动物和鸭对本品较敏感，应慎用。
丁奈脒	本品能使虫体的外皮破裂，使绦虫在宿主消化道内被消化，因而粪便中不出现虫体。	应用：本品专用于犬、猫驱绦虫药；主要用于羊的莫尼茨绦虫。 不良反应：盐酸丁萘脒对眼有刺激性，还可引起肝损害和胃肠道反应。

扫码查看以上药物常用制剂及参考用量与用法。

表 5-1-5　抗蠕虫药——抗吸虫药

药物名称	药理作用	应用与不良反应
硝氯酚	本品对牛、羊片形吸虫成虫有很好的驱杀作用，具有高效、低毒、用量小的特点；对片形吸虫的幼虫虽然有效，但需要较高剂量，且不安全。	应用：本品用于牛、羊片形吸虫病；硝氯酚对各种前后盘吸虫移行期幼虫也有较好效果。 不良反应：本品对动物比较安全，治疗量一般不出现不良反应。剂量过大可能出现中毒症状，如体温升高、心率加快、呼吸增速，严重时呼吸困难而死。黄牛对本品较耐受，而羊则较敏感。
碘醚柳胺	本品内服后迅速由小肠吸收而进入血液，24～48 h达血药峰值。本品在牛、羊体内不被代谢，血浆蛋白结合率极高（大于 99%），具有很长的半衰期（16.6 d），牛一次内服每千克体重 15 mg，用药 28 d后可食用组织测不到残留药物。	应用：本品对肝片吸虫和大片形吸虫的成虫具有杀灭作用，对未成熟虫体也有很高的活性，此外，对牛血矛线虫、仰口线虫成虫，对羊肝片吸虫的成虫和未成熟虫体及羊鼻蝇蛆的各期寄生虫均有很高的有效率。 不良反应：本品毒性很小，安全范围广；用药 3 周后，再重复用药 1 次，有利于彻底消除未成熟虫体。泌乳期禁用。

（续表）

药物名称	药理作用	应用与不良反应
三氯苯达唑	本品为苯并咪唑类中专用于抗片形吸虫病的药物，对各种日龄的肝片吸虫均有明显杀灭效果，是比较理想的杀肝片吸虫药。本品对牛、羊大片形吸虫、前后盘吸虫亦有效，对鹿肝片吸虫有高效。	本品用于治疗牛、羊肝片吸虫病。本品毒性较小，治疗量对动物无不良反应，与左旋咪唑联合应用时，安全有效。

扫码查看以上药物常用制剂及参考用量与用法。

表 5-1-6　抗蠕虫药——抗血吸虫药

药物名称	药理作用	应用与不良反应
吡喹酮	本品内服后几乎全部迅速由消化道吸收，但有显著的首过效应，吸收后药物广泛分布于所有组织器官，甚至能透过大鼠血脑屏障，且能进入犬的胆汁。本品在动物组织器官内广泛分布，在肝中代谢为无活性代谢产物后经肾排泄。	本品主要用于动物的血吸虫病（首选药），也用于绦虫病和囊尾蚴病。

扫码查看以上药物常用制剂及参考用量与用法。

工具准备

网络查询设备、兽医处方笺、新病例等。

人员准备

人员分组，每组 5 人，明确职责分工。

任务角色	任务内容
组长：	任务：
组员 1：	任务：
组员 2：	任务：
组员 3：	任务：
组员 4：	任务：

任务实施

第一步：了解动物感染寄生虫后的危害，以及常见的蠕虫类型。

第二步：了解抗蠕虫药的分类，熟悉常见抗蠕虫药的代表药物、药理作用、临床应用和使用注意事项等。

第三步：根据前期学习对本任务提出的病例进行诊断并制订合理的用药方案。

第四步：熟练掌握抗蠕虫药的药理作用后，再根据新的病例继续熟悉抗蠕虫药的应用。

任务检测

项目五任务一检测

任务评价

工作任务完成过程评价表

班级：__________ 组别：__________ 姓名：__________

项目	评分标准	自我评价	小组评价	教师评价
资料收集（50 分）	操作熟练，分析合理，判断准确（50 分）			
	操作较熟练，报告较准确清晰（40 分）			
	操作不太熟练，报告有少量错误（30 分）			
	操作不熟练，判断不准确（30 分以下）			
课前准备（20 分）	了解动物感染寄生虫后的危害，以及常见的蠕虫类型（10 分）			
	了解抗蠕虫药的分类（10 分）			
课后评价（30 分）	熟悉抗蠕虫药的理论知识（10 分）			
	能通过掌握的知识对本任务提出的病例进行准确的分析并制定合理的给药方案（10 分）			
	能在学习完本任务后，再根据新的病例继续熟悉抗蠕虫药的使用（10 分）			
合计				
自我评价与总结				
教师点评				

任务二 抗原虫药

任务导入

某家猫，1岁，体重4.5 kg，雄性，精神良好，饮食正常，免疫完全，最近一次体内驱虫为上个月5号，食物为猫粮，最近没有更换粮食及新开封粮食，也没有增加其他食物。猫最近3 d出现软便，粪便腥臭，粪便末端带果冻样分泌物并带血。

根据猫的症状，怀疑滴虫感染。给猫采血进行血常规和血清淀粉样蛋白A（SAA）的检测。血常规白细胞和中性粒细胞轻度升高，SAA（参考范围为0～2）：33.4，提示炎症；进行全腹超声，肠道淋巴结轻度增大，提示肠道炎症；采集猫粪便进行粪便检查、猫肠道冠状测板检测、实验室病原学检测，肠道寄生虫四联PCR检测。确诊为贾第鞭毛虫感染。请根据诊断结果，制订治疗方案，并开具正确的处方。

任务工单

班级：__________ 姓名：__________ 学号：__________

任务名称	合理使用抗原虫药
任务描述	根据实际情况，填写本任务的内容、目的、流程和方法。 任务内容：__________ 任务目的：__________ 任务流程：__________ 任务方法：__________
获取信息	要完成任务，需要掌握相关的知识。请收集资料，回答以下问题。 1. 常见的原虫有哪些？描述其生活史和特点。 2. 描述抗原虫药的分类。

（续表）

<table>
<tr><td rowspan="1">获取信息</td><td colspan="4">3. 论述常见抗原虫药的代表药物、药理作用、临床应用和使用注意事项等。

4. 对上述病例进行分析并制订合理的用药方案。</td></tr>
<tr><td>制订计划</td><td colspan="4"></td></tr>
<tr><td rowspan="6">任务实施</td><td colspan="4">按照预先制订的工作计划，完成本任务，并记录任务实施过程。</td></tr>
<tr><td>序号</td><td>完成的任务</td><td>遇到的问题</td><td>解决办法</td></tr>
<tr><td></td><td></td><td></td><td></td></tr>
<tr><td></td><td></td><td></td><td></td></tr>
<tr><td></td><td></td><td></td><td></td></tr>
<tr><td></td><td></td><td></td><td></td></tr>
</table>

任务准备

知识准备

畜禽的原虫病是由单细胞原生动物如球虫、锥虫、梨形虫、弓形虫等引起，在兽医临床上多表现为急性或亚急性经过，并呈现季节性和地方性流行或散在发生，有时会造成畜禽大批死亡，严重危害着畜牧业的发展。其中，畜禽的球虫病是球虫寄生于肠道、胆管及肾小管上皮细胞引起的一种原虫病，主要感染幼龄动物，尤其是对雏鸡和仔兔危害最为严重。畜禽感染后以血性下痢、贫血、消瘦为临床特征，急性暴发可引起大批死亡，慢性发作使幼年畜禽生长发育受阻、生产性能下降，常给畜牧业造成巨大的经济损失。

抗原虫药主要分为抗球虫药、抗锥虫药和抗梨形虫药，详情见表 5-2-1 至表 5-2-3。

一、抗球虫药

表 5-2-1 抗球虫药

药物名称	药理作用	应用及不良反应
莫能菌素	本品为单价离子载体类抗生素，具有广谱抗球虫作用。本品对鸡的堆型、布氏、毒害、柔嫩、巨型艾美耳球虫等 6 种常见球虫均有高效杀灭作用；对火鸡腺艾美耳球虫和火鸡艾美耳球虫，鹌鹑的分散和莱泰艾美耳球虫、羔羊雅氏艾美耳球虫等也有效。其作用峰期为球虫感染后 2 d，对子孢子及第一代裂殖体都有抑制作用，在球虫感染后第二天用药效果最好。此外，本品对产气荚膜梭菌亦有抑制作用，可预防坏死性肠炎的发生；还能促进动物生长发育，增加体重和提高饲料利用率。	应用：本品临床用于预防鸡球虫病及肉牛的促生长，或辅助缓解奶牛酮病症状，提高产乳量。 不良反应：本品不可与泰乐菌素、泰妙菌素灵、竹桃霉素及其他抗球虫药合用，否则有中毒危险。10 周龄以上的火鸡、珍珠鸡及鸟类对本品敏感，不宜应用；产蛋期、马属动物禁用。工作人员搅拌饲料时，应防止本品与皮肤和眼睛接触。
盐霉素	本品作用及机理均与莫能菌素相似，对鸡的毒害、柔嫩、堆型艾美耳球虫病均有明显效果。	应用：本品用于预防禽球虫病，此外，还可作猪的生长促进剂。 不良反应：配伍禁忌与莫能菌素相似；安全范围较窄，应严格控制混饲浓度，若浓度过大或使用时间过长，会引起采食量下降、体重减轻、共济失调和腿无力，进而影响增重；对成年火鸡、鸭毒性大，禁用；蛋鸡产蛋期禁用。
甲基盐霉素	本品抗球虫效应大致与盐霉素相同。对鸡的堆型、布氏、巨型、毒害艾美耳球虫的抗球虫效果有显著差异。	应用：本品用于预防鸡的球虫病。 不良反应：本品毒性较盐霉素更强，对鸡安全范围较窄，使用时必须准确计算用量。
地克珠利	本品为三嗪类新型、低毒、广谱抗球虫药，具有杀球虫作用，对球虫的各个阶段均有作用，是目前混饲浓度最低的一种抗球虫药。本品对鸡的柔嫩、堆形、毒害、布氏、巨型等艾美耳球虫、鸭球虫及兔球虫等均有良好的效果。本品作用峰期是在子孢子和第 1 代裂殖体的早期阶段。	应用：本品主要用于预防家禽球虫病。 不良反应：长期用药易出现耐药性，故应穿梭用药或短期使用。本品混饲浓度极低，药料应充分拌匀；应用时，必须连续用药，以防球虫病再度暴发；混饮的溶液稳定期仅为 4 h，必须现用现配；蛋鸡产蛋期禁用。
妥曲珠利	本品主要作用于球虫裂殖生殖和配子生殖阶段。本品对鸡、火鸡堆型、布氏、巨型、和缓、毒害、柔嫩艾美耳球虫及鹅、鸽球虫均有杀灭作用，且对其他抗球虫药耐药的虫株亦敏感；安全范围较大，禽可耐受 10 倍以上推荐剂量。	本品主要用于治疗和预防鸡球虫病，对哺乳动物球虫、住肉孢子虫和弓形虫也有效。

（续表）

药物名称	药理作用	应用及不良反应
氨丙啉	本品结构与硫胺相似，属于抗硫胺类抗球虫药，能抑制球虫硫胺代谢而发挥抗球虫作用；对鸡柔嫩、堆型艾美耳球虫作用最强，但对毒害、布氏、巨型艾美耳球虫作用稍差。	应用：本品临床常与乙氧酰胺苯甲酯、磺胺喹恶啉等并用，以扩大抗球虫范围，增强疗效。本品主要作用于第一代裂殖体，对有性繁殖阶段和子孢子亦有抑制作用，峰期为感染后的第3天，用于防治禽球虫病。 不良反应：饲料中维生素B_1的含量在10 mg/kg以上时与本品有明显的拮抗作用，抗球虫作用降低。因此，在用氨丙啉治疗时，应适当减少饲料中的B族维生素的用量。蛋鸡产蛋期禁用。
氯羟吡啶	本品属于吡啶类抗球虫药，对各种艾美耳球虫均有效，尤其是对柔嫩艾美耳球虫作用最强，对兔球虫亦有一定的效果。其作用峰期是子孢子期，即感染后第一天，在用药后，能使子孢子在上皮细胞内停止发育长达60 d，因此，必须在雏鸡感染球虫前或感染时给药，才能充分发挥抗球虫作用。	应用：本品主要用于预防鸡、兔球虫病。 不良反应：本品适用于预防用药，对球虫病治疗无意义，能抑制鸡对球虫产生免疫力，过早停药往往导致球虫病暴发。球虫对氯羟吡啶易产生耐药性，必须按计划轮换用药，产蛋期禁用。
常山酮	本品是较新型的广谱抗球虫药，具有用量小、无交叉耐药性等优点。其抗虫指数超过某些聚醚类抗球虫药，对其他药物耐药的球虫，使用本品仍然有效；对球虫孢子、第一代裂殖体和第二代裂殖体均有明显抑杀作用，用药后能明显控制球虫病症状，并完全抑制卵囊排出，从而减少再感染的机会。	应用：本品主要用于家禽球虫病。 不良反应：本品对珍珠鸡敏感，禁用；能抑制鹅、鸭生长，应慎用。混料浓度达6 mg/kg时可影响适口性，使鸡采食减少，9 mg/kg时大部分鸡拒食。因此，药料应充分拌匀，否则影响疗效。鱼及水生生物对其很敏感，故喂药鸡粪及盛药容器切勿污染水源。12周龄以上火鸡、8周龄以上雏鸡及蛋鸡产蛋期禁用。禁与其他抗球虫药合用。
磺胺喹恶啉	本品对鸡巨型、堆型、柔嫩、毒害艾美耳球虫作用较强，对柔嫩及毒害艾美耳球虫作用较弱，与氨丙啉或增效剂合用可增强药效。其作用峰期在第二代裂殖体，即球虫感染第四天，不影响禽对球虫的免疫力。	应用：本品主要用于治疗鸡、火鸡球虫病，对家兔、羔羊、犊牛球虫病也有效。 不良反应：本品对雏鸡有一定毒性，可产生红细胞和淋巴细胞减少等症状，因此，连续饲喂不得超过5 d。本品可致产蛋率下降、蛋壳变薄等现象，产蛋期禁用。本品与其他磺胺类药物之间容易产生交叉耐药性。

扫码查看以上药物常用制剂及参考用量与用法。

二、抗锥虫药

表 5-2-2　抗锥虫药

药物名称	药理作用	应用及不良反应
三氮脒（贝尼尔、血虫净）	本品对家畜的锥虫、梨形虫及边虫（无形体）均有作用，是治疗梨形虫病和锥虫病的高效药，但预防作用差。如对牛双芽巴贝斯虫、马驽巴贝斯虫、犬巴贝斯虫和吉氏巴贝斯虫引起的临床症状均有明显消除作用，但不能完全使虫体消失；对牛环形泰勒虫、边虫、马媾疫锥虫有一定作用，对猫巴贝斯虫无效。	应用：本品主要用于家畜巴贝斯梨形虫病、泰勒梨形虫病、伊氏锥虫病和媾疫锥虫病的治疗。 不良反应：本品毒性大，安全范围小，应用治疗量，有时也会出现起卧不安、频繁排尿、肌肉震颤等不良反应。本品局部肌内注射有刺激性，可引起肿胀，应分点深层肌内注射。
磺胺脒	喹嘧胺抗锥虫范围较广，对伊氏锥虫、马媾疫锥虫、刚果锥虫、活跃锥虫作用明显，但对布氏锥虫作用较差。	应用：本品主要用于治疗马媾疫和马、牛、骆驼的伊氏锥虫病，当剂量不足时，锥虫易对本品产生耐药性。 不良反应：本品有刺激性，能引起注射部位肿胀、酸痛、硬结，一般在 3～7 d 消散；马属动物较敏感，注射后 15 min 至 2 h，出现兴奋、肌肉震颤、出汗、体温升高、腹痛、频排粪尿、口吐白沫、呼吸困难等症状，一般可在 5～6 h 内消失。重症者则需用阿托品解救。

扫码查看以上药物常用制剂及参考用量与用法。

三、抗梨形虫药

表 5-2-3　抗梨形虫药

药物名称	药理作用	应用及不良反应
双咪苯脲	本品为新型抗梨形虫药，兼具预防和治疗作用。其疗效和安全范围都优于三氮脒，且毒性较其他抗梨形虫药小。但应用治疗量时，仍有某些动物出现类似抗胆碱酯酶作用的不良反应，一般能自行恢复，症状严重者，可用硫酸阿托品解救。	应用：本品临床上多用于治疗或预防牛、马、犬的巴贝斯虫病。 不良反应：本品禁止静脉注射，较大剂量皮下或肌内注射时，有一定的刺激性；马属动物较敏感，忌用高剂量；在食用组织中残留期较长，休药期为 28 d。

（续表）

药物名称	药理作用	应用及不良反应
硫酸喹啉脲	本品为传统抗梨形虫药，对家畜的巴贝斯虫有特效；对马巴贝斯虫、马驽巴贝斯虫，牛双芽巴贝斯虫以及牛、羊、猪、犬巴贝斯虫等均有良好的效果；对牛早期的泰勒虫病也有一些效果；对边虫效果较差。	应用：本品主要用于家畜巴贝斯梨形虫病。 不良反应：本品毒性较大，应用大剂量可发生血压骤降，导致休克死亡。本品使用治疗量可出现胆碱能神经兴奋的症状，一般持续 30～40 min 逐渐消失。为减轻或防止不良反应，可将总剂量分成 2～3 份，间隔几小时应用，也可在用药前注射小剂量硫酸阿托品或肾上腺素。禁止静脉注射。

扫码查看以上药物常用制剂及参考用量与用法。

工具准备

网络查询设备、兽医处方笺、新病例等。

人员准备

人员分组，每组 5 人，明确职责分工。

任务角色	任务内容
组长：	任务：
组员 1：	任务：
组员 2：	任务：
组员 3：	任务：
组员 4：	任务：

任务实施

第一步：了解常见的蠕虫，并描述其生活史和特点。

第二步：了解抗原虫药的分类，熟悉常见抗蠕虫药的代表药物、药理作用、临床应用和使用注意事项等。

第三步：根据前期学习对本任务提出的病例进行诊断并制订合理的用药方案。

第四步：熟练掌握抗原虫药的药理作用后，再根据新的病例继续熟悉抗原虫药的应用。

任务检测

项目五任务二检测

任务评价

工作任务完成过程评价表

班级：________ 组别：________ 姓名：________

项目	评分标准	自我评价	小组评价	教师评价
资料收集（50分）	操作熟练，分析合理，判断准确（50分）			
	操作较熟练，报告较准确清晰（40分）			
	操作不太熟练，报告有少量错误（30分）			
	操作不熟练，判断不准确（30分以下）			
课前准备（20分）	了解常见的蠕虫，并描述其生活史和特点（10分）			
	了解抗原虫药的分类（10分）			
课后评价（30分）	熟悉抗原虫药的理论知识（10分）			
	能通过掌握的知识对本任务提出的病例进行准确的分析并制订合理的给药方案（10分）			
	能在学习完本任务后，再根据新的病例继续熟悉抗原虫药的使用（10分）			
合计				
自我评价与总结				
教师点评				

任务三 杀虫药

任务导入

某牛场，肉牛颈部、肩部皮肤奇痒，脱毛，结痂，增厚。刮取皮肤病料进行镜检，见大量长圆形虫体，4对足均伸出体缘外侧。经诊断为螨虫感染所致。根据诊断，该用何药物进行防治？

任务工单

班级：__________ 姓名：__________ 学号：__________

任务名称	合理使用体外杀虫药
任务描述	根据实际情况，填写本任务的内容、目的、流程和方法。 任务内容：__________ __________ 任务目的：__________ __________ 任务流程：__________ __________ 任务方法：__________ __________
获取信息	要完成任务，需要掌握相关的知识。请收集资料，回答以下问题。 1.体外寄生虫有哪些？其对动物机体会造成哪些危害？如何预防？ 2.杀虫药有哪些类型？ 3.论述常见杀虫药的代表药物、药理作用、临床应用和使用注意事项等。 4.对上述病例进行分析并制订合理的用药方案。
制订计划	

（续表）

任务实施	按照预先制订的工作计划，完成本任务，并记录任务实施过程。			
	序号	完成的任务	遇到的问题	解决办法

任务准备

知识准备

杀虫药是指能杀灭体外寄生虫的药物。螨、蜱、虱、蚤、蚋、库蠓、蚊、蝇、蝇蛆、伤口蛆等节肢动物均属体外寄生虫。它们不仅能直接危害动物机体，夺取营养，损害皮毛，影响增重，给畜牧业造成经济损失，而且能传播许多人兽共患病，严重危害人体健康。因此，选用高效、安全、经济、方便的杀虫剂及时防治外寄生虫病具有极其重要的意义。

杀虫药物一般对虫卵无效，重复用药应间隔一定时间。同时，杀虫药对动物机体都有一定的毒性，甚至在规定剂量范围内，也会出现不同程度的不良反应。因此在选用杀虫药时，除严格掌握剂量、浓度和使用方法外，还要密切观察用药后动物的反应。特别是马，对杀虫药最为敏感，遇有中毒症状，应立即采取抢救措施。

杀虫药主要有两种使用方式，即局部用药和全身用药。局部用药，多用于个体局部杀虫，一般应用粉剂、溶液、混悬液、油剂、乳剂和软膏等局部涂擦、浇淋和撒布等；全身用药，多用于群体杀虫，一般采用喷雾、喷洒、药浴，适用于温暖季节。常用杀虫药可分为有机磷类、拟除虫菊酯类、大环内酯类和其他类。

一、有机磷类

本类药物是传统杀虫药，目前仍广泛用于治疗畜禽体外寄生虫病，具有杀虫效力强、杀虫谱广、残效期短、易降解、对人和动物毒性较大等特点。有机磷类杀虫剂一般不适用于泌乳奶牛。常用的有机磷杀虫剂有马拉硫磷、敌敌畏、甲基吡啶磷、巴胺磷、二嗪农、辛硫磷等，详情见表 5-3-1。

表 5-3-1　有机磷类杀虫药

药物名称	作用与应用	应用注意
敌敌畏	本品是一种广谱、高效、速效的杀虫药，对动物的多种体外寄生虫和马胃蝇、牛皮蝇、羊鼻蝇，具有胃毒、接触毒和熏杀毒作用，其杀虫效力比敌百虫强 8～10 倍，且毒性亦高于敌百虫。目前，本品广泛用作环境卫生杀虫药；也用于驱杀马胃蝇蚴、羊鼻蝇蚴以及家畜外寄生虫，如蚊、虱、蚤、蜱等。我国已将敌敌畏制成犬、猫用的灭蚤项圈，戴用后，可持续驱灭虱、蚤达 3 个月之久。	①本品加水稀释后易分解，宜现用现配。原液及乳油应避光密闭保存。②对人畜毒性大，易通过皮肤吸收，使用时应慎重。家畜中毒后可用阿托品和碘解磷定解救。③禽、鱼、蜜蜂对本品敏感，应慎用。
二嗪农	本品为新型杀虫、杀螨剂，具有触杀、胃毒、熏蒸和较弱的内吸作用，对各种螨类、蝇、虱、蜱均有良好杀灭效果。本品喷洒后在皮肤、被毛上的附着力强，能维持长期的杀虫作用，一次用药有效期可达 6～8 周，主要用于驱杀寄生于动物体表的疥螨、痒螨、蜱、虱等。	①本品对禽、猫及蜜蜂毒性较大，慎用。②药浴时必须精确计量药液浓度，动物全身浸泡 1 min为宜。为提高对猫疥癣病的治疗效果，可用软刷助洗。③禁止与其他有机磷化合物和胆碱酯酶抑制剂合用。
马拉硫磷	马拉硫磷可在害虫体内被氧化为马拉氧磷，后者抗胆碱酯酶活性增强 1 000 倍，但马拉硫磷对人畜的毒性很低。本品可用于治疗畜禽体表寄生虫病，如牛皮蝇、牛虻、体虱、羊痒螨、猪疥螨等；也可用于杀灭蚊、蝇、虱、臭虫、蟑螂等卫生害虫。	①本品对眼睛、皮肤有刺激性；对蜜蜂有剧毒，对鱼类毒性也较大。②家畜体表用马拉硫磷后数小时内应避免日光照射和风吹；必要时隔 2～3 周再药浴或喷雾一次。③为增加其水溶液的稳定性和除去药物的臭味，可在 50%的马拉硫磷溶液 100 mL 中加 1 g 过氧化苯甲酰，振荡至完全溶解，可获良好效果。

扫码查看以上药物常用制剂及参考用量与用法。

二、拟菊酯类

拟除虫菊酯类具有杀灭各种昆虫的作用，特别是击倒力很强，对各种害虫都有高效速杀的作用，但对人畜无毒。拟除虫菊酯类化合物是在天然除虫菊酯化学结构基础上，人工合成的一系列除虫菊酯拟似物，这类药物具有高效、速效、广谱、低毒、低残留、性质稳定、残效期短等优点。缺点是多数品种无熏蒸和内吸作用，长期使用亦易产生耐药性，用药时应注意。兽医临床常用的有氰戊菊酯、溴氰菊酯、氟氰胺菊酯和氟氯苯氰菊酯等，详情见表 5-3-2。

表 5-3-2 拟菊酯类杀虫药

药物名称	作用与应用	应用注意
溴氰菊酯	本品是使用最广泛的一种拟菊酯类杀虫药。具有广谱、高效、速效、残效期长、低残留等优点。本品对虫体有胃毒和触毒，无内吸作用；对畜禽外寄生虫，如蚊、家蝇、厩蝇、羊蜱蝇、牛皮蝇、羊痒螨、牛羊各种虱、猪血虱及禽羽虱等均有良好杀灭作用，一次用药能维持药效近 1 个月。本品对有机磷、有机氯耐药的虫体仍有药效。本品广泛用于防治家畜体外寄生虫病以及杀灭环境、仓库中的昆虫。	①本品对人畜毒性虽小，但对皮肤、黏膜、眼睛、呼吸道有较强的刺激性，特别对大面积皮肤病或组织损伤者影响更为严重，用时应注意防护。②本品对鱼类及其他冷血动物毒性较大，使用时切勿将残余药液倒入鱼塘。蜜蜂、家禽亦较敏感。③本品对塑料制品有腐蚀性；0℃以下易析出结晶。
氰戊菊酯	本品用于驱杀畜禽体表寄生虫如螨、虱、蜱、虻等；也用于杀灭环境、畜禽厩舍中的有害昆虫，如蚊、蝇等。	①配制溶液时，水温以 12℃为宜，如水温超过 25℃会降低药效，水温超过 50℃时则失效。②避免使用碱性水，并忌与碱性药物合用，以防药液分解失效。③治疗畜禽外寄生虫病时，无论是喷淋、喷洒还是药浴，都应保证畜禽的被毛、羽毛被药液充分浸透。④本品对蜜蜂、鱼虾、家蚕毒性较强，使用时不要污染河流、池塘、桑园、养蜂场所。

扫码查看以上药物常用制剂及参考用量与用法。

三、大环内酯类

本类药物包括阿维菌素类和美贝菌素类药物，具有高效驱杀线虫、体外昆虫和螨的作用，一次用药可同时驱杀体内外寄生虫。尤其是莫西菌素，对某些寄生虫的驱杀作用强于伊维菌素和美贝菌素，已被广泛应用。

四、其他类

兽医临床常用的体外杀虫药有双甲脒、升华硫、环丙氨嗪和非泼罗尼等药物及其制剂，详情见表 5-3-3。

表 5-3-3　其他类杀虫药

药物名称	作用与应用	应用注意
双甲脒	本品为接触性广谱杀虫药，兼有胃毒和内吸作用，对各种螨、蜱、蝇、虱等均有效。本品杀虫作用较慢，一般在用药后 24 h 才能使虱、蜱等解体，48 h可使螨从患部皮肤自行脱落。本品残效期长，一次用药可维持药效 6～8 周，可保护畜体不再受外寄生虫的侵袭。本品对人畜安全，对蜜蜂相对无害。 本品主要用于防治牛、羊、猪、兔的体外寄生虫病，如疥螨、痒螨、蜱、虱等。	①双甲脒对皮肤有刺激作用，防止药液沾污皮肤和眼睛。②对鱼有剧毒，用时谨慎，勿将药液污染鱼塘、河流。③产乳山羊和水生食品动物禁用。
非泼罗尼	本品是一种对多种害虫具有优异防治效果的广谱杀虫剂。其杀虫机制是能与昆虫中枢神经细胞膜上的氨基丁酸（GABA）受体结合，阻断神经细胞的氯离子通道，从而干扰中枢神经系统的正常功能而导致昆虫死亡。本品主要是通过胃毒和触杀起作用，也具有一定的内吸传导作用。本品主要用于杀灭犬、猫体表的跳蚤、蜱等其他体表害虫。	本品使用时应注意防止污染河流、湖泊、鱼塘。

扫码查看以上药物常用制剂及参考用量与用法。

工具准备

网络查询设备、兽医处方笺、新病例等。

人员准备

人员分组，每组 5 人，明确职责分工。

任务角色	任务内容
组长：	任务：
组员 1：	任务：
组员 2：	任务：
组员 3：	任务：
组员 4：	任务：

任务实施

第一步：了解体外寄生虫及其对动物机体的危害和预防措施。

第二步：了解杀虫药类型。熟悉常见杀虫药的代表药物、药理作用、临床应用和使用注意事项等。

第三步：根据前期学习对本任务提出的病例进行诊断并制订合理的用药方案。

第四步：熟练掌握杀虫药的作用和注意事项后，再根据新的病例继续熟悉杀虫药的应用。

任务检测

项目五任务三检测

任务评价

工作任务完成过程评价表

班级：__________ 组别：__________ 姓名：__________

项目	评分标准	自我评价	小组评价	教师评价
资料收集（50分）	操作熟练，分析合理，判断准确（50分）			
	操作较熟练，报告较准确清晰（40分）			
	操作不太熟练，报告有少量错误（30分）			
	操作不熟练，判断不准确（30分以下）			
课前准备（20分）	了解体外寄生虫及其对动物机体的危害和预防措施（10分）			
	了解杀虫药的类型（10分）			
课后评价（30分）	熟悉杀虫药的理论知识（10分）			
	能通过掌握的知识对本任务提出的病例进行准确的分析并制订合理的给药方案（10分）			
	能在学习完本任务后，再根据新的病例继续熟悉杀虫药的使用（10分）			
合计				
自我评价与总结				
教师点评				

项目六

其他类型药物

项目导读

本项目主要介绍体液和电解质平衡调节药物、营养药物、抗组胺药、解热镇痛抗炎药和糖皮质激素类药物的概念、分类、药理作用、临床应用和注意事项等；还介绍了非特异性解毒药物和特异性解毒药物；重点介绍有机磷、亚硝酸盐和氰化物中毒的毒理、解毒机理及解毒药物。

知识目标

（1）重点掌握各类常用体液和电解质平衡调节药物、营养药物的基本概念、药理作用、应用、不良反应和注意事项。

（2）掌握各类抗组胺药、解热镇痛抗炎药的基本概念、药理作用、应用、不良反应和注意事项。

（3）了解抗组胺药、解热镇痛抗炎药的特点。

（4）掌握糖皮质激素类药物的基本概念、分类、药理作用、应用、不良反应和注意事项。

（5）了解非特异性解毒药的种类及解毒方法。

（6）理解有机磷、亚硝酸盐和氰化物中毒的毒理、解毒机理，以及解毒药物的药理作用、临床应用和注意事项。

技能目标

（1）掌握影响新陈代谢的药物作用的基本理论及相互关系，做到在实践中能辩证地、灵活地应用。

（2）掌握各类自体活性物质与解热镇痛抗炎药的合理应用。

（3）掌握糖皮质激素类药物的合理应用。

（4）能对有机磷酸酯类中毒、亚硝酸盐中毒和氰化物中毒的病例实施正确的解救措施。

素质目标

（1）能对临床病例准确选药、合理用药，制订综合治疗方案。

（2）培养学生以严谨、科学的态度去分析疾病、诊断疾病、治疗疾病，以提升个人技能水平。

（3）收集、整理各类中毒性疾病案例，扩展知识结构，提升临床经验。

思政目标

（1）培养学生良好的医德医风，做党和人民信赖的好兽医。
（2）提倡动物福利，爱护动物，尊重生命。

任务一 体液和电解质平衡调节药物

任务导入

夏季某日 16:00，气温较高，某 1 岁的雄性斗牛犬，在被带出去玩耍时一切正常。玩耍后在带回家的路上，斗牛犬突然四肢无力，倒地喘息，之后一直口吐白沫。经检查，斗牛犬体温 42 ℃，呼吸急促，舌头发绀，眼结膜潮红，瞳孔正常，皮肤灼热，卧地不起，呼出气体中无异味，未腹泻。经诊断为中暑。请根据诊断结果，制订治疗措施，并开具正确的处方。

任务工单

班级：__________ 姓名：__________ 学号：__________

任务名称	合理使用体液和电解质平衡调节药物
任务描述	根据实际情况，填写本任务的内容、目的、流程和方法。 任务内容：__________ 任务目的：__________ 任务流程：__________ 任务方法：__________
获取信息	要完成任务，需要掌握相关的知识。请收集资料，回答以下问题。 1. 在什么情况下动物会出现脱水？为了维持机体正常新陈代谢，恢复体液平衡，该如何进行补液？

（续表）

<table>
<tr><td rowspan="2">获取信息</td><td colspan="4">2. 了解体液和电解质平衡调节药物，熟悉其临床使用方法和注意事项等。</td></tr>
<tr><td colspan="4">3. 对上述病例进行分析并制订合理的用药方案。</td></tr>
<tr><td>制订计划</td><td colspan="4"></td></tr>
<tr><td rowspan="6">任务实施</td><td colspan="4">按照预先制订的工作计划，完成本任务，并记录任务实施过程。</td></tr>
<tr><td>序号</td><td>完成的任务</td><td>遇到的问题</td><td>解决办法</td></tr>
<tr><td></td><td></td><td></td><td></td></tr>
<tr><td></td><td></td><td></td><td></td></tr>
<tr><td></td><td></td><td></td><td></td></tr>
<tr><td></td><td></td><td></td><td></td></tr>
</table>

任务准备

知识准备

体液是机体的重要组成部分，由水分和溶于水中的电解质、葡萄糖和蛋白质等组成。体液分为细胞内液和细胞外液，细胞内液的主要电解质为K^+、Mg^{2+}、PO_4^{3-}离子；细胞外液又称“内环境”，主要电解质为Na^+、Cl^-、HCO_3^-离子。正常情况下，体液占动物体重的60%～70%，具有运输物质、调节酸碱平衡、维持细胞结构与功能等多方面作用。但在病理情况下，如腹泻、高热、创伤、休克时，体液大量排出，加之摄入量不足，将引起水盐代谢障碍和酸碱平衡紊乱，出现不同程度的脱水。如果损失体重10%的体液，可引起机体严重的物质代谢障碍；损失体重20%～25%的体液就会引起死亡。为了维持动物机体正常的新陈代谢，恢复体液平衡，临床上常使用水和电解质平衡药、酸碱平衡药、能量补充药、血容量扩充剂等。

一、水和电解质平衡药

水和电解质的关系极为密切，在体液中总是以比较恒定的比例存在。水和电解质摄入过多或过少，或排泄过多或过少，均对机体的正常机能产生影响，使机体出现脱水或水肿。如腹泻、呕吐、大面积烧伤、过度出汗、失血等，往往引起机体大量丢失水和电解质。水和电解质按比例丢失，细胞外液的渗透压无大变化的称为等渗性脱水；水丢失多，电解质丢失少，渗透压升高的称为高渗性脱水，反之称为低渗性脱水。水和电解质平衡药，是用于补充水和电解质，纠正其紊乱，调节其失衡的药物。常见药物见表 6-1-1。

表 6-1-1 水和电解质平衡药

药物名称	药理作用	应用及注意事项
氯化钠	1.本品调节细胞外液的渗透压和容量。细胞外液中 90%的晶体渗透压由氯化钠来维持，本品具有调节细胞内外水分平衡的作用。0.9%的氯化钠水溶液与哺乳动物体液等渗，故名生理盐水。 2.本品参与酸碱平衡的调节。血浆缓冲体系中以碳酸氢钠/碳酸最为重要，酸碱随HCO_3^-的增减而升降，因而钠盐能调节酸碱平衡。 3.本品维持神经肌肉的应激性。本品临床上可用于反刍动物前胃迟缓、瘤胃积食、瓣胃阻塞，单胃动物的肠臌气、胃扩张和便秘等。 4. 1%～3%的氯化钠溶液可洗涤伤口，有防腐和促进肉芽组织生长的作用。 5.小剂量氯化钠内服可作为健胃药治疗消化不良；大剂量氯化钠内服可作为泻药使用。	应用：等渗氯化钠溶液，可用于防治低血钠综合征和因高热、呕吐、腹泻及大面积烧伤等引起的等渗或低渗性脱水；维持血容量，如失血过多、血压下降或中毒；外用冲洗伤口、洗鼻、洗眼等；常用于稀释其他注射液。 复方氯化钠溶液，含有氯化钠、氯化钾和氯化钙，常作为水、电解质平衡调节药。另外，应用内服补液盐（氯化钠3.5 g、氯化钾 1.5 g、碳酸氢钠 2.5 g、葡萄糖粉 20 g和常水 1 000 mL）补充机体损失的水分和电解质也可获得良好效果。 注意事项：创伤性心包炎、心力衰竭、肺气肿、肾功能不全及颅内疾病等患病动物应慎用。
氯化钾	1.本品维持细胞内液渗透压和体液的酸碱平衡。K^+是细胞内的主要阳离子，也是碳酸氢盐、磷酸盐缓冲系统的组成成分，对维持细胞内液渗透压和体液酸碱平衡非常重要。钾代谢失调，易导致水及酸碱平衡紊乱。 2.本品维持神经肌肉兴奋性和心脏的自动节律。血液中适当浓度的K^-是神经冲动传导和心脏自动节律作用所必需的物质。一般说来，缺钾可导致神经肌肉传导障碍，心肌自律性增高。 3.本品参与糖及蛋白质代谢。细胞内糖原分解时，钾由细胞内释放到细胞外；当细胞内糖原合成时，钾从细胞外进入细胞内。同样地，细胞内的蛋白质合成时，钾被潴留；而当分解时，钾则释放到细胞外。	应用：本品主要用于钾摄入不足或排钾过量所致的钾缺乏症或低血钾症，也可用于解救洋地黄中毒时的心律不齐。 注意事项：本品内服刺激性大，内服时宜稀释成 1%以下浓度，饲后给药；静脉注射时，必须用 5%的葡萄糖溶液稀释成 0.3%以下的浓度，且速度不宜过快，防止血钾突然上升导致心搏骤停；肾功能障碍、尿闭、脱水和循环衰竭等患病动物禁用或慎用。

扫码查看以上药物常用制剂及参考用量与用法。

二、能量补充药

能量是维持生命活动的基本要素。糖类、脂肪和蛋白质在体内转化为能量。常用的能量补充药物有葡萄糖、磷酸果糖、ATP 等，其中葡萄糖最为常用。能量代谢过程包括释放、储存、利用三个阶段，其中任何一个环节发生障碍，都会影响机体的功能活动。常见药物见表 6-1-2。

表 6-1-2　能量补充药

药物名称	药理作用	应用及注意事项
葡萄糖	1.供给能量。葡萄糖在体内氧化代谢释放出能量，供机体需要。 2.增强肝解毒功能。葡萄糖进入机体后，一部分合成肝糖原，增强肝的解毒能力；另一部分在肝中氧化成葡萄糖醛酸，可与毒物结合从尿中排出而解毒。 3.强心利尿。葡萄糖供给心脏能量，改善心肌营养，增强心肌的收缩功能；继而心输出量增加，肾血流量增加，产生利尿作用。 4.补液。5%的葡萄糖溶液与体液等渗，输入机体后很快被组织利用，并供给机体水分。 5.脱水。静脉注射高渗葡萄糖溶液，能提高血浆渗透压使组织脱水，从而消除脑水肿和肺水肿等，但作用较弱，维持时间短，易引起脑内压回升。	应用：本品临床主要用于重病、久病、体质过度虚弱的家畜及仔猪低血糖症等，以供给能量、改善心脏功能；也可用作机体脱水、大失血、心力衰竭、酮血症、妊娠毒血症、某些化学药品和细菌毒素中毒等解救的辅助药物。 注意事项：本品的高渗性注射液静脉注射时要缓慢注射，以免加重心脏负担，切勿漏到血管外面。

扫码查看以上药物常用制剂及参考用量与用法。

三、酸碱平衡药

家畜正常血液的pH值在7.36～7.44，这种体液酸碱度的相对稳定性称为酸碱平衡。酸碱平衡是保证机体内酶的活性和生理活动的必要条件。酸碱平衡主要依赖血液中缓冲系统的调节来维持，其中最重要的是碳酸和碳酸氢盐组成的缓冲对。肺、肾功能障碍，机体代谢失常，高热、缺氧、剧烈腹泻或某些其他重症疾病，都会引起酸碱平衡紊乱。临床上以代谢性酸中毒较为常见。治疗时，除针对病因治疗外，还应使用酸碱平衡药物来改善病情。常见药物见表 6-1-3。

表 6-1-3　酸碱平衡药

药物名称	药理作用	应用及注意事项
碳酸氢钠（小苏打）	本品内服或静脉注射后，能直接增加碱贮。碳酸氢钠在体内离解为碳酸氢根离子，并与氢离子结合成碳酸，再分解为CO_2和水，前者经肺排出体外，致使体液的氢离子浓度降低，代谢性酸中毒得以纠正。	应用：本品作用迅速、可靠，是治疗代谢性酸中毒的首选药。另外，碳酸氢钠还具有碱化尿液、中和胃酸、祛痰、健胃等作用。 注意事项：本品大量静脉注射可引起代谢性碱中毒、低血钾症，出现心律失常，肌肉痉挛。充血性心力衰竭、肾功能不全、水肿、缺钾等患病动物慎用；与糖皮质激素类药物合用易发生高钠血症和水肿等；静脉注射碳酸氢钠时避免与酸性药物合用。

（续表）

药物名称	药理作用	应用及注意事项
乳酸钠	乳酸钠进入机体后，在有氧条件下，经肝乳酸脱氢酶脱氢氧化为丙酮酸，再进入三羧酸循环氧化脱羧为CO_2和水；前者转化为HCO_3^-，与Na^+结合成碳酸氢钠，从而发挥其纠正酸中毒的作用。	应用：本品主要用于纠正代谢性酸中毒和高血钾症。其作用不及碳酸氢钠迅速、稳定，应用较少。 注意事项：肝功能障碍、水肿、休克、缺氧、心功能不全和乳酸血症患病动物慎用。

扫码查看以上药物常用制剂及参考用量与用法。

四、血容量扩充剂

大量失血、高热、烧伤呕吐、腹泻等，往往使机体大量丢失血液（或血浆）、体液，引起血容量降低，严重者可导致休克。迅速扩充血容量是防治休克的基本疗法，对血容量扩充剂的基本要求是能维持血液胶体渗透压，排泄较慢，作用持久；无毒；无抗原性。目前最常用的为右旋糖酐，见表 6-1-4。

表 6-1-4　血容量扩充剂

药物名称	药理作用	应用及注意事项
右旋糖酐	1.补充血容量。静脉注射后，中分子右旋糖酐可增加血液胶体渗透压，吸引组织水分向血液转移，从而扩充血容量。本品因相对分子质量大，不易透过血管，由肾排泄较慢，一次静脉注射作用可维持 12 h。主要用于治疗出血性休克、外伤性休克等。低分子右旋糖酐从肾排泄较快，作用维持时间较短，约 3 h。 2.改善微循环。静脉注射低分子右旋糖酐能降低血液的黏稠度，增加红细胞膜外负电荷，制止或减少红细胞凝集，加速血液流动，疏通微循环，防止微血管内弥散性凝血。本品用于中毒性、外伤性或失血性休克。小分子右旋糖酐扩充血容量作用弱，但改善微循环作用好。 3.渗透性利尿作用。右旋糖酐从肾排泄时，在肾小管中部被重吸收，可增加肾小管内的渗透压，从而发挥渗透性利尿的作用。本品可用于消除水肿，尤其用于低蛋白血症引起的营养性水肿。	应用：中分子右旋糖酐用于低血容量性休克；低分子右旋糖酐用于低血容量性休克、预防术后血栓和改善微循环；小分子右旋糖酐用于解除弥散性血管内凝血和急性肾功能衰竭。 注意事项：本品静脉注射速度不宜过快，剂量不宜过大；个别家畜会出现过敏反应，可用抗组胺药治疗；肾功能不全、低蛋白血症、有出血倾向的患病动物慎用；充血性心衰患病动物禁用。

扫码查看以上药物常用制剂及参考用量与用法。

工具准备

网络查询设备、兽医处方笺、新病例等。

人员准备

人员分组，每组 5 人，明确职责分工。

任务角色	任务内容
组长：	任务：
组员 1：	任务：
组员 2：	任务：
组员 3：	任务：
组员 4：	任务：

任务实施

第一步：查询各类文献、资料了解在什么情况下会导致动物机体脱水；为了维持机体正常新陈代谢，恢复体液平衡，该如何进行补液。

第二步：了解体液和电解质平衡调节药、熟悉其临床使用方法和注意事项。

第三步：根据前期学习对本任务提出的病例进行诊断并制订合理的用药方案。

第四步：熟练掌握体液和电解质平衡调节药的药理作用后，再根据新的病例继续熟悉体液和电解质平衡调节药的应用。

任务检测

项目六任务一检测

任务评价

工作任务完成过程评价表

班级：________ 组别：________ 姓名：________

项目	评分标准	自我评价	小组评价	教师评价
资料收集（50分）	操作熟练，分析合理，判断准确（50分）			
	操作较熟练，报告较准确清晰（40分）			
	操作不太熟练，报告有少量错误（30分）			
	操作不熟练，判断不准确（30分以下）			
课前准备（20分）	了解在什么情况下会导致动物机体脱水（10分）			
	了解为了维持机体正常新陈代谢，恢复体液平衡，该如何进行补液（10分）			
课后评价（30分）	熟悉体液和电解质平衡调节药的理论知识（10分）			
	能通过掌握的知识对本任务提出的病例进行准确的分析并制订合理的给药方案（10分）			
	能在学习完本任务后，再根据新的病例继续熟悉体液和电解质平衡调节药的使用（10分）			
合计				
自我评价与总结				
教师点评				

任务二　使用营养药物

任务导入

病例1：一只3月龄的幼犬，食欲减退，生长发育迟缓，精神沉郁，主人在一次遛狗时发现小狗脚掌有变形，站立姿势异常，行走时有轻微跛行，且不爱运动。临床检查结果：被毛无光泽；两前肢腕关节屈曲向前外侧凸出，呈“O”形、关节增粗。经诊断为佝偻病。请根据诊断结果，制订治疗措施，并开具正确的处方。

病例2：35日龄雏鸡2 000只，近期出现精神萎靡，下痢，流泪，结膜、角膜发炎，腿部肌肉萎缩，行走时多以跗关节着地，迈不开步，爪内卷，有的已经出现麻痹、生长发育迟缓。经诊断为维生素B_2缺乏症。请根据诊断结果，制定治疗措施，并开具正确的处方。

任务工单

班级：__________　姓名：__________　学号：__________

任务名称	合理使用营养药物
任务描述	根据实际情况，填写本任务的内容、目的、流程和方法。 任务内容：__________ 任务目的：__________ 任务流程：__________ 任务方法：__________
获取信息	要完成任务，需要掌握相关的知识。请收集资料，回答以下问题。 1. 动物机体常见的维生素、矿物质和微量元素缺乏症及其症状有哪些？ 2. 营养药物的种类有哪些？除药物之外还可以从哪里获得这些营养物质？ 3. 常见营养药物的代表药及其临床使用方法和注意事项有哪些？ 4. 对上述病例进行分析并制订合理的用药方案。

（续表）

<table>
<tr><td>制订计划</td><td colspan="4"></td></tr>
<tr><td rowspan="6">任务实施</td><td colspan="4">按照预先制订的工作计划，完成本任务，并记录任务实施过程。</td></tr>
<tr><td>序号</td><td>完成的任务</td><td>遇到的问题</td><td>解决办法</td></tr>
<tr><td></td><td></td><td></td><td></td></tr>
<tr><td></td><td></td><td></td><td></td></tr>
<tr><td></td><td></td><td></td><td></td></tr>
<tr><td></td><td></td><td></td><td></td></tr>
</table>

任务准备

知识准备

营养药物包括维生素和矿物元素等，是动物日粮中含量较少但又必需的一些组分，有不同的生化和结构功能。这些组分对维持动物机体正常功能非常重要，如果在体内的含量不足均可引起特定组分的缺乏症，影响动物的生长发育和生产性能。营养药物的作用就是补充体内这些组分的不足，对防治这些缺乏症发挥着重要作用。

正常条件下，动物日粮已提供了其所需的营养物质，但是不正常的环境条件、泌乳及产蛋等会改变机体对很多营养物质的需要；饲料中营养物质间的相互作用，寄生虫病及胃肠、肝脏和肾脏等的疾病均可影响特定营养成分的吸收、代谢或排泄，从而造成条件性缺乏或过剩。机体对许多营养药物有一定的需要量和耐受限量，在用量过大特别是超过耐受限量时会引起动物机体的毒副反应。营养药物主要防治由于含量不足引起的相应缺乏症，使用时应掌握按需使用的原则，避免过量而造成不利影响。

一、维生素

维生素是维持动物体正常代谢和机能所必需的一类低分子化合物，大多数必须从食物中获得，仅少数可在体内合成或由肠道内微生物产生。动物机体每天对维生素的需要量很少，但其作用是其他物质无法替代的。现知多数维生素是体内某些酶的辅酶（或辅基）的组分，在物质代谢中起着重要的催化剂作用。每一种维生素对动物机体都有其特定的功能，机体缺乏时可引起相应的缺乏症，如代谢机能障碍，生长停滞，生产性能、繁殖力和抗病力下降等，严重的甚至可引起死亡。维生素类药物主要用于防治维生素缺乏症，临床上也可作为某些疾病的辅助治疗药物。

常用的维生素按其溶解性分为脂溶性维生素和水溶性维生素两大类。其中，水溶性维生素包括B族维生素和维生素C；脂溶性维生素包括维生素A、维生素D、维生素E和维生素K等。

（一）脂溶性维生素

脂溶性维生素易溶于大多数有机溶剂，不溶于水，在食物中常与脂类共存，脂类吸收不良时其吸收亦减少，甚至发生缺乏症。脂溶性维生素吸收后可在体内的肝、脂肪组织中贮存，长期超大剂量使用，超过机体的贮存限量时可引起动物中毒。常见药物见表6-2-1。

表6-2-1　脂溶性维生素

药物名称	药理作用	应用及注意事项
维生素A	维生素A存在于动物组织、蛋及全乳中。植物中只含有维生素A的前体物——类胡萝卜素，它们在动物体内可转变为维生素A。 1.维持视网膜的微光视觉。维生素A参与视网膜内视紫红质的合成。视紫红质是感光物质，能使动物在弱光下看清周围的物体。当其缺乏时，可出现视物障碍，在弱光中视物不清即夜盲症，甚至完全丧失视力。 2.维持上皮组织的完整性。维生素A参与组织间质中黏多糖的合成。黏多糖对细胞起着黏合、保护作用，是维持上皮组织正常结构和机能所必需的物质。本品缺乏时，皮肤、黏膜、腺体、气管和支气管的上皮组织干燥和过度角化，可出现干眼病、角膜软化、皮肤粗糙等症状。 3.参与维持正常的生殖机能，促进幼畜生长发育。本品缺乏时，公畜睾丸不能合成和释放雄激素，性机能下降；母畜发情周期紊乱；孕畜因胎盘损害而使胎儿被吸收，造成流产、死胎。 4.促进生长发育。维生素A促进幼龄动物的生长发育，缺乏时则出现生长发育不良、肌肉萎缩、体重下降。另外，骨骼生长也需要维生素A参与，若维生素A缺乏，还可使动物发生软骨症。	应用：本品临床主要用于防治维生素A缺乏症，如皮肤硬化症、干眼病、夜盲症、角膜软化症、母畜流产、公畜生殖力下降、幼畜生长发育不良。 注意事项：本品过量可致中毒。动物急性中毒表现为兴奋、视力模糊、脑水肿、呕吐；慢性中毒表现为厌食、皮肤病变、内脏受损等。大剂量应用能对抗糖皮质激素的抗炎作用。用药时应注意补充钙剂。
维生素D	本品为类固醇衍生物，主要有维生素D_2（25-羟麦角钙化醇）和维生素D_3（25-羟胆钙化醇）。植物中的麦角固醇（维生素D_2原）、动物皮肤中的7-脱氢胆固醇（维生素D_3原），经日光或紫外线照射可转变为维生素D_2和维生素D_3。此外，鱼肝油、乳、肝、蛋黄中维生素D_3含量丰富。 维生素D对钙、磷代谢及幼畜骨骼生长有重要影响，主要生理功能是促进钙、磷在小肠内正常吸收。维生素D的代谢活性物质能调节肾小管对钙的重吸收，维持循环血液中钙的水平，并促进骨骼的正常发育。当维生素D缺乏时，钙、磷的吸收代谢机制紊乱，引起幼畜佝偻病、成年家畜骨软症、奶牛产乳量下降和鸡产蛋率降低且蛋壳易碎等。	应用：本品临床上用于防治佝偻病和骨软化症等，亦可用于妊娠和泌乳期母畜，以促进钙、磷的吸收。本品也可用于骨折患畜，以促进骨的愈合。 注意事项：本品使用期间需补充钙剂。维生素D过多可减少骨的钙化，软组织出现异位钙化，且表现为心律失常和神经功能紊乱等症状。

（续表）

药物名称	药理作用	应用及注意事项
维生素E（生育酚）	维生素E主要存在于绿色植物及种子中，是一种抗氧化剂。 1.抗氧化作用。维生素E本身易被氧化，可保护其他物质不被氧化。在细胞内，维生素E可通过与氧自由基起反应，抑制有害的脂类过氧化物（如过氧化氢）产生，阻止细胞内或细胞膜上的不饱和脂肪酸被过氧化物氧化、破坏，保护细胞膜的完整性，维护其正常的功能。维生素E与硒有协同抗氧化作用。 2.维护内分泌功能。维生素E可促进性激素分泌，调节性腺的发育和功能，有利于受精和受精卵的植入，并能防止流产，提高繁殖力。另外，维生素E还能提高动物对疾病的抵抗力，增强抗应激能力。	应用：本品临床上主要用于防治畜禽的维生素E缺乏症。当维生素E缺乏时，动物表现生殖障碍、细胞通透性损害和肌肉病变。如公畜睾丸发育不全、精子量少且活力降低，母畜胚胎发育障碍、死胎、流产，幼畜白肌病，雏鸡渗出性素质和脑软化，猪肝坏死和黄脂病等。 注意事项：本品毒性小，但过高剂量可诱导雏鸡、犬凝血障碍。本品日粮中高浓度，可抑制雏鸡生长，并可加重钙、磷缺乏引起的骨钙化不全。本品偶尔可引起死亡、流产或早产等过敏反应，如出现这种反应立即注射肾上腺素或抗组胺药物治疗；注射体积超过5 mL时应分点注射。

扫码查看以上药物常用制剂及参考用量与用法。

（二）水溶性维生素

水溶性维生素包括B族维生素和维生素C，均易溶于水。已发现的B族维生素有20多种。动物胃肠道内微生物，尤其是反刍动物瘤胃内的微生物能合成部分B族维生素，所以成年反刍动物一般不会缺乏，但家禽、犊牛、羔羊等则需要从饲料中获得足够的B族维生素才能满足其生长发育需要。水溶性维生素在体内不易贮存，摄入的多余量全部由尿排出，因此毒性很低。水溶性维生素见表6-2-2。

表6-2-2 水溶性维生素

药物名称	药理作用	应用及注意事项
维生素B_1（硫胺素）	广泛存在于种子外皮和胚芽中，动物肝和瘦猪肉中含量较多，反刍动物瘤胃和马的大肠内微生物也可合成，供机体吸收利用。 1.参与糖代谢。当维生素B_1缺乏时表现为神经传导受阻，出现多发性神经炎症状，如疲劳、衰弱、感觉异常、肌肉酸痛、肌无力等。严重时，可发展为运动失调、惊厥、昏迷甚至死亡，还可导致心功能障碍。 2.抑制胆碱酯酶活性。维生素B_1可轻度抑制胆碱酯酶的活性，使乙酰胆碱作用加强。本品缺乏时，胆碱酯酶活性增强，乙酰胆碱水解加快，胃肠蠕动缓慢，消化液分泌减少，动物表现食欲不振、消化不良、便秘等症状。家禽对维生素B_1最敏感，其次是猪。	应用：本品临床上主要用于防治维生素B_1缺乏症，也可作为神经炎、心肌炎的辅助治疗药；给动物大量输入葡萄糖时，可适当补充维生素B_1，以促进糖代谢。 注意事项：维生素B_1对多种抗生素都有灭活作用，不宜与抗生素混合应用。维生素B_1水溶液呈微酸性，不能与碱性药物混合应用；本品可影响氨丙啉的抗球虫活性。

（续表）

药物名称	药理作用	应用及注意事项
维生素B_2（核黄素）	维生素B_2广泛存在于酵母、青绿饲料、豆类、麸皮中，家畜胃肠内微生物亦能合成。 维生素B_2是体内黄酶类的辅基，在生物氧化的呼吸链中起着递氢作用，参与糖类、脂肪、蛋白质和核酸代谢，还是动物正常发育的必需因子。 当缺乏时，雏鸡出现典型的足趾卷缩、腿软弱无力、生长停滞；母鸡产蛋率下降；猪表现腿肌僵硬、眼角膜炎、晶状体混浊、慢性腹泻、食欲不振，母猪早产，胚胎死亡及胎儿畸形；犊牛、羔羊可表现口角、嘴唇干裂，食欲不振，脱毛，腹泻等。	应用：本品主要用于防治维生素B_2缺乏症，如脂溢性皮炎、胃肠机能紊乱、口角溃烂、舌炎、阴囊皮炎等，也常与维生素B_1合用，发挥复合维生素B的综合疗效。 注意事项：维生素B_2对多种抗生素都有灭活作用，不宜与抗生素混合应用。
维生素B_6	维生素B_6在体内经酶作用生成具有生理活性的磷酸吡哆醛和磷酸吡哆醇，是氨基转移酶、脱羧酶及消旋酶的辅酶，参与体内氨基酸、蛋白质、脂肪和糖的代谢。此外，维生素B_6还在亚油酸转变为花生四烯酸等过程中发挥重要作用。维生素B_6缺乏的症状主要表现在皮肤和神经系统。	应用：本品临床上用于防治维生素B_6缺乏症，也可用于长期大剂量服用抗结核药异烟肼所引起的周围神经炎，因抗癌药和放射治疗引起的胃肠道反应，以及粗皮病、妊娠呕吐、白细胞减少等症。 注意事项：本品与维生素B_{12}合用，可促进维生素B_{12}的吸收。
维生素C（抗坏血酸）	本品在体内具有广泛的生理功能。具体表现为：参与体内众多的氧化还原反应；保持细胞间质的完整，增加毛细血管致密度，降低其通透性及脆性。本品具有抗炎、抗过敏作用；还能参与解毒过程。本品可用于铅、汞、砷、苯等慢性中毒和放射线所致的疾病，也可单用或与亚甲蓝合用，治疗药物性高铁血红蛋白症。大量维生素C有中和细菌内毒素，促进抗体生成，增强白细胞吞噬功能、肝细胞抵抗力和肝解毒能力，改善心肌与血管代谢的作用。此外，本品还能促进铁在肠内的吸收，促进叶酸形成四氢叶酸，对血红蛋白的合成和红细胞的成熟都有良好的影响。	应用：本品作为急性或慢性传染病、热性病、慢性消耗性疾病、中毒、慢性出血、高铁血红蛋白症及各种贫血的辅助治疗，也用于风湿病、关节炎、骨折与创伤愈合不良及过敏性疾病等的辅助治疗。 注意事项：本品在瘤胃中易被破坏，故反刍动物不宜内服。不宜与钙制剂、氨茶碱等药物混合注射。本品对氨苄西林、四环素、金霉素、土霉素、红霉素、卡那霉素、链霉素、林可霉素和多黏菌素等均有不同程度的灭活作用。

扫码查看以上药物常用制剂及参考用量与用法。

二、矿物元素

矿物元素是动物机体不可缺少的重要组成成分，是一类无机营养素。在动物体内约有55种矿物元素，现已证实有些是动物生理过程和代谢中的必需矿物元素。矿物元素约占动物体重的4%，绝大部分分布于毛、蹄、角、肌肉、血液和上皮组织中。占动物体重的0.01%以上、需求量大的矿物元素称为常量元素；占体重的0.01%以下、需求量小的矿物元素称为微量元素。常量元素和微量元素在动物生长发育和组织新陈代谢过程中具有重要的作用，对保障动物健康、提高生产性能和畜产品品质均有重要作用。当机体缺乏时，会引起相应的缺乏症，从而影响动物的生产性能和健康。必需矿物元素需由外界供给，一般通过在饲料中添加予以预防，当供给不足、机体处于特殊生理阶段或严重缺乏时便会引起缺乏症，应使用药物进行治疗。但它们的含量过高时，又会产生毒副作用，甚至引起动物死亡。某些矿物元素如硒等，在饲料中含量较低时是必需矿物元素，而含量较高时则是有毒有害的矿物元素。

（一）钙、磷制剂

钙、磷、钠、镁、氯、钾、硫 7 种是动物机体中的常量元素，是动物的生长所必需矿物质。在畜牧业生产中，钙和磷常以骨粉或钙、磷制剂的形式按适当比例混合添加在动物日粮中，以保证畜禽健康生长。常见药物见表 6-2-3。

表 6-2-3　钙、磷制剂

药物名称	作用与应用	注意事项
氯化钙	1.促进骨骼、牙齿的钙化和保证骨骼正常发育。本品常用于钙、磷不足引起的骨软症和佝偻病，与维生素D联用，效果更好。 2.维持神经肌肉的正常兴奋性。当血钙浓度降低时，神经肌肉的兴奋性增高，甚至出现强直性痉挛；反之，则神经肌肉兴奋性降低，出现软弱无力等症状。临床上用于缺钙引起的抽搐、痉挛，牛的产前或产后瘫痪，猪的产前截瘫等。 3.消炎、抗过敏。Ca^{2+}能增加毛细血管的致密度，降低其通透性，减少渗出，达到消炎、消肿和抗过敏作用，临床上用于炎症初期及某些过敏性疾病的治疗，如皮肤瘙痒、血清病、荨麻疹、血管神经性水肿等。 4.对抗Mg^{2+}的作用。Ca^{2+}能对抗血镁过高引起的中枢抑制和横纹肌松弛作用，可解救镁盐中毒，亦可对抗链霉素的急性中毒。 5.促进凝血。Ca^{2+}是重要的凝血因子，参与凝血过程。可作为止血药，用于血斑病等出血性疾病。	本品刺激性大，只宜静脉注射，且不可漏注血管外，以免引起局部肿胀和坏死；静脉注射速度宜慢，以免血钙骤升，导致心律失常，使心脏停止于收缩期；在应用强心苷类、肾上腺素期间或停药 7 d内禁止注射钙剂。
葡萄糖酸钙	本品作用与氯化钙相同，但刺激性小，比氯化钙安全。本品常用于钙缺乏，急性低血钙和低血抽搐，荨麻疹、急性湿疹、皮炎等。	注射液在使用期内若出现沉淀，宜微温溶解后使用。本品静脉注射速度宜缓慢，且禁止与强心苷、肾上腺素等药物合用。
碳酸钙	本品为钙补充药，用于治疗钙缺乏引起的佝偻病、软骨症及产后瘫痪等疾病，最好与维生素D联用；也用做治疗动物腹泻；还作抗酸药、治疗胃酸过多。	本品内服后对胃肠道存在一定的刺激性。
磷酸二氢钠	作用：磷是骨、牙齿的组成成分，单纯缺磷也能引起佝偻病和骨软症；磷参与构成磷脂，以维持细胞膜的结构和功能；磷是三磷酸腺苷、脱氧核糖核酸与核糖核酸的组成成分，参与机体的能量代谢，对蛋白质合成、畜禽繁殖都有重要作用；磷还构成磷酸盐缓冲对，参与体液酸碱平衡的调节。 应用：临床主要用于磷代谢障碍引起的疾病，如佝偻病、骨软症，也用于急性低血磷症或慢性缺磷症。	本品与补钙剂合用，可提高疗效。

（续表）

药物名称	作用与应用	注意事项
磷酸氢钙	本品可兼具补充钙磷，且不影响钙磷平衡；多用于治疗佝偻病、骨软症、骨发育不全等。	宜与维生素D合用。

扫码查看以上药物常用制剂及参考用量与用法。

（二）微量元素

动物机体所必需的微量元素有铁、铜、锰、锌、钴、钼、铬、镍、钒、锡、氟、碘、硒、硅、砷 15 种。对机体可能是必需但尚未确定生理功能的元素有钡、镉、银、锂、溴等；另有 15～20 种元素存在于体内，但生理作用不明，甚至对机体有害，可能是随饲料或环境污染进入机体，如铝、铅、汞。微量元素在动物体的组织细胞中含量极微，有的只有百万分之几甚至亿万分之几，故称微量元素。但其对动物生命活动却具有十分重要的意义。它们是许多生化酶的必需组分或激活因子，在酶系统中起催化作用；有些是激素、维生素的构成成分，在激素、维生素中起特异的生理作用。对体内的生化过程起着调节作用；有些对机体免疫功能有重要影响。动物所需的微量元素主要来自植物性饲料，故与土壤、水中含有的微量元素有关。动物摄入微量元素不足或过多，均会影响其生长发育或发生病变。随着我国畜牧业发展，大型养殖场要特别注意动物微量元素的补充。常见微量元素见表 6-2-4。

表 6-2-4　微量元素

药物名称	作用与应用	注意事项
亚硒酸钠	1.抗氧化。硒是谷胱甘肽过氧化物酶的组成成分，参与所有过氧化物的还原反应，能防止细胞膜和组织免受过氧化物的损害。 2.参与辅酶Q的合成。辅酶Q在呼吸链中起递氢作用，参与ATP的生成。 3.维持动物正常生长。硒蛋白是肌肉组织的正常成分，缺乏时可发生白肌病样的严重肌肉损害，以及心、肝和脾的萎缩或坏死。 4.维持精细胞的结构和机能。公猪缺硒，可致睾丸曲细精管发育不良，精子减少。此外，本品可降低汞、铅、银等重金属的毒性，增强机体免疫力。 应用：硒在临床上用于防治羔羊、犊牛、马驹、仔猪的白肌病和雏鸡渗出性素质，如与维生素E联用，效果更好。	硒安全范围较小，用量过大可发生中毒，表现运动失调、鸣叫、起卧、出汗，严重的体温升高、呼吸困难等。中毒后服用砷剂，可减少体内硒的吸收和促进硒从胆汁排出。

（续表）

药物名称	作用与应用	注意事项
硫酸铜	作用：铜能促进骨髓生成红细胞和合成血红蛋白，促进铁在胃肠道的吸收，并使铁进入骨髓。缺铜时，会引起贫血，红细胞寿命缩短，以及生长停滞等；铜是多种氧化酶如细胞色素氧化酶、抗坏血酸氧化酶、酪氨酸酶、单胺氧化酶、黄嘌呤氧化酶等的组成成分，与生物氧化密切相关；酪氨酸酶能催化酪氨酸氧化生成黑色素，维持黑的毛色，缺乏时，可使毛褪色、毛弯曲度降低或脱落；铜还能促进磷脂的生成而有利于大脑和脊髓的神经细胞形成髓鞘，缺乏时，可使脑和脊髓神经纤维髓鞘发育不正常或脱髓鞘。 饲料中缺铜或含量不足时，引起家畜铜缺乏症。症状一般为贫血、骨生长不良、新生幼畜生长迟缓、发育不良、被毛脱色或生长异常、心力衰竭、胃肠机能紊乱等。 应用：硫酸铜（或碳酸铜）可用于家畜铜缺乏症，还可用于浸泡奶牛的腐蹄，做辅助治疗。	铜对机体有毒性，绵羊和犊牛较敏感，犬次之。家禽中鸡和鸭敏感，过量应用易引起中毒。
硫酸锌	锌在蛋白质的生物合成和利用中起重要作用。锌是碳酸酐酶、碱性磷酸酶、乳酸脱氢酶等的组成成分，决定酶的特异性。锌又是维持皮肤和黏膜的正常结构与功能，以及促进伤口愈合的必要因素。缺锌时动物生长缓慢，血浆碱性磷酸酶的活性降低，精子的产生及其运动性降低。锌对哺乳动物和禽类的毒性是较小的，仅在摄入量很高的情况下，才发生代谢紊乱。	锌摄入过多可影响蛋白质代谢和钙的吸收，并导致铜缺乏症。
氯化钴	钴是维生素 B_{12} 的必需组成成分，是反刍动物的必需微量元素。反刍兽瘤胃内的微生物必须利用摄入的钴，合成自身所必需的维生素 B_{12}。合成能刺激骨髓的造血机能，有抗贫血作用。另外，钴还是核苷酸还原酶和谷氨酸变位酶的组成成分，参与脱氧核糖核酸的生物合成和氨基酸的代谢。钴缺乏时，血清维生素 B_{12} 降低，引起动物尤其是反刍动物，出现食欲减退、生长减慢、贫血、肝脂肪变性、消瘦、腹泻等症状。内服钴制剂，能消除以上钴缺乏症。	钴摄入过量可导致红细胞增多症。本品仅可内服，不可注射。

扫码查看以上药物常用制剂及参考用量与用法。

工具准备

网络查询设备、兽医处方笺、新病例等。

人员准备

人员分组，每组 5 人，明确职责分工。

任务角色	任务内容
组长：	任务：
组员 1：	任务：
组员 2：	任务：
组员 3：	任务：
组员 4：	任务：

任务实施

第一步：查询各类文献、资料，了解动物机体常见的维生素、矿物质和微量元素缺乏症及其症状。

第二步：了解营养药物的种类，以及除药物给予外还可以获得这些营养物质的途径；熟悉常见营养药物的代表药及其临床使用方法和注意事项。

第三步：根据前期学习对本任务提出的病例进行诊断并制订合理的用药方案。

第四步：熟练掌握营养药物的药理作用后，再根据新的病例继续熟悉营养药物的应用。

任务检测

项目六任务二检测

任务评价

工作任务完成过程评价表

班级：__________　组别：__________　姓名：__________

项目	评分标准	自我评价	小组评价	教师评价
资料收集（50 分）	操作熟练，分析合理，判断准确（50 分）			
	操作较熟练，报告较准确清晰（40 分）			
	操作不太熟练，报告有少量错误（30 分）			
	操作不熟练，判断不准确（30 分以下）			
课前准备（20 分）	了解动物机体常见的维生素、矿物质和微量元素缺乏症及其症状（10 分）			
	了解营养药物的种类，以及除药物给予外还可以获得这些营养物质的途径（10 分）			
课后评价（30 分）	熟悉合理使用营养药物的理论知识（10 分）			
	能通过掌握的知识对本任务提出的病例进行准确的分析并制定合理的给药方案（10 分）			
	能在学习完本任务后，再根据新的病例继续熟悉营养药物的使用（10 分）			
合计				

（续表）

项目	评分标准	自我评价	小组评价	教师评价
自我评价与总结				
教师点评				

任务三 抗组胺药物

任务导入

一只黑山羊，9月龄，体温升高，咳嗽。其肌内注射青霉素后不久，皮肤潮红、瘙痒，出汗，可视黏膜苍白，喘鸣，烦躁不安。很快，病羊倒卧在地，意识不清，肌肉抽搐，肢体强直，大小便失禁。诊断为青霉素过敏。请根据诊断结果，制订治疗措施，并开具正确的处方。

任务工单

班级：________ 姓名：________ 学号：________

任务名称	合理使用抗组胺药物
任务描述	根据实际情况，填写本任务的内容、目的、流程和方法。 任务内容：________ 任务目的：________ 任务流程：________ 任务方法：________
获取信息	要完成任务，需要掌握相关的知识。请收集资料，回答以下问题。 1.组胺是什么？分布于哪里？在动物机体中是如何产生作用的？可以与组胺结合的受体有哪些？

（续表）

<table>
<tr><td rowspan="3">获取信息</td><td colspan="4">2. 抗组胺药的概念、分类及代表药有哪些？</td></tr>
<tr><td colspan="4">3. 抗组胺药的药理作用、临床使用方法及注意事项有哪些？</td></tr>
<tr><td colspan="4">4. 对上述病例进行分析并制订合理的用药方案。</td></tr>
<tr><td>制订计划</td><td colspan="4"></td></tr>
<tr><td rowspan="6">任务实施</td><td colspan="4">按照预先制订的工作计划，完成本任务，并记录任务实施过程。</td></tr>
<tr><td>序号</td><td>完成的任务</td><td>遇到的问题</td><td>解决办法</td></tr>
<tr><td></td><td></td><td></td><td></td></tr>
<tr><td></td><td></td><td></td><td></td></tr>
<tr><td></td><td></td><td></td><td></td></tr>
<tr><td></td><td></td><td></td><td></td></tr>
</table>

任务准备

知识准备

抗过敏药是指能缓解或消除过敏反应症状，防治过敏性疾病的物质。兽医临床上常用的抗过敏药有四类：抗组胺药、糖皮质激素类药、拟肾上腺素类药和钙制剂。本任务主要介绍抗组胺药。

组胺是由组氨酸脱羧而成，广泛分布于哺乳动物的组织中，其中与外界相通的组织（如消化道、呼吸道和皮肤）浓度最高。正常状态下组胺以肝素-蛋白复合物形式存在，不具有生物活性，当机体受寒冷、外伤、炎症、变态反应等不良刺激后，局部组织就会激活和释放大量组胺，组胺参与机体的一系列病理反应，如过敏、炎症、增加胃酸分泌等。组胺的生物学作用是通过兴奋靶细胞上的组胺受体而实现。组胺受体分布及效应见表 6-3-1。

表 6-3-1 组胺受体分布及效应

<table>
<tr><th>组胺受体类型</th><th>所在组织</th><th>效应</th><th>抗组胺药（组胺拮抗药）</th></tr>
<tr><td rowspan="2">H_1受体</td><td>支气管、胃肠道和子宫平滑肌</td><td>收缩</td><td rowspan="2">苯海拉明、盐酸异丙嗪、马来酸氯苯那敏、阿斯咪唑</td></tr>
<tr><td>皮肤血管</td><td>血管扩张
通透性增加</td></tr>
</table>

（续表）

组胺受体类型	所在组织	效应	抗组胺药（组胺拮抗药）
H_2 受体	胃壁腺	分泌增加	西咪替丁、雷尼替丁、法莫替丁、尼扎替丁
	血管	血管扩张	
	心脏	心跳加快 血压下降	
H_3 受体	—	负反馈性调节组胺的合成与释放	临床应用尚在研究中

抗组胺药又称组胺拮抗药，是指能与组胺竞争靶细胞上组胺受体，使组胺不能与受体结合，从而阻断组胺作用的药物，详情见表 6-3-2。

表 6-3-2　抗组胺药

药物名称	药理作用	应用及注意事项
盐酸苯海拉明	本品能解除支气管和胃肠道平滑肌痉挛，降低毛细血管的通透性，还有较强的镇静、使嗜睡等中枢抑制作用和局麻、轻度抗胆碱作用。本品作用快，维持时间短，单胃动物内服后，30 min 即显效，作用维持约 4 h。反刍动物内服不易吸收，宜注射给药。	应用：本品临床主要用于治疗过敏性疾病，如荨麻疹、湿疹、皮肤瘙痒症、水肿、神经性皮炎、药物过敏等；因组织损伤伴有组胺释放的疾病，如烧伤、湿疹、脓毒性子宫炎等；对过敏性胃肠痉挛、腹泻也有一定疗效。本品常与氨茶碱、维生素 C、或钙剂配合使用，可增强疗效。 注意事项：大剂量静脉注射时常出现中毒症状，以中枢神经系统过度兴奋为主，可静脉注射短效巴比妥类（如硫喷妥钠）解救，但不可使用长效或中效巴比妥。
盐酸异丙嗪	本品为氯丙嗪的衍生物，有较强的中枢抑制作用，但比氯丙嗪弱；还有降温、止吐作用，可加强局麻药、镇静药和镇痛药的作用。抗组胺作用较苯海拉明强而持久，作用时间超过 24 h。	本品应用同苯海拉明。 注意事项：本品有较强刺激性，不宜皮下注射；注射如呈紫红色或绿色时，不宜使用。
马来酸氯苯那敏	抗组胺作用较苯海拉明强而持久，但中枢抑制作用较弱。	本品应用同苯海拉明。
西咪替丁	本品能减少胃液的分泌量和降低胃液中氢离子浓度，还可抑制胃蛋白酶和胰酶的分泌。	应用：本品主要用于中小动物胃炎、胃肠溃疡、胰腺炎和急性胃肠出血。 注意事项：本品可抑制肝药酶的活性，降低肝血流量，并能干扰某些药物的吸收。
雷尼替丁	本品抑制胃酸分泌作用比西咪替丁强约 5 倍，毒副作用较小，作用维持时间较长。	本品临床应用同西咪替丁。 注意事项：肝、肾功能不全的患病动物慎用。

扫码查看以上药物常用制剂及参考用量与用法。

工具准备

网络查询设备、兽医处方笺、新病例等。

人员准备

人员分组，每组 5 人，明确职责分工。

任务角色	任务内容
组长：	任务：
组员 1：	任务：
组员 2：	任务：
组员 3：	任务：
组员 4：	任务：

任务实施

第一步：查询各类文献、资料了解组胺的概念，其分布的组织或细胞，在动物机体中的作用机制，以及可以与组胺结合的受体。

第二步：学习了解抗组胺药的概念、分类及代表药；熟悉抗组胺药的药理作用、临床使用方法及注意事项。

第三步：根据前期学习对本任务提出的病例进行诊断并制订合理的用药方案。

第四步：熟练掌握抗组胺药的药理作用后，再根据新的病例继续熟悉抗组胺药的应用。

任务检测

项目六任务三检测

任务评价

工作任务完成过程评价表

班级：__________ 组别：__________ 姓名：__________

项目	评分标准	自我评价	小组评价	教师评价
资料收集（50分）	操作熟练，分析合理，判断准确（50分）			
	操作较熟练，报告较准确清晰（40分）			
	操作不太熟练，报告有少量错误（30分）			
	操作不熟练，判断不准确（30分以下）			
课前准备（20分）	了解组胺的概念，分布的组织或细胞，在动物机体中的作用机制，以及可以与组胺结合的受体（10分）			
	了解抗组胺药的概念、分类及代表药（10分）			
课后评价（30分）	熟悉抗组胺药的理论知识（10分）			
	能通过掌握的知识对本任务提出的病例进行准确的分析并制订合理的给药方案（10分）			
	能在学习完本任务后，再根据新的病例继续熟悉抗组胺药的使用（10分）			
合计				
自我评价与总结				
教师点评				

任务四　解热镇痛抗炎药物

任务导入

某猪场共饲养598头猪，猪舍保暖设施简陋。近期天气寒冷，数头猪精神沉郁，采食减少，喜饮水，流鼻涕，流泪，其他猪正常。经检查，发现几头病猪鼻盘干燥，流浆液性鼻液，体温40.5 ℃，眼结膜发红；听诊心音增强，精神状态尚可。经诊断为感冒。请根据诊断结果，制订治疗措施，并开具正确的处方。

任务工单

班级：________　姓名：________　学号：________

任务名称	合理使用解热镇痛抗炎药物
任务描述	根据实际情况，填写本任务的内容、目的、流程和方法。 任务内容：________ 任务目的：________ 任务流程：________ 任务方法：________
获取信息	要完成任务，需要掌握相关的知识。请收集资料，回答以下问题。 1. 解热镇痛抗炎药与麻醉性镇痛药在应用方面有哪些区别？ 2. 解热镇痛抗炎药的概念及代表药是什么？ 3. 解热镇痛抗炎药的药理作用、临床使用方法及注意事项有哪些？ 4. 对上述病例进行分析并制订合理的用药方案。
制订计划	

（续表）

<table>
<tr><td rowspan="6">任务实施</td><td colspan="4">按照预先制订的工作计划，完成本任务，并记录任务实施过程。</td></tr>
<tr><td>序号</td><td>完成的任务</td><td>遇到的问题</td><td>解决办法</td></tr>
<tr><td></td><td></td><td></td><td></td></tr>
<tr><td></td><td></td><td></td><td></td></tr>
<tr><td></td><td></td><td></td><td></td></tr>
<tr><td></td><td></td><td></td><td></td></tr>
</table>

任务准备

知识准备

一、概述

解热镇痛抗炎药亦称非甾体类抗炎药，具有解热、镇痛的作用，其中多数药物还有抗炎、抗风湿的作用。这类药物在化学结构上虽然各不相同，但有共同的作用机理，即抑制环氧合酶（COX），从而抑制花生四烯酸合成前列腺素。前列环素（PGI）具有血管扩张的作用，可促使炎症局部组织充血肿胀；前列腺素 E（PGE）又增强该处受损组织痛觉阈的敏感度，引起炎症部位肿痛症状。当环氧合酶被解热镇痛抗炎药抑制后，各类前列腺素的合成减少，临床症状得以改善，这与中枢镇痛药的单纯镇痛作用机理不同。

兽医临床上使用的解热镇痛抗炎药有近 20 种，它们的共同作用如下。

（一）解热作用

本类药物对各种原因引起的高热，都具有一定的解热作用，但对正常体温无影响。当机体受到病原体及其毒素等外源性致热源作用时，刺激体内中性粒细胞，使之产生并释放内源性致热源（如白细胞介素 1、白细胞介素 6、肿瘤坏死因子等），后者进入中枢神经系统，作用于视前区-下丘脑的前部，促使PGE大量合成和释放。PGE使体温调节中枢的调定点上移，致使机体产热增加、散热减少、体温升高，动物出现所谓“发热”的现象。解热镇痛抗炎药能抑制PGE的合成，使调定点下移，并通过神经体液调节使皮肤血管扩张，排汗增加，呼吸加快等途径增加散热，从而使体温降至正常，但对产热过程无影响。

由于发热是机体的一种防御性反应，发热的热型有助于诊断疾病，且解热镇痛药物只能作对症治疗，而不能根除发热的原因。故用解热药要慎重，不能遇热就退，更不要过量使用，以免出汗过多，引起虚脱，只有在明确诊断，高热持续不退而对机体带来危害时才考虑使用解热药。

（二）镇痛作用

本类药物镇痛作用部位主要在外周。组织损伤或发炎时，局部产生并释放某些致痛化学物质（也是致炎物质），如缓激肽等，同时产生并释放PG。缓激肽作用于痛觉感受器引起疼痛，PG则可使痛觉感受器对缓激肽等致痛物质的敏感性提高。因此，在炎症过程中，PG的释放对炎性疼痛起到了放大作用，而PG（E_1、E_2及E_3）本身也有致痛作用。解热镇痛药可防止炎症时PG的合成，同时作用于中枢下丘脑，能阻断痛觉经丘脑向大脑皮层的传递，发挥其镇痛作用。本类药物仅有中等程度的镇痛作用，常用于治疗慢性钝痛，如头痛、牙痛、神经痛、肌肉或关节痛；对各种严重创伤性剧痛及内脏平滑肌绞痛无效。

（三）抗炎、抗风湿作用

除苯胺类外，多数药物都具有抗炎、抗风湿作用，但不能消除病因，只是减轻炎症的红、肿、热、痛等临床症状。抗炎作用在于抑制PG合成酶，阻止PG的合成；稳定溶酶体膜，减少水解酶的释放；抑制缓激肽的生成，加强对其的破坏。抗风湿作用则是本类药物解热、镇痛和抗炎作用的综合结果。

（四）抗血小板凝集作用

血小板受聚集诱发剂作用时，释放出的花生四烯酸，在环氧酶的作用下，最终生成血栓素A_2，使血小板凝集，形成血栓。应用该类药物（阿司匹林）可抑制环氧酶的作用，从而阻止血栓的形成。因其纤溶作用而使创伤部位血凝块溶解，疏通微循环，加速炎症消散。

二、解热镇痛抗炎药的药理作用

大多数解热镇痛抗炎药为弱酸性化合物，通常在胃肠道的前部被迅速吸收，但是受动物的种属、胃肠蠕动、胃内pH值和食糜等因素的影响。解热镇痛抗炎药主要分布于细胞外液，能渗入损伤或炎症组织。本类药物血浆蛋白结合率很高（有的甚至大于99%），使药物在体内消除延缓，与血浆蛋白结合率高的同类或他类药物合用，可产生在结合位点上的置换作用而引起中毒。本类药物的消除主要取决于肝内细胞色素P-450酶的活性，代谢产物还经Ⅱ相代谢结合反应，种属差异很大。本类药物的代谢产物主要通过肾脏的滤过和主动分泌被消除，肾排泄的速度取决于尿液的pH值，酸性尿增加排泄，因此与由肾小管主动分泌的药物，存在竞争抑制现象。部分药物以葡萄糖醛酸结合物形式由胆汁排泄，有明显的肝肠循环，如萘洛芬用于犬。由于这类药物的清除和组织蓄积存在很大的种属差异，因此在种属间套用剂量具有极大的危险性，有时甚至是致死性的。例如，阿司匹林在马、犬、猫的半衰期分别是1 h、8 h、38 h。这样，按每千克体重计算的同一剂量对马可能无效，而对猫（因缺乏葡萄糖醛酸酶活性）则产生严重后果。在兽医临床上，本类药物按其化学结构可分为以下几类，见表6-4-1。

表6-4-1　常见解热镇痛抗炎药的分类及作用特点

分类	代表药物	解热	镇痛	抗炎	抗风湿	不良反应
苯胺类	非那西丁	强	弱	弱	弱	高铁血红蛋白症
	扑热息痛	较强	较弱	较弱	较弱	高铁血红蛋白症
吡唑酮类	氨基比林	强	强	强	强	粒细胞减少症
	安乃近	强	较强	一般	一般	粒细胞减少症、出血
	保泰松	弱	弱	强	强	血常规检查异常

（续表）

分类	代表药物	解热	镇痛	抗炎	抗风湿	不良反应
水杨酸类	阿司匹林	较强	较强	强	强	出血、胃溃疡
吲哚类	吲哚美辛	较强	较弱	强	强	消化道溃疡、肝及造血功能受损
苯丙酸衍生物	布洛芬	强	较强	强	强	毒副作用低
	酮洛芬	强	强	强	强	毒副作用低
萘丙酸衍生物	萘普生	强	强	强	强	出血和胃肠道反应
芬那酸类	甲芬那酸	较强	较强	较强	较强	嗜睡、恶心、腹泻
	甲氯芬酸	较强	较强	较强	较强	毒副作用低
	双氯芬酸	强	强	强	强	毒副作用低
其他	氟尼辛葡甲胺	强	强	强	强	出血和胃肠道受损

三、常用药物

解热镇痛抗炎药见表 6-4-2。

表 6-4-2　解热镇痛抗炎药

药物名称	药理作用	应用及注意事项
对乙酰氨基酚	本品具有解热、镇痛作用，不良反应小。内服吸收快，3 min后血药达峰浓度。解热作用与阿司匹林相当，但镇痛和抗炎效果较弱。	应用：本品主要用作中小动物的发热、肌肉痛、关节痛和风湿症。 注意事项：本品大剂量可引起肝、肾损害，在给药后 12 h 内使用乙酰半胱氨酸或蛋氨酸可以预防肝损害。肝肾功能不全的患病动物及幼龄动物慎用；对猫可引起红细胞溶解和肝坏死，不宜应用。
氨基比林	本品解热作用强而持久，为安替比林的 3～4 倍，亦强于对乙酰氨基酚，与巴比妥类药物合用能增强镇痛作用。	应用：本品常用于发热性疾病、神经痛、肌肉痛、关节痛、马骡的疝痛等，还有抗炎、抗风湿作用，可治疗急性风湿性关节炎，疗效与水杨酸类相近。 注意事项：本品长期连续使用，可引起粒细胞减少症。
安乃近	本品解热镇痛作用较氨基比林强而快，肌内注射吸收迅速，药效维持 3～4 h。有一定的抗炎和抗风湿作用。	本品应用同氨基比林。 注意事项：本品长期应用可引起粒细胞减少；可抑制凝血酶原合成，加重出血的倾向；剂量过大出汗过多会引起虚脱。
阿司匹林	本品解热、镇痛效果好，消炎和抗风湿作用强。本品可抑制抗体产生和抗原-抗体的结合反应，抑制炎性渗出，对急性风湿症有特效；能抑制血小板凝集，防止血栓的形成；较大剂量时还可抑制肾小管对尿酸的重吸收，增加尿酸排泄，故有抗痛风作用。	应用：本品常用于发热、风湿症、肌肉和关节痛、软组织炎症和痛风症的治疗。 不良反应：本品能抑制凝血酶原合成，连用有出血倾向，可用维生素 K 治疗；对消化道有刺激性，剂量较大可导致食欲不振、恶心、呕吐乃至消化道出血，故不宜空腹投药；与碳酸钙同服可减少对胃的刺激。本品为酚类衍生物，对猫毒性大。 注意事项：胃炎、胃溃疡、出血、肾功能不全患畜慎用。本品治疗痛风时，可同服等量碳酸氢钠，以防尿酸在肾小管沉积。

（续表）

药物名称	药理作用	应用及注意事项
布洛芬	布洛芬又称芬必得，异丁苯丙酸。具有较好的解热、镇痛、抗炎作用，但镇痛作用不如阿司匹林，毒副作用比阿司匹林小。犬内服后迅速吸收，血药峰时为 0.5 h，生物利用度为 60%～80%。	应用：本品主要用于犬的肌肉、骨骼系统功能障碍伴发的炎症和疼痛。 注意事项：犬用 2～6 d 可见呕吐，2～6 周可见胃肠受阻。
氟尼辛葡甲胺（动物专用药）	本品是一种强效环氧化酶抑制剂，具有镇痛、解热、抗炎和抗风湿作用。本品不影响马的胃肠道蠕动，并能改善败血性休克动物的血液动力学。	应用：本品常用于家畜及小动物的发热性、炎性疾患，肌肉痛和软组织痛等。本品注射给药可控制牛呼吸道疾病和内毒素血症所致的高热，马和犬的发热，马、牛、犬的内毒素血症所致的炎症。内服可治疗马属动物的肌肉炎症及疼痛。 不良反应：马长期大剂量使用本品可导致胃肠溃疡；按推荐剂量连用 2 周以上，能发生口腔和胃溃疡。犬发生呕吐和腹泻，极高剂量或长期使用可引起胃肠溃疡。牛连用超过 3 d，可能出现血便和血尿。 注意事项：本品胃肠溃疡、胃肠道及其他组织出血、心血管疾病、肝肾功能紊乱及脱水的动物，禁用；种马、种公牛禁用，怀孕家畜慎用；犬对本品敏感，建议只用一次，或连用不超过 3 d。本品不与其他非甾体抗炎药配用。

扫码查看以上药物常用制剂及参考用量与用法。

工具准备

网络查询设备、兽医处方笺、新病例等。

人员准备

人员分组，每组 5 人，明确职责分工。

任务角色	任务内容
组长：	任务：
组员 1：	任务：
组员 2：	任务：
组员 3：	任务：
组员 4：	任务：

任务实施

第一步：查找文献、资料了解解热镇痛抗炎药与麻醉性镇痛药在应用方面的区别。

第二步：了解解热镇痛抗炎药的概念及代表药，熟悉解热镇痛抗炎药的药理作用、临床使用方法及注意事项。

第三步：根据前期学习对本任务提出的病例进行诊断并制订合理的用药方案。

第四步：熟练掌握解热镇痛抗炎药的药理作用后，再根据新的病例继续熟悉解热镇痛抗炎药的应用。

任务检测

项目六任务四检测

任务评价

工作任务完成过程评价表

班级：__________ 组别：__________ 姓名：__________

<table>
<tr><th>项目</th><th>评分标准</th><th>自我评价</th><th>小组评价</th><th>教师评价</th></tr>
<tr><td rowspan="4">资料收集
（50 分）</td><td>操作熟练，分析合理，判断准确（50 分）</td><td rowspan="2"></td><td rowspan="2"></td><td rowspan="2"></td></tr>
<tr><td>操作较熟练，报告较准确清晰（40 分）</td></tr>
<tr><td>操作不太熟练，报告有少量错误（30 分）</td><td rowspan="2"></td><td rowspan="2"></td><td rowspan="2"></td></tr>
<tr><td>操作不熟练，判断不准确（30 分以下）</td></tr>
<tr><td rowspan="2">课前准备
（20 分）</td><td>了解解热镇痛抗炎药与麻醉性镇痛药在应用方面的区别（10 分）</td><td></td><td></td><td></td></tr>
<tr><td>了解解热镇痛抗炎药的概念及代表药（10 分）</td><td></td><td></td><td></td></tr>
<tr><td rowspan="3">课后评价
（30 分）</td><td>熟悉解热镇痛抗炎药的理论知识（10 分）</td><td></td><td></td><td></td></tr>
<tr><td>能通过掌握的知识对本任务提出的病例进行准确的分析并制订合理的给药方案（10 分）</td><td></td><td></td><td></td></tr>
<tr><td>能在学习完本任务后，再根据新的病例继续熟悉解热镇痛抗炎药的使用（10 分）</td><td></td><td></td><td></td></tr>
<tr><td colspan="2">合计</td><td></td><td></td><td></td></tr>
<tr><td>自我评价与总结</td><td colspan="4"></td></tr>
<tr><td>教师点评</td><td colspan="4"></td></tr>
</table>

任务五　糖皮质激素类药物

任务导入

病例 1：腊肠犬 7 岁，雌性，体重 12.6 kg，近半年来双侧腰部出现对称脱毛，并且范围不断扩大，没有明显瘙痒，食量大增，临床上用抗过敏及抗真菌药物治疗 1 周左右无效。经检查，犬精神一般，双侧腰部对称性脱毛、无红疹、边缘少量皮屑，皮肤整体菲薄，被毛干涩，犬体腹部下垂，四肢轻度消瘦。血象表现为中性粒细胞轻度升高，淋巴细胞明显降低。生化检测提示谷丙转氨酶为 185 U/L、碱性磷酸酶为 1 420 U/L、胆固醇为 380 mg/dL、血糖为 155 mg/dL。X 射线检查出现肝区轻度增大现象。B 超显示肝区回声不均，呈弥散性强回声。经诊断为库兴氏综合征。请根据诊断结果，制订治疗措施，并开具正确的处方。

病例 2：一只金毛犬，前一天晚上和一萨摩耶打闹，今早发现其眼睛睁不开。经临床检查发现，金毛角膜红肿，流泪。诊断为角膜炎。请根据诊断结果，制订治疗措施，并开具正确的处方。

任务工单

班级：__________　姓名：__________　学号：__________

任务名称	合理使用糖皮质激素类药物
任务描述	根据实际情况，填写本任务的内容、目的、流程和方法。 任务内容：__________ __________ 任务目的：__________ __________ 任务流程：__________ __________ 任务方法：__________ __________

（续表）

<table>
<tr><td>获取信息</td><td colspan="4">要完成任务，需要掌握相关的知识。请收集资料，回答以下问题。
1. 糖皮质激素类药物的分布及其生理作用有哪些？日常生活中糖皮质激素类药物的应用情况和副作用有哪些？
2. 糖皮质激素类药物的体内代谢过程是什么？
3. 常见的糖皮质激素类药物的药理作用、临床使用方法、不良反应和注意事项有哪些？
4. 对上述病例进行分析并制订合理的用药方案。</td></tr>
<tr><td>制订计划</td><td colspan="4"></td></tr>
<tr><td rowspan="6">任务实施</td><td colspan="4">按照预先制订的工作计划，完成本任务，并记录任务实施过程。</td></tr>
<tr><td>序号</td><td>完成的任务</td><td>遇到的问题</td><td>解决办法</td></tr>
<tr><td></td><td></td><td></td><td></td></tr>
<tr><td></td><td></td><td></td><td></td></tr>
<tr><td></td><td></td><td></td><td></td></tr>
<tr><td></td><td></td><td></td><td></td></tr>
</table>

任务准备

知识准备

激素是由内分泌腺（如垂体、肾上腺、胰岛、甲状腺、性腺）或内分泌细胞所合成和释放的高效能生理调节物质。肾上腺皮质的束状带、球状带和网状带具有分泌多种激素的功能，其分泌的激素称为肾上腺皮质激素，简称皮质激素。皮质激素根据其生理功能可分为三类。①糖皮质激素类，以氢化可的松为代表，由肾上腺皮质的束状带细胞合成、分泌，其生理水平对糖代谢的作用强，对钠、钾等矿物质代谢的作用较弱。在药理治疗剂量下，表现出良好的抗炎、抗过敏、抗毒素、抗休克等作用，具有重要的药理学意义。②盐皮质激素类，以醛固酮为代表，由肾上腺皮质的球状带细胞分泌，其生理水平对矿物质代谢，特别是对钠潴留和钾排泄的作用很强。在药理治疗剂量下，仅作为肾上腺皮质功能不全的替代治疗药物，在兽医临床上使用价值不大。③氮皮质激素类，以雌二醇和睾酮为代表，由肾上腺皮质的网状带细胞分泌。

一、糖皮质激素类药物的体内代谢过程

糖皮质激素内服吸收迅速，一般在2 h内达到峰浓度，肌内或皮下注射后1 h内达到峰浓度；关节囊、滑膜腔、皮肤等局部给药也可吸收，但吸收缓慢，仅起局部作用。吸收入血的糖皮质激素，大部分与血浆蛋白结合，小部分以游离型在靶器官发挥作用。当游离型药物被靶细胞或在肝代谢消除后，结合型的药物就释放出来，以维持正常的血药浓度。合成的糖皮质激素，在肝内被代谢成葡萄糖醛酸或硫酸的结合物，代谢物或原型药物从尿液和胆汁中排泄。糖皮质激素的血浆消除半衰期因药而异，其长短取决于生物转化的速度。本品与其他多数药物不同，它们的血浆半衰期与其生物半衰期不一致，如氢化可的松的生物半衰期比其血浆半衰期长。

根据它们的生物半衰期，将糖皮质激素药物分为：短效激素（小于12 h），如氢化可的松、可的松、泼尼松；中效激素（12～36 h），如强的松、强的松龙、去炎松；长效激素（大于36 h），如地塞米松、倍他米松。

二、糖皮质激素类药物的药理作用

糖皮质激素的分类及药理作用见表6-5-1。

表6-5-1　糖皮质激素的分类及药理作用

分类	药理作用
抗炎作用	糖皮质激素对各种原因所致的炎症及炎症反应的各个阶段均有强大的抗炎作用。炎症早期，可抑制炎症局部的血管扩张，降低血管通透性，减少血浆渗出、水肿，抑制炎性细胞浸润与吞噬功能，从而减轻或消除炎症部位的红、肿、热、痛等症状。炎症后期，抑制毛细血管合成纤维细胞增生及纤维合成，延缓肉芽组织生长，防止粘连及瘢痕形成，减轻后遗症。炎症是机体应对有害刺激的一种防御机能，糖皮质激素能减轻炎症的症状，只是保护机体组织免受有害刺激引起的损伤，降低机体对致炎因子引起的病理性反应，但不能消除引起炎症的原因，同时还降低了机体的防御机能和抑制组织修复，易使感染扩散和阻碍创伤愈合，故必须结合对因治疗。
抗免疫作用	糖皮质激素能抑制免疫过程的许多环节，如小剂量时，能抑制巨噬细胞对抗原的吞噬和处理，破坏具有免疫活性的淋巴细胞。大剂量时，抑制浆细胞合成抗体，干扰体液免疫。此外，还能抑制组胺等活性物质的释放，可对抗各型变态反应，缓解过敏性疾病的症状。
抗毒素作用	糖皮质激素能提高机体对细菌内毒素的耐受力，如对抗内毒素对机体的损害，减轻细胞损伤，缓解毒血症状，降高热、改善病情等；但不能中和毒素，对细菌外毒素的损害无保护作用。糖皮质激素在感染性毒血症中的解热与改善中毒症状的作用，与其稳定溶酶体膜、减少致热因子的释放、降低体温调节中枢对内致热原的敏感性有关。

（续表）

分类	药理作用
抗休克作用	糖皮质激素可用于各种休克，特别是中毒性休克。其机理除与抗炎、抗毒素及免疫抑制作用的综合因素有关外，主要的药理基础是糖皮质激素能稳定溶酶体酶，减少溶酶体酶的释放，降低体内活性物质，如组胺、缓激肽、儿茶酚胺的浓度，以及减少心肌抑制因子的形成，防止因此所致的心收缩力减弱、心输出量降低、内脏血管收缩等循环衰竭。此外，大剂量的糖皮质激素能降低外周血管阻力，改善微循环阻滞，增加回心血量，对休克也能起到良好的治疗作用。
对代谢的影响	1.糖代谢。糖皮质激素能增加肝糖异生作用，降低外周对葡萄糖的利用，使肝糖原和肌糖原含量增多，血糖升高。 2.蛋白质代谢。糖皮质激素可加速蛋白质分解，抑制蛋白质合成和增加尿氮排出，导致负氮平衡；长期大剂量使用，可导致肌肉萎缩、伤口愈合不良、幼龄动物生长缓慢等。 3.脂肪代谢。糖皮质激素能促进脂肪的分解，并抑制其合成，长期使用可使脂肪重新分布，即四肢脂肪向面部和躯干积聚，出现向心性肥胖。 4.水盐代谢。糖皮质激素对水盐代谢的影响较小，尤其是人工半合成品。大剂量糖皮质激素能增加钠的重吸收，促进钾、钙、磷的排出；长期大量使用可致水、钠潴留，最终导致水肿，骨质疏松。
对血细胞的作用	对血细胞的作用能刺激骨髓造血机能，使红细胞、血小板、嗜中性粒细胞数量增多，增加血红蛋白和纤维蛋白的数量。对淋巴细胞有明显影响、在肾上腺皮质功能减退者，淋巴组织增生、淋巴细胞增多；相反，淋巴组织萎缩、淋巴细胞减少。

三、糖皮质激素类药物的临床应用

（1）本品用于严重的感染性疾病，如各种中毒性菌痢、中毒性肺炎、败血症、腹膜炎、产后急性子宫内膜炎等，可迅速缓解症状，但必须配伍足量有效的抗菌药物。

（2）本品用于过敏性疾病，如荨麻疹、血清病、过敏性哮喘、过敏性皮炎、过敏性湿疹等，能迅速缓解症状，但不能根治。

（3）本品用于代谢性疾病，如牛酮血病、羊妊娠毒血症，可使血糖上升，并使酮体降低。

（4）本品对各种休克都有较好的疗效，是抢救严重休克不可缺少的药物，如中毒性休克、过敏性休克、创伤性休克等。

（5）本品用于局部性炎症，如关节炎、腱鞘炎、黏液囊炎、乳腺炎、结膜炎、角膜炎等。近年来的研究证明，糖皮质激素对关节的作用与剂量有关，小剂量保护软骨，大剂量则损伤软骨并抑制成骨细胞活性，导致股骨头坏死，引起所谓的"激素性关节炎"。故治疗关节炎时，应使用小剂量。

（6）地塞米松已被用于牛、羊、猪的同步分娩。孕畜在怀孕后期的适当时候（牛多在怀孕第 286 天后）给予，一般可在 48 h 内分娩。糖皮质激素的引产作用，可能因使雌激素分泌增加，黄体浓度下降所致。

（7）本品用于预防手术后遗症，如剖宫产、瘤胃切开、肠吻合等外科手术后，以防脏器与腹膜粘连，减少创口瘢痕化，但同时也会影响创口愈合，故根据病况需要选用。

四、糖皮质激素类药物的不良反应及注意事项

1. 诱发或加重感染

长期使用糖皮质激素，可抑制机体的防御机能，使机体的抵抗力降低，易诱发细菌感染或加重感染，甚至使病灶扩大或散播，导致病情恶化。故严重感染性疾病应与足量的抗菌药物配合使用，在激素停用后还要继续用抗菌药物治疗。对一般感染性疾病不宜使用激素治疗。在病毒性感染和缺乏有效抗菌药治疗的细菌感染时，禁用。

2. 扰乱代谢平衡

糖皮质激素的保钾排钠作用可导致动物出现水肿、低血钾症；增加钙、磷排泄和促进蛋白质异化作用，可导致动物肌肉萎缩、骨质疏松、幼畜生长停滞、影响创伤愈合等。故用药期间应补充维生素D、钙及蛋白质。孕畜、幼畜不宜长期使用；骨软症、骨折和外科手术后均不宜使用。

3. 肾上腺皮质机能不全

长期或大量用药时，由于负反馈作用，抑制丘脑下部和垂体前叶，减少促肾上腺皮质激素（ACTH）的释放，导致肾上腺皮质萎缩和机能不全。如突然停药，可出现停药综合征，动物表现为发热、无力、精神沉郁、食欲不振、血糖和血压下降等。有的病畜在突然停药后，可出现比治疗前更为严重的病症（称“反跳”），因此，必须采取逐渐减量、缓慢停药的方法。必要时用ACTH治疗，以促进肾上腺皮质机能的恢复。

4. 免疫抑制作用

糖皮质激素能抑制机体免疫反应，故在结核菌素或鼻疽菌素诊断期和疫苗接种期等不能使用。

五、常用药物

常用的糖皮质激素类药物见表6-5-2。

表6-5-2　糖皮质激素类药物

药物名称	药理作用	应用
氢化可的松	本品有较强的抗炎、抗毒素、抗休克和免疫抑制作用，水钠潴留作用较弱，常用其静脉注射治疗严重的中毒性感染或其他危急病例。	本品局部应用有较好疗效，用于乳房炎、眼科炎症、皮肤过敏性炎症、关节炎和腱鞘炎等治疗，作用时间不足12 h。
醋酸泼尼松	本品进入体内后转化为氢化泼尼松而起作用。其抗炎作用较天然的氢化可的松强4～5倍，水钠潴留作用较小。	本品主要供内服和局部应用，用于腱鞘炎、关节炎、皮肤炎症、眼科炎症及严重的感染性、过敏性疾病等。给药后作用时间为12～36 h。

（续表）

药物名称	药理作用	应用
地塞米松	本品的糖原异生作用较氢化可的松强 25 倍，抗炎作用强 30 倍，而水钠潴留的不良反应极弱，仅为氢化可的松的 3/4。本品给犬肌内注射后快速出现全身作用，0.5 h达峰值，半衰期为 48 h，主要从粪便和尿排泄。	本品用于炎症性、过敏性疾病，牛酮血症和羊妊娠毒血症，也用于母畜牛、羊和猪的同步分娩。
醋酸氟氢松	本品又称肤轻松，为外用糖皮质激素，是作用最强、不良反应小的人工合成品。本品显效快，止痒效果好，低浓度（0.025%）即有明显效果。	本品主要用于各种皮肤病，如湿疹、过敏性皮炎、脂溢性皮炎等。

扫码查看以上药物常用制剂及参考用量与用法。

工具准备

网络查询设备、兽医处方笺、新病例等。

人员准备

人员分组，每组 5 人，明确职责分工。

任务角色	任务内容
组长：	任务：
组员 1：	任务：
组员 2：	任务：
组员 3：	任务：
组员 4：	任务：

任务实施

第一步：查询各类文献、资料了解糖皮质激素类药物的分布及其生理作用，调查寻找日常生活中糖皮质激素类药物的应用情况和副作用。

第二步：了解糖皮质激素类药物的体内代谢过程；熟悉常见的糖皮质激素类药物的药理作用、临床使用方法、不良反应和注意事项。

第三步：根据前期学习对本任务提出的病例进行诊断并制订合理的用药方案。

第四步：熟练掌握糖皮质激素类药物的药理作用后，再根据新的病例继续熟悉糖皮质激素类药物的应用。

任务检测

项目六任务五检测

任务评价

工作任务完成过程评价表

班级：________________　组别：________________　姓名：________________

项目	评分标准	自我评价	小组评价	教师评价
资料收集（50分）	操作熟练，分析合理，判断准确（50分）			
	操作较熟练，报告较准确清晰（40分）			
	操作不太熟练，报告有少量错误（30分）			
	操作不熟练，判断不准确（30分以下）			
课前准备（20分）	了解糖皮质激素类药物的分布及其生理作用，调查日常生活中糖皮质激素类药物的应用情况和副作用（10分）			
	了解糖皮质激素类药物的体内代谢过程（10分）			
课后评价（30分）	熟悉糖皮质激素类药的理论知识（10分）			
	能通过掌握的知识对本任务提出的病例进行准确的分析并制订合理的给药方案（10分）			
	能在学习完本任务后，再根据新的病例继续熟悉糖皮质激素类药的使用（10分）			
合计				
自我评价与总结				
教师点评				

任务六 解毒药物

任务导入

病例 1：山羊，40 只，采食大量高粱苗后在小溪饮水。约 15 min后，山羊陆续出现兴奋不安，呼吸困难，流涎，心跳快而弱，精神高度沉郁，行走困难，黏膜鲜红，瞳孔散大等症状。半小时内，山羊死亡 25 只。该病诊断是什么？该如何用药？

病例 2：某猪群，采食后 3 min 出现不安、站立不稳，有些猪倒地而死。剖检见血液呈酱油色。该病诊断是什么？该如何用药？

病例 3：放牧牛在误食喷洒农药的牧草后突然发病，主要表现为流涎，腹泻，腹痛，尿频，瞳孔缩小，胃肠蠕动音增强。该病诊断是什么？该如何用药？

任务工单

班级：__________ 姓名：__________ 学号：__________

任务名称	学会正确使用解毒药物
任务描述	根据实际情况，填写本任务的内容、目的、流程和方法。 任务内容：__________ __________ 任务目的：__________ __________ 任务流程：__________ __________ 任务方法：__________ __________
获取信息	要完成任务，需要掌握相关的知识。请收集资料，回答以下问题。 1. 动物常见的中毒类型有哪些？动物有机磷中毒、亚硝酸盐中毒和氰化物中毒的原因是什么？ 2. 非特异性解毒药和特异性解毒药的概念和区别有哪些？

（续）

<table>
<tr><td rowspan="2">获取信息</td><td colspan="4">3. 非特异性解毒药和特异性解毒药的类别、临床应用和注意事项有哪些？有机磷中毒、亚硝酸盐中毒及氰化物中毒的中毒和解毒机理有哪些？</td></tr>
<tr><td colspan="4">4. 对上述病例进行正确的诊断并制订合理的用药方案。</td></tr>
<tr><td>制订计划</td><td colspan="4"></td></tr>
<tr><td rowspan="6">任务实施</td><td colspan="4">按照预先制订的工作计划，完成本任务，并记录任务实施过程。</td></tr>
<tr><td>序号</td><td>完成的任务</td><td>遇到的问题</td><td>解决办法</td></tr>
<tr><td></td><td></td><td></td><td></td></tr>
<tr><td></td><td></td><td></td><td></td></tr>
<tr><td></td><td></td><td></td><td></td></tr>
<tr><td></td><td></td><td></td><td></td></tr>
</table>

任务准备

知识准备

能阻止或解除毒物对动物机体毒性作用的药物称为解毒药。根据其作用特点及疗效，解毒药可分为两类：非特异性解毒药和特异性解毒药。

一、非特异性解毒药

非特异性解毒药又称一般解毒药，其解毒范围广，但作用无特异性，解毒效果较差。仅在毒物产生毒性作用之前，通过破坏毒物、促进毒物排除、稀释毒物浓度、保护胃肠黏膜、阻止毒物吸收等方式，保护机体免遭毒物进一步损害，赢得抢救时间，在实践中具有重要意义。常用的非特异性解毒药有以下几种，详情见表 6-6-1。

表 6-6-1 非特异性解毒药

药物分类	药物名称	药物应用
物理性解毒药	吸附剂	吸附剂可使毒物附着于其表面或空隙中，以减少或延缓毒物吸收，起到解毒作用。吸附剂不受剂量限制，任何经口进入机体的毒物中毒都可以使用。使用吸附剂的同时配合使用泻剂或催吐剂。常用的吸附剂有药用炭、木炭末、通用解毒剂（药用炭 50%、氧化镁 25% 和鞣酸 25% 混合后给中等动物每次服 20～30 g，大动物 100～150 g），其中药用炭最为常用。

（续表）

[illegible]	[illegible]	药物应用
[illegible]性解毒药	[illegible]剂	催吐剂一般用于中毒初期，使动物发生呕吐，促进毒物排出。只适用于猪、犬、猫等。常用催吐剂有硫酸铜、吐根末、吐酒石等。
	泻药	泻药一般用于中毒中期，促进胃肠道内毒物的排出，以避免或减少毒物吸收。一般应用盐类泻药，但汞中毒时不能使用盐类泻药。泻药在巴比妥类、阿片类、颠茄中毒时，可使肠蠕动受抑制，因而增加Mg^{2+}的吸收，尤其是肾功能不全的动物，能加深中枢神经及呼吸机能的抑制，不能用硫酸镁泻下，尽可能用硫酸钠，对发生严重腹泻或脱水的动物应慎用或不用泻药。
	其他	大部分毒物吸收后主要经肾排泄，因此，可应用利尿药促进毒物排泄，或静脉注射生理盐水、葡萄糖等，以稀释血液中毒物浓度，减轻毒性作用。
化学性解毒药	氧化剂	利用氧化剂与毒物间的氧化反应破坏毒物，使毒物毒性降低或丧失。氧化剂可用于生物碱类药物、氰化物、无机磷、巴比妥类、阿片类、士的宁、砷化物、一氧化碳、烟碱、毒扁豆碱、蛇毒棉酚等的解毒，但有机磷毒物如1605、1059、3911、乐果等的中毒不能使用氧化剂解毒。常用的氧化剂有高锰酸钾、过氧化氢等。
	中和剂	利用弱酸弱碱类与强酸强碱类毒物间可发生中和作用，使其失去毒性。常用的弱酸解毒剂：食醋、酸奶、稀盐酸、稀醋酸等。常用的弱碱解毒剂：氧化镁、石灰水上清液、小苏打水、肥皂水等。
	还原剂	维生素C的解毒作用与其参与某些代谢过程、保护含巯基的酶、促进抗体生成、增强肝解毒能力和改善心血管功能有关。
	沉淀剂	沉淀剂使毒物沉淀，以减少其毒性或延缓吸收产生解毒作用。沉淀剂有鞣酸、浓茶、稀碘酊、钙剂、五倍子、蛋清、牛乳等。其中3%～5%的鞣酸水或浓茶水为最常用的沉淀剂，能与多种有机毒物（如生物碱）、重金属盐生成沉淀，减少吸收。
药理性解毒药	这类解毒药主要通过药物与毒物之间的拮抗作用，部分或完全抵消毒物的作用而产生解毒。常见的相互拮抗的药物或毒物如下。 （1）毛果芸香碱、烟碱、氨甲酰胆碱、新斯的明等拟胆碱药与阿托品、颠茄及其制剂、曼陀罗、莨菪碱等抗胆碱药有拮抗作用，可互为解毒药。阿托品等对有机磷农药及吗啡类药物，也有一定的拮抗性解毒作用。 （2）水合氯醛、巴比妥类等中枢抑制药与尼可刹米、安钠咖、士的宁等中枢兴奋药及麻黄碱、山梗菜碱、美解眠（贝美格）等有拮抗作用。	
对症治疗药	中毒时往往会伴随发生一些严重的症状，如惊厥、呼吸衰竭、心功能障碍、休克等，若不迅速处理，将影响动物康复，甚至危及生命。因此，在解毒的同时要及时使用抗惊厥药、呼吸兴奋药、强心药、抗休克药等对症治疗药以配合解毒，还应使用抗生素预防肺炎以度过危险期。	

二、特异性解毒药

特异性解毒药指可特异性地对抗或阻断毒物或药物的效应，而其本身不具有与毒物相反的效应。本类药物特异性强，如能及时应用，则解毒效果好，在中毒的治疗中占有重要地根据解救毒物的性质，可分为胆碱酯酶复活剂、高铁血红蛋白还原剂、氰化物解毒剂、金络合剂和其他解毒剂等。下面根据几例典型的中毒及解毒案例，介绍此类解毒药。

（一）有机磷酸酯类中毒的特异性解毒药

有机磷酸酯类（简称有机磷）属高效杀虫药，广泛用于农业、医学及兽医学领域，对防治农业害虫、杀灭人类疫病媒介昆虫、驱杀动物体内外寄生虫等都有重要意义。但其毒性强，在临床实践中经常因管理、使用不当，导致人和动物中毒。

1.毒理

有机磷酸酯类化合物经消化道、皮肤、黏膜或呼吸道进入动物体内，与胆碱酯酶结合形成磷酰化胆碱酯酶，使胆碱酯酶失活，不能水解乙酰胆碱，导致乙酰胆碱在体内大量蓄积，引起胆碱受体兴奋，出现一系列胆碱能神经过度兴奋的临床中毒症状（M样、N样症状及中枢神经先兴奋后抑制等）。此外，有机磷酸酯类还可抑制三磷酸腺苷酶、胰蛋白酶、胰凝乳酶、胃蛋白酶等酶的活性，导致中毒症状复杂化，加重病情。中毒过程可用下式表示：

有机磷酸酯类+胆碱酯酶（有活性）⟶磷酰化胆碱酯酶（失去活性）

2.解毒机理

以胆碱酯酶复活剂结合生理拮抗剂进行解毒，配合对症治疗。

（1）生理拮抗剂。又称M胆碱受体阻断药，如阿托品、东莨菪碱、山莨菪碱等，可竞争性地阻断M胆碱受体与乙酰胆碱结合，从而迅速解除有机磷酸酯类中毒的M样症状，大剂量时也能进入中枢神经，消除部分中枢神经症状，而且对呼吸中枢也有兴奋作用，可解除呼吸抑制，但其对骨骼肌震颤等N样中毒症状无效，也不能使胆碱酯酶复活，故单独使用时，只能用于轻度中毒。中度或重度中毒时，应配用胆碱酯酶复活剂，才能有效。用药1 h后，症状未见好转时，应重复用药，直至病畜出现口腔干燥、瞳孔散大、呼吸平稳、心跳加快，即所谓“阿托品化”（莨菪碱化）时，逐渐减少剂量和用药次数。如在用药中，动物出现过度兴奋、心率过快、体温升高等阿托品中毒症状时，应减量或暂停给药。反刍动物用药后可能引起瘤胃臌气，应加强护理，严重时需穿刺放气。

（2）胆碱酯酶复活剂。解毒过程可用下式表示：

胆碱酯酶复活剂+磷酰化胆碱酯酶（无活性）⟶磷酰化胆碱酯酶复活剂+胆碱酯酶（复活）

胆碱酯酶复活剂+游离有机磷酸酯类（有毒性）⟶磷酰化胆碱酯酶复活剂+卤化氢

如果中毒时间过久，超过36 h，磷酰化胆碱酯酶即发生“老化”，胆碱酯酶复活剂难以使胆碱酯酶恢复活性，所以应用胆碱酯酶复活剂治疗有机磷中毒时，早期用药效果较好。在解救有机磷酸酯类化合物中毒时，对轻度的中毒可用生理拮抗剂，缓解症状，但对中度或重度的中毒，必须使用胆碱酯酶复活剂结合生理拮抗剂解毒，才能达到解毒的效果。

3.特异性解毒药

有机磷酸酯类中毒的特异性解毒药见表6-6-2。

表 6-6-2　胆碱酯酶复活剂

药物	药理作用	应用与注意事项
碘解磷定	本品以其季铵基团直接与胆碱酯酶的磷酰化基团结合，然后脱离胆碱酯酶，使得胆碱酯酶恢复活性。胆碱酯酶被有机磷抑制超过 36 h，其活性难以恢复，所以应用胆碱酯酶复活剂治疗有机磷中毒时，早期用药效果较好，而治疗慢性有机磷中毒则无效。对由有机磷引起的烟碱样作用中毒症状的治疗作用明显，另外肟类化合物还能直接与血中的有机磷结合，使其成为无毒物质由尿排出。	应用：本品用于解救多种有机磷中毒。本品对轻度有机磷中毒，可单独应用本品或阿托品控制中毒症状；中度或重度中毒时，因本品对体内已蓄积的乙酰胆碱无作用，则必须合用阿托品。 注意事项：①本品注射速度过快可引起呕吐、心率加快和共济失调；大剂量或注射速度过快还可引起血压波动、呼吸抑制。②有机磷内服中毒的宠物先以 2.5% 的碳酸氢钠溶液彻底洗胃（敌百虫除外）；由于消化道后部也可以吸收有机磷，应用本品至少维持 48～72 h，以防延迟吸收的有机磷加重中毒程度甚至致死。用药过程中定时测定血液胆碱酯酶水平，作为用药监测指标。血液胆碱酯酶应维持在 50% 以上。必要时应及时重复应用本品。③本品与阿托品有协同作用，与阿托品联合应用时，可适当减少阿托品剂量；与碱性药物配伍易发生分解，降低药效，故禁与碱性药物配伍。④无须制定休药期；遮光，封闭保存。
氯解磷定	本品化学结构与碘解磷定相似，仅以 Cl 替代 I。氯解磷定的作用及用途同碘解磷定，作用较碘解磷定强。氯解磷定的水溶性和稳定性好，除供静脉注射外，也可肌内注射，作用产生快，毒性较低。本品的作用与注意事项同碘解磷定。	

扫码查看以上药物常用制剂及参考用量与用法。

（二）亚硝酸盐中毒的特异性解毒药

亚硝酸盐来自饲料中的硝酸盐。富含硝酸盐的饲料有小白菜、白菜、萝卜叶、莴苣叶、菠菜、甜菜茎叶、甘薯藤叶、多种牧草和野菜等。当其储存、保管、调制不当时，如青绿饲料长期堆放变质、腐烂，青贮饲料长时间焖煮在锅里等情况下，使饲料中的硝酸盐被大量繁殖的硝酸盐还原菌（反硝化细菌）还原，产生大量的亚硝酸盐，被动物采食后引起中毒。饲料中的硝酸盐被动物采食后，在胃肠道微生物的作用下也可转化为亚硝酸盐，并进一步被还原为氨再被利用，但是当牛、羊等反刍动物瘤胃的pH值和微生物群发生异常变化，使亚硝酸盐还原为氨的过程受到限制时，采食大量新鲜的青绿饲料后，可引起亚硝酸盐中毒。另外，耕地排出的水、浸泡过大量植物的坑塘水及厩舍、积肥堆、垃圾堆附近的水源中都含有大量硝酸盐或亚硝酸盐，当动物采食摄入以上含有大量硝酸盐的饲料、水后，也可引起亚硝酸盐中毒。

1. 中毒机理

亚硝酸盐被机体吸收后，形成的亚硝酸根与血液中的血红蛋白结合而中毒。表现为一是亚硝酸盐利用其氧化性将血液中的低铁血红蛋白转化为高铁血红蛋白，使其失去携氧和释放氧的能力，导致血液不能给组织供氧，引起全身组织缺氧中毒；二是亚硝酸盐能抑制血管运动中枢，使血管扩张，血压下降。动物中毒后主要表现为呼吸加快，心跳加快，黏膜发绀、

流涎、呕吐、运动失调，严重时呼吸中枢麻痹，最终窒息死亡。其血液呈酱油色，凝固
延长。

2.解毒机理

使用高铁血红的蛋白还原剂（小剂量亚甲蓝、硫代硫酸钠等）可使高铁血红蛋白还原为低铁血红蛋白，恢复携氧能力，解除组织缺氧。解毒时配合使用呼吸中枢兴奋药及其他还原剂（VC等）可提高疗效。

3.特异性解毒药

亚硝酸中毒的特异性解毒药见表6-6-3。

表6-6-3 高铁血红蛋白还原剂

药物名称	药理作用	应用与注意事项
亚甲蓝	本品本身是氧化剂，体内6-磷酸葡萄糖脱氢过程中的氢离子传递给亚甲蓝，使其转变为还原型亚甲蓝；还原型亚甲蓝又将氢离子传递给带Fe^{3+}的高铁血红蛋白，使其还原为带Fe^{2+}的正常血红蛋白，与此同时还原型亚甲蓝又被氧化成亚甲蓝。亚甲蓝的作用类似还原型辅酶Ⅱ高铁血红蛋白还原酶的作用，可作为中间电子传递体，促进含高铁血红蛋白还原为正常血红蛋白，并使血红蛋白重新恢复携氧每千克体重1～2 mg解救高铁血红蛋白症。本品在组织中可迅速被还原为还原型亚甲蓝，并部分被代谢。亚甲蓝、还原型亚甲蓝及代谢产物均由尿中缓慢排出。	应用：本品用于亚硝酸盐中毒。 注意事项：①本品刺激性强，禁止皮下或肌内注射（可引起组织坏死）；静脉注射过快可引起呕吐、呼吸困难、血压降低、心率加快和心律失常；用药后尿液呈蓝色，有时可产生尿路刺激症状。②由于亚甲蓝溶液与多种药物为配伍禁忌，因此不得将本品与其他药物混合注射；本品忌与强碱性溶液、氧化剂、还原剂和碘化物配伍。③本品无须制定休药期；遮光，密闭保存。

扫码查看以上药物常用制剂及参考用量与用法。

（三）氰化物中毒的特异性解毒药

富含氰苷的饲料有亚麻籽饼，木薯，某些豆类，牧草，高粱幼苗及再生苗，橡胶籽饼及桃、李、梅、杏、枇杷、樱桃等蔷薇科植物的叶及核仁、马铃薯幼芽，醉马草等。当动物采食大量以上饲料后，氰苷在胃肠内水解形成大量氢氰酸导致中毒。另外，工业生产用的各种无机氰化物（氰化钠、氰化钾、氯化氰等）、有机氰化物（乙腈、丙烯腈、氰基甲酸甲酯）等污染过的饲料、牧草、水被动物误食误饮后，也可导致氰化物中毒。牛对氰化物最敏感，其次是羊、马和猪。

1.中毒机理

氰苷本身无毒，水解形成的氢氰酸有毒。氰离子能迅速与氧化型细胞色素氧化酶中的Fe^{3+}结合，形成氰化高铁细胞色素氧化酶，从而阻止此酶转化为Fe^{2+}的还原型细胞色素氧化酶，使酶失去传递电子、激活分子氧的功能，组织细胞不能利用氧，形成“细胞内窒息”，导致细胞缺氧而中毒。中毒后动物主要表现为中枢神经首先受到损伤，并以呼吸和血管运动

现为先兴奋后抑制，最终呼吸麻痹、窒息死亡。其血液呈鲜红色。

如亚硝酸钠、大剂量的亚甲蓝等）和供硫剂（硫代硫酸钠）联合解毒。氧化血红蛋白氧化为高铁血红蛋白；高铁血红蛋白中的Fe^{3+}与氰离子结合，不但能游离的氰离子结合，形成氰化高铁血红蛋白，使氰离子不能产生毒性作用，还能夺与细胞色素氧化酶结合的氰离子，使细胞色素氧化酶复活而发挥解毒作用。

3. 特异性解毒药

氰化物中毒的特异性解毒药见表 6-6-4。

表 6-6-4　氰化物解毒剂

药物名称	药理作用	应用与注意事项
亚硝酸钠	本品为氧化剂，可将血红蛋白中的Fe^{2+}氧化成Fe^{3+}，形成高铁血红蛋白而解救氰化物中毒；因本品仅能暂时性地延迟氰化物对机体的毒性，所以静脉注射数分钟后，应立即使用硫代硫酸钠。亚硝酸钠容易引起高铁血红蛋白症，故不宜反复使用。	应用：本品用于解救氰化物中毒。 注意事项：①本品有扩张血管作用，注射速度过快时，可致血压降低、心动过速、出汗、休克、抽搐。②用量过大时可因形成过多的高铁血红蛋白，而出现紫绀、呼吸困难等亚硝酸盐中毒的缺氧症状。
硫代硫酸钠	本品在肝内硫氰生成酶的催化下，能与体内游离的或已与高铁血红蛋白结合的CN^-结合，转化为无毒的硫氰酸盐随尿排出。本品静脉注射后可迅速分布到各组织的细胞液中。	应用：本品用于解救氰化物中毒，也可用于砷、汞、铅、铋、碘等中毒。 注意事项：①本品解毒作用产生较慢，应先静脉注射亚硝酸钠再缓慢注射本品，但不能将两种药液混合静脉注射；按规定的用法用量使用，尚未见不良反应。②对内服中毒宠物，还应使用本品 5%的溶液洗胃，洗胃后保留适量溶液于胃中。③本品无须制定休药期，密闭保存。

扫码查看以上药物常用制剂及参考用量与用法。

（四）金属及类金属中毒的特异性解毒药

随着工业的迅速发展，金属、类金属对环境的污染越来越严重，使人类及动物广泛地接触金属、类金属元素，并通过各种生态链进入体内而引起中毒。引起中毒的金属主要有汞、铅、铜、银、锰、铬、锌、镍等，类金属主要有砷、锑、磷、铋等。

1. 中毒机理

金属及类金属进入机体后解离出金属或类金属离子，这些离子除了在高浓度时直接作用于组织产生腐蚀作用，使组织坏死外，还能与组织细胞中的酶（主要为含巯基的酶如丙酮酸氧化酶等）相结合，使酶失去活性，影响组织细胞的功能，使细胞物质代谢发生障碍而出现一系列中毒症状。

2.解毒机理

解毒常使用金属络合剂。它们与金属、类金属离子有很强的亲和力，可与金属、类金属离子络合形成无活性难解离的可溶性络合物，随尿排出。金属络合剂与金属、类金属离子的这种亲和力大于含巯基酶与金属、类金属离子的亲和力，其不仅可与金属及类金属离子直接结合，而且还能夺取已经与酶结合的金属及类金属离子，使组织细胞中的酶复活，恢复其功能，起到解毒作用。

3.特异性解毒药

金属及类金属中毒的特异性解毒药见表 6-6-5。

表 6-6-5　金属络合剂

药物名称	药理作用	应用与注意事项
二巯基丙醇	本品属于竞争性解毒剂，可防止金属与细胞酶的巯基结合，并可使与金属络合的细胞酶复活而解毒，在宠物接触金属后 1～2 h 内用药较好，超过 6 h 则作用减弱。本品对急性金属中毒有效。宠物慢性中毒时，本品虽能使尿中金属排泄量增多，但由于被金属抑制过久的系统基细胞酶的活力已不可能恢复，故疗效不佳。本品肌内注射，在 30 min 内血药浓度达峰值，维持 2 h，4 h 后几乎全部代谢、降解，以中性硫形式经尿迅速排出体外。	应用：本品用于解救砷、汞、铋、锑等中毒。 注意事项：①本品与依地酸钙钠合用，可治疗幼龄小宠物的急性铅中毒。②本品对肝、肾具有损害作用；有收缩小动脉作用，可引起暂时性心动过速、血压上升。本品过量使用可引起宠物呕吐、震颤、抽搐、昏迷甚至死亡。由于药物排出迅速，多数不良反应为时短暂。肝、肾功能不良宠物慎用。③本品为竞争性解毒剂，应及早足量使用。当重金属中毒严重或解救过迟时疗效不佳。④本品仅供肌内注射，由于注射后会引起剧烈疼痛，故作深部肌内注射。⑤本品可与镉、硒、铁、铀等金属形成有毒复合物，其毒性作用高于金属本身，故本品应避免与硒或铁盐同时应用。在最后一次使用本品时，至少经过 24 h 后才能应用硒、铁制剂。碱化尿液可减少复合物重新解离，从而减轻肾损伤。⑥二巯基丙醇对机体其他酶系统也有一定抑制作用，故应控制剂量。⑦无须制定休药期。遮光，密闭保存。

扫码查看以上药物常用制剂及参考用量与用法。

工具准备

网络查询设备、兽医处方笺、新病例等。

人员准备

人员分组，每组 5 人，明确职责分工。

	任务内容
	[illegible]：
	任务：
	任务：
	任务：
[illegible]4：	任务：

任务实施

第一步：查询各类文献、资料了解动物常见的中毒类型，以及动物有机磷中毒、亚硝酸盐中毒和氰化物中毒的原因。

第二步：了解非特异性解毒药和特异性解毒药的概念和区别；掌握非特异性解毒药和特异性解毒药的类别、临床应用和注意事项；重点掌握有机磷中毒、亚硝酸盐中毒及氰化物中毒的中毒和解毒机理等。

第三步：根据前期学习能够对本任务提出的病例进行诊断并制订合理的用药方案。

第四步：熟练掌握非特异性解毒药和特异性解毒药的药理作用后，再根据新的病例继续熟悉非特异性解毒药和特异性解毒药的应用。

任务检测

项目六任务六检测

任务评价

工作任务完成过程评价表

班级：________ 组别：________ 姓名：________

项目	评分标准	自我评价	小组评价	教师评价
资料收集（50分）	操作熟练，分析合理，判断准确（50分）			
	操作较熟练，报告较准确清晰（40分）			
	操作不太熟练，报告有少量错误（30分）			
	操作不熟练，判断不准确（30分以下）			
课前准备（20分）	了解动物常见的中毒类型，以及动物有机磷中毒、亚硝酸盐中毒以及氰化物中毒的原因（10分）			
	了解非特异性解毒药和特异性解毒药的概念和区别（10分）			
课后评价（30分）	熟悉非特异性解毒药和特异性解毒药的类别、临床应用和注意事项；重点掌握有机磷中毒、亚硝酸盐中毒以及氰化物中毒的中毒和解毒机理等（10分）			
	能通过掌握的知识对本任务提出的病例进行准确的分析并制订合理的给药方案（10分）			
	能在学习完本任务后，再根据新的病例继续熟悉解毒药的使用（10分）			
合计				
自我评价与总结				
教师点评				

参考文献

黄稳妃，2023. 动物药理［M］. 北京：中国农业出版社.

青海畜牧兽医职业技术学院动物药理与毒理课程建设团队，2015. 动物药理与毒理［M］. 北京：中国农业出版社.

宋冶萍，2014. 动物药理与毒理［M］. 北京：中国农业出版社.

王海洋，李春花，刘玉敏，2021. 动物药理学［M］. 武汉：华中科技大学出版社.

谢大识，2019. 动物内科［M］. 武汉：华中科技大学出版社.

许建国，李泽宇，2019. 宠物药理［M］. 北京：中国轻工业出版社.

赵明珍，2019. 动物药理［M］. 3 版. 北京：中国农业出版社.

执业兽医资格考试应试指南编写组，2010. 2010 年执业兽医资格考试应试指南［M］. 北京：中国农业出版社.